UTILIZACIÓN DE REFRIGERANTES FLUORADOS

Javier Jiménez

UTILIZACIÓN DE REFRIGERANTES FLUORADOS

Javier Jiménez

Utilización de refrigerantes fluorados

Primera edición, 2018
Segunda edición, 2020
Tercera edición, 2025

© 2025 Javier Jiménez

© MARCOMBO, S.L. 2025
    www.marcombo.com

Diseño de la cubierta: ENEDENÚ DISEÑO GRÁFICO
Maquetación: Reverté-Aguilar, S. L.

ISBN: 978-84-267-3863-9
D.L.: B-17564-2024

Impreso en Servicepoint
Printed in Spain

Libro ecológico
Impreso con papel procedente de bosques gestionados de manera eficiente, libre de cloro.

A mi casa 5, en N.

Índice general

Lista de acrónimos xi

1. Introducción............................... xii

Parte 1. Teoría

2. Marco legislativo 2

3. Agotamiento de la capa de ozono 4

4. Protocolo de Montreal............................ 7

5. Cambio climático. Acción de los gases de efecto invernadero........................... 9

6. Emisión de gases. Consecuencias........ 11

7. Protocolo de Kioto................................ 14
7.1 Contenido del Protocolo 14
7.2 El Protocolo de Kioto a partir del 2012 15

8. Índices medioambientales de los refrigerantes 17
8.1 Potencial de agotamiento del ozono................. 17
8.2 Potencial de calentamiento global 17
8.3 Impacto de calentamiento total equivalente...18

9. Breve reseña histórica 19

10. Clasificación de refrigerantes............. 20
10.1 Los clorofluorocarbonos (CFC)....................... 21
10.2 Los hidroclorofluorocarbonos (HCFC) 22
10.3 Los hidrofluorocarbonos (HFC) 23

11. Disposiciones del R. D. 115/2017 24
11.1 Introducción 24
11.2 Real Decreto 115/2017 24

12. Almacenamiento y transporte de refrigerantes 43
12.1 Almacenamiento de refrigerantes.................... 43
12.2 Transporte de refrigerantes......................... 51

13. Sanciones.. 53

14. Residuos y su tratamiento.................... 56

15. Disposiciones del RCE 2024/590 65

16. Disposiciones del RCE 2024/573 78

17. Disposiciones del RCE 1516/2007 112

18. Consecuencias de la aplicación de los reglamentos 116

19. Procedimientos de control y pruebas 118
19.1 Procedimientos de control 118
19.2 Pruebas 119
19.3 Procedimiento de vacío 121

20. Gestión ambiental de sistemas frigoríficos 122
20.1 Instalación de sistemas de refrigeración 122
20.2 Controles periódicos............................... 122
20.3 Mantenimiento y reparación 122
20.4 Carga de refrigerante................................ 123
20.5 Recuperación de refrigerante 123
20.6 Desmantelamiento de sistemas..................... 124

21. Alternativas a los refrigerantes fluorados. Tecnologías....................... 125
21.1 Refrigerantes alternativos 125
21.1.1 El R-32 125
21.1.2 Los hidrocarburos (HC)........................ 126
21.1.3 El dióxido de carbono (CO_2) 126
21.1.4 El amoníaco (NH_3) 127
21.1.5 El agua (H_2O) 128
21.1.6 Las hidrofluoro-olefinas (HFO)................ 128
21.1.7 El R-1233zd 128
21.1.8 Las mezclas................................. 128
21.2 Seguridad con los refrigerantes alternativos ..129
21.2.1 Presiones elevadas 130
21.2.2 Inflamabilidad 130
21.2.3 Exposición 131
21.2.4 Restricciones de uso 131
21.3 Reducción de la carga de gases fluorados...134

22. Eficiencia energética.......................... 135
22.1 Generación de frío 135

22.1.1 IT 1.2.4.1.3.1 Requisitos mínimos de eficiencia energética en generadores 135

22.1.2 IT 1.2.4.1.3.2 Escalonamiento de potencia en producción de frío 137

22.1.3 IT 1.2.4.1.3.3 Maquinaria frigorífica enfriada por aire 137

22.1.4 IT 1.2.4.1.3.4 Maquinaria frigorífica enfriada por agua o condensador evaporativo 137

22.2 Aislamiento térmico 138

22.3 Contabilización de consumos 138

22.4 Aprovechamiento de energía 139

Parte 2. Práctica

23. Instrumentos de trabajo 142

23.1 Instrumentos de medida 142

23.2 Otros instrumentos 143

24. Operaciones básicas 148

24.1 Recuperación de lubricantes 148

24.2 Recuperación de refrigerantes 149

24.2.1 Recuperación en fase gaseosa 149

24.2.2 Recuperación en fase líquida 150

24.3 Procedimiento de vacío 152

24.4 Carga de refrigerante 153

25. Preguntas tipo test 155

Soluciones 162

Anexo 163

Bibliografía 166

Agradecimientos 167

Lista de acrónimos

ADR   Acuerdo de transporte de mercancías peligrosas por carretera (del inglés *Agreement of Dangerous Goods by Road*)

CFC   Clorofluorocarburo

GWP   Potencial de calentamiento atmosférico (del inglés *Global Warming Impact*)

HCFC   Hidroclorofluorocarburo

HFC   Hidrofluorocarburo

HFO   Hidrofluoro-olefina

ODP   Potencial de agotamiento del ozono (del inglés *Ozone Depeletion Potential*)

PAO   Potencial de agotamiento del ozono

PCG   Potencial de calentamiento global

TEWI   Impacto de calentamiento total equivalente (del inglés *Total Equivalent Warming Impact*)

1. Introducción

El uso de refrigerantes orgánicos con base flúor o cloro y flúor viene siendo habitual desde hace décadas. No cabe duda de que sus propiedades físicas son idóneas para, entre otras aplicaciones, servir de fluido caloportador en instalaciones con ciclo de compresión mecánica, ya que proporcionan unos rendimientos verdaderamente aceptables en determinadas circunstancias.

No obstante, su uso continuo y generalizado ha provocado que estos refrigerantes pasen a la atmósfera, bien por fugas o por necesidades derivadas de su aplicación, lo cual ha generado cambios en el medio ambiente que se han revelado muy perniciosos a corto plazo.

Por todo ello, la Unión Europea se involucró en los protocolos internacionales que pretendían regular el uso de estas sustancias. Fruto de dicha implicación nacieron una serie de reglamentos europeos y normativas nacionales que regulan las actividades relacionadas con estos refrigerantes, entre otros fluidos, y que obligan a muchos de los profesionales involucrados en dichas actividades a recibir preparación según los contenidos incluidos en diversos programas de formación.

El presente manual pretende ajustarse a los contenidos del programa formativo previsto en la legislación vigente para la obtención del certificado acreditativo de la competencia para la manipulación de equipos con sistemas frigoríficos de cualquier carga de refrigerantes fluorados.

Por lo tanto, su objetivo principal es el de servir de documento base para la impartición de los cursos específicos de formación destinados a la obtención del mencionado certificado personal.

Sin embargo, dada la problemática derivada del uso de estos refrigerantes para el medio ambiente que se agrava además por el hecho de la falta de inmediatez causa-efecto y por existir en esta actividad un intrusismo protagonizado por personas sin formación profesional alguna, también tiene como objetivo informar y, por lo tanto, concienciar al profesional de los riesgos inherentes a la manipulación de refrigerantes fluorados en el campo de la refrigeración y la climatización para el confort humano.

Se dirige, por tanto, no solo a aquellos profesionales que estén reglamentariamente obligados a realizar un curso de capacitación para obtener el certificado acreditativo de la competencia para la manipulación de equipos con sistemas frigoríficos, sino a cualquier otro profesional con responsabilidad en esta actividad:

- Instaladores frigoristas
- Conservadores-reparadores frigoristas
- Instaladores térmicos
- Mantenedores de aire acondicionado y fluidos
- Técnicos superiores en mantenimiento y montaje de instalaciones de edificio y proceso
- Técnicos en montaje y mantenimiento de frío, climatización y producción de calor
- Técnicos superiores en desarrollo de proyectos de instalaciones térmicas y de fluidos
- Técnicos superiores en mantenimiento de instalaciones térmicas y de fluidos
- Técnicos en instalaciones frigoríficas y de climatización
- Técnicos superiores en organización del mantenimiento de maquinaria de buques y embarcaciones
- Técnicos superiores en mantenimiento y control de la maquinaria de buques y embarcaciones
- Personas en posesión del certificado de profesionalidad de montaje y mantenimiento de instalaciones frigoríficas

También se ha incluido una parte práctica que pretende únicamente servir de guía para el desarrollo de las horas lectivas en el taller, con un resumen propuesto de cada una de las tareas básicas a realizar en equipos de refrigeración y bomba de calor.

Por último, he creído conveniente, como complemento a la tarea docente, realizar una serie de preguntas tipo test de carácter básico, que abarcan los distintos aspectos teóricos del curso y que se encuentran en la parte final del libro.

Parte 1
Teoría

2. Marco legislativo

Dentro de las distintas reglamentaciones que directa o indirectamente afectan a las actividades relacionadas con la manipulación y uso de refrigerantes fluorados, existen tres que, por su carácter específico, son las más importantes y, por lo tanto, las que marcan las pautas a la hora de llevar a cabo las mencionadas actividades profesionales.

Dichas reglamentaciones principales, que son la parte fundamental del presente manual, son los Reglamentos UE 2024/590 y 2024/573 de la Comunidad Europea y el Real Decreto 115/2017 del Estado español.

Tanto el RCE 2024/590 como el RCE 2024/573 tienen asociados como base para su publicación reglamentos anteriores que nacieron por necesidad tras la decisión tomada por parte de la comisión de la Unión Europea de adherirse a los protocolos medioambientales de Montreal y Kioto.

En efecto, el hecho de unirse a estos protocolos obligaba a los países involucrados a desarrollar un marco normativo que posibilitase tanto el cumplimiento de los acuerdos tomados en ellos como el cumplimiento de los objetivos en materia de reducción de emisiones de gases contaminantes.

Sin embargo, hay aspectos que la Unión Europea no puede regular porque son materia de cada Estado miembro debido, entre otras causas, a que son aspectos relacionados con la legislación interna de cada país, por lo que los puntos de partida son totalmente heterogéneos; por ejemplo, las condiciones para la concesión de las acreditaciones profesionales. Por ese motivo, aparece en nuestro caso el R. D. 115/2017, que complementa y desarrolla los Reglamentos UE 2024/590 y 2024/573. No se trata con el R. D. 115/2017 de trasponer estos reglamentos ya que estos no son directivas, sino reglamentos que son directa y obligatoriamente aplicables a todos los países que forman parte de la Unión Europea.

En la figura 2.1 se ofrece un esquema orientativo de estas normas principales.

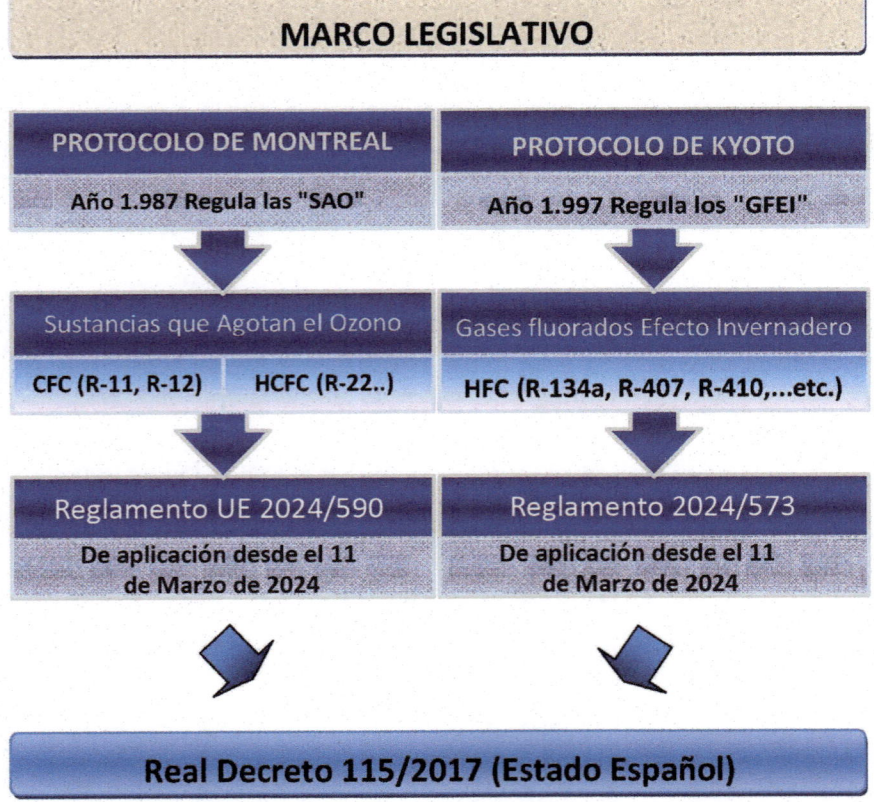

Figura 2.1 Esquema de las principales normativas.

Por otra parte, existen normativas complementarias e indirectas que también afectan a las actividades de manipulación y uso de los refrigerantes fluorados. Dentro de las complementarias encontramos un reglamento europeo más, el RCE 1516//2007, por el que se establecen, de conformidad con el Reglamento (CE) n.° 842/2006 del Parlamento Europeo y del Consejo, requisitos de control de fugas estándar para los equipos fijos de refrigeración, aire acondicionado y bombas de calor que contengan determinados gases fluorados de efecto invernadero.

Entre las normativas indirectas comentadas en el anterior párrafo, en este manual trataremos aspectos de:

- Real Decreto 110/2015, de 20 de febrero, sobre residuos de aparatos eléctricos y electrónicos

- Ley 34/2007, de 15 de noviembre, de calidad del aire y protección de la atmósfera.

- Real Decreto 552/2019, de 27 de septiembre, por el que se aprueban el Reglamento de seguridad para instalaciones frigoríficas y sus instrucciones técnicas complementarias.

- ITC-MIE-APQ 5, del Real Decreto 656/2017, de 23 de junio, por el que se aprueba el Reglamento de almacenamiento de productos químicos y sus instrucciones técnicas complementarias.

- Normas sobre transporte de mercancías peligrosas y disposiciones del ADR

3. Agotamiento de la capa de ozono

El ozono es una molécula compuesta por 3 átomos de oxígeno (O_3). En condiciones normales se encuentra en estado gaseoso y entre sus características más importantes podemos destacar su alta reactividad y su gran poder oxidante.

Es en la estratosfera donde se sitúa la llamada «capa de ozono», cuya importancia radica en que es capaz de «filtrar» la radiación ultravioleta que proviene del sol hasta valores cercanos al 99 %. La radiación del sol en esta longitud de onda (ultravioleta) afecta a los seres vivos en general, con una incidencia especial y demostrada en la aparición de cáncer de piel, envejecimiento prematuro de la misma, supresión inmunológica y problemas oculares como formación de cataratas. Esto último también está demostrado, ya que en zonas cercanas a los polos terrestres, concretamente en la Patagonia, se ha constatado que esta dolencia está generalizándose entre el ganado. El ozono también contribuye a mantener el equilibrio térmico en la atmósfera.

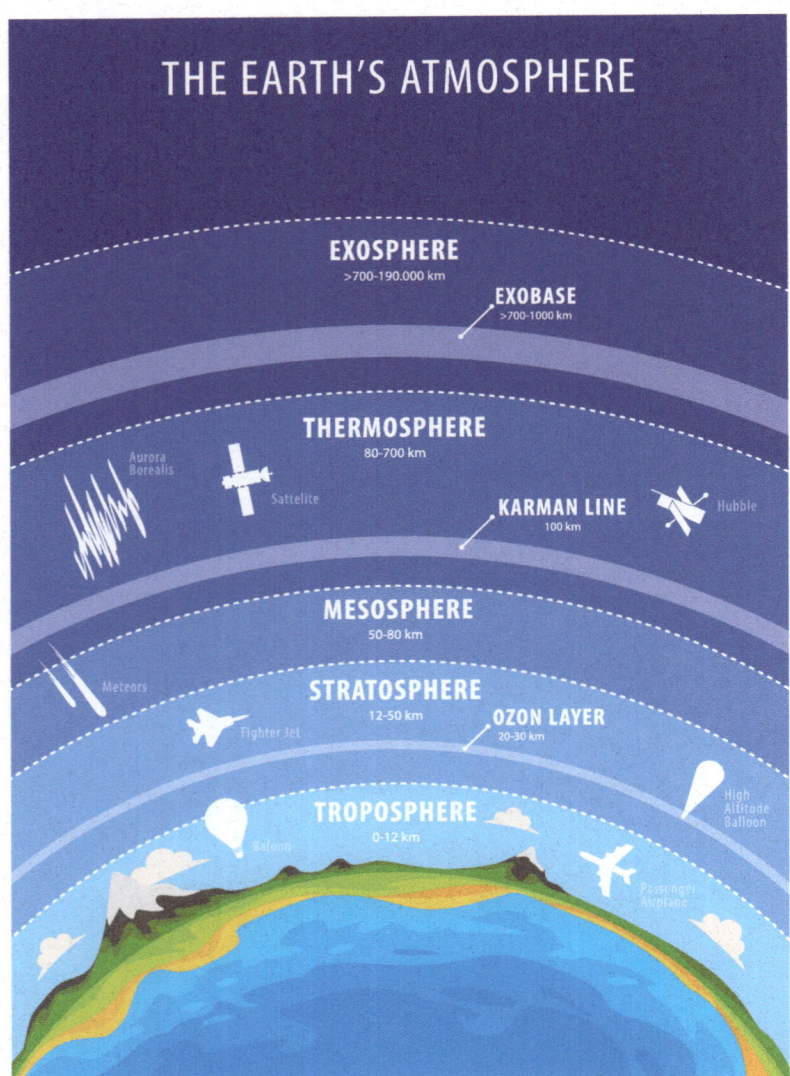

Figura 3.1 Esquema de la atmósfera terrestre.

Por lo tanto, la acción del ozono estratosférico (al contrario del troposférico) es fundamental para conservar la vida de especies tanto vegetales como animales. La incidencia de la radiación ultravioleta es importante en el planeta en general, si bien hay zonas donde la exposición a los rayos UVA y UVB es más crítica, por ejemplo en zonas con altitudes elevadas, lugares con alta reflectividad, lugares más cercanos al ecuador terrestre... La intensidad de la radiación también depende de la época del año y la hora del día; es más crítica en los meses estivales y en las horas centrales del día, cuando la radiación solar incide de forma más perpendicular sobre la tierra. Y el nivel de exposición a esta radiación se considera tan importante que es muy habitual encontrar información al respecto en cualquier medio de comunicación que ofrezca partes meteorológicos.

Por otra parte, los CFC y halones (CFBr) son compuestos muy estables (pueden tener una vida media mayor de cien años). Por lo tanto, cuando son liberados a la atmósfera, no son degradados y alcanzan la estratosfera.

El primer estudio con repercusión mediática acerca del agotamiento de la capa de ozono fue publicado por Mario Molina y Sherwood Rowland, de la Universidad de California, en Berkeley, en forma de artículo en 1974.

En él indicaban que los clorofluorocarbonos podrían estar íntimamente relacionados con la destrucción del ozono en la estratosfera. La investigación que da lugar a estas conclusiones se realizó gracias al descubrimiento de James Lovelock sobre la dispersión global de los clorofluorocarbonos en la atmósfera, que indicaba que eran enormemente estables y no se degradaban como la mayor parte de las demás sustancias químicas artificiales.

Estos científicos formularon la hipótesis de que los clorofluorocarbonos podían llegar a la estratosfera y destruir las moléculas de ozono, mediante dos reacciones químicas (que se indicarán más adelante) a través de las cuales el ozono quedaría destruido.

Aun cuando esta teoría fue muy controvertida y discutida posteriormente, en la actualidad se han identificado más de cien tipos de reacciones químicas que podrían tener como resultado la destrucción del ozono. De hecho, la tesis original se vio respaldada cuando se demostró, mediante experiencias de laboratorio, que este tipo de reacciones pueden tener lugar en la estratosfera. Es cierto que tienen que darse unas determinadas condiciones de presión y temperatura que favorezcan estas reacciones para que tengan lugar; condiciones denominadas de «nube superenfriada». En las capas estratosféricas de las zonas polares, en determinadas épocas del año, estas condiciones se producen de forma habitual.

Una vez estos compuestos con átomos de cloro o bromo llegan a la estratosfera (se ha demostrado que existen cantidades considerables de estos tipos de compuestos allí) son irradiados por la luz UV (fotólisis). Entonces se descomponen rápidamente para liberar átomos de cloro (o bromo), los cuales comienzan una cadena de reacciones fotoquímicas que interfieren con el ozono estratosférico y tienen como consecuencia la destrucción de este último.

Se estima que un solo átomo de cloro, antes de ser neutralizado, puede destruir varias decenas de miles de moléculas de ozono.

Hay que tener en cuenta que la concentración de ozono en la estratosfera es muy baja, puesto que esta tiene un grosor de 35 kilómetros alrededor de toda la esfera terráquea. Para hacernos una idea, si quisiéramos rodear toda la tierra con ozono puro concentrando el existente en la estratosfera, la capa no tendría un grosor de más de un centímetro.

La acción del ozono estratosférico sobre la radiación ultravioleta se puede resumir en las siguientes reacciones:

$$RUV + O_2 \dashrightarrow O + O$$

$$O + O_2 + (M) \dashrightarrow O_3 + (M)$$

$$RUV + O_3 \dashrightarrow O_2 + O$$

$$O_3 + O \dashrightarrow O_2 + O_2$$

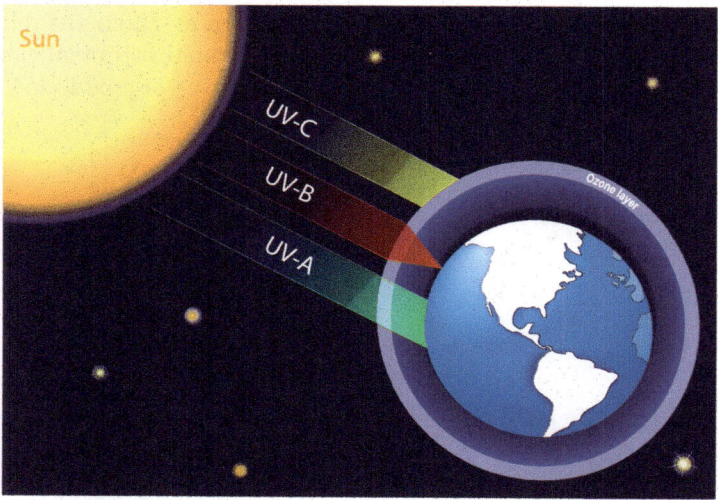

Figura 3.2 Radiación solar ultravioleta.

Precisamente porque la velocidad de estas reacciones es distinta, el conjunto da lugar a un sistema en equilibrio en el que no se crean más moléculas de ozono que las que se destruyen.

Sin embargo, cuando existen sustancias con cloro o bromo en su composición, y además son estables, tiene lugar otro tipo de reacción química (catálisis) que destruye la molécula de ozono.

$$RUV + CF_2Cl_2 \dashrightarrow CF_2Cl + Cl$$

$$Cl + O_3 \dashrightarrow O_2 + ClO$$

$$ClO + (M) \dashrightarrow Cl$$

Gráficamente:

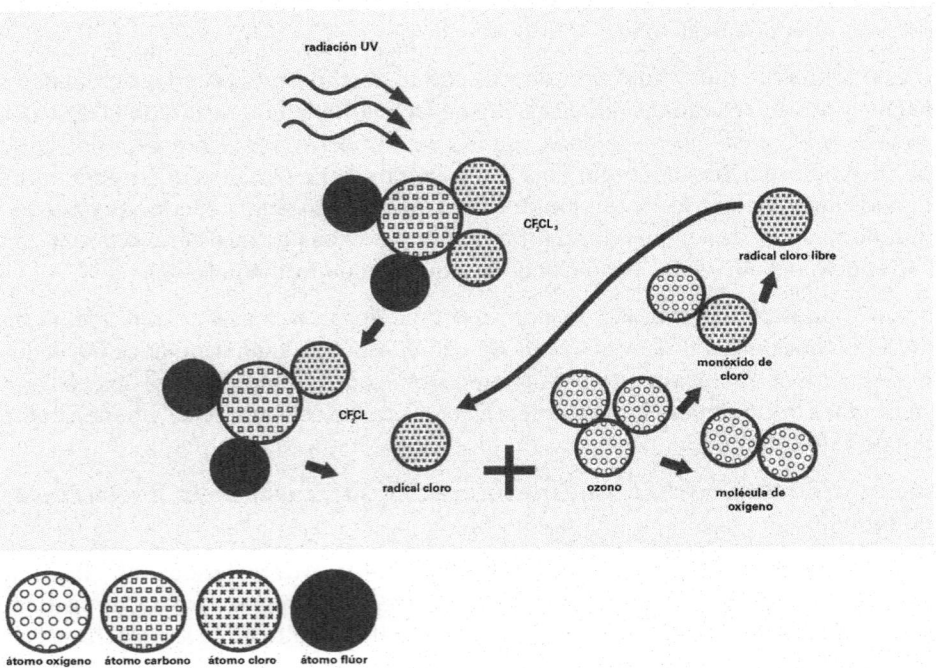

Figura 3.3 Acción del cloro sobre el ozono (realizada por Alberto Jimeno).

La disminución del ozono estratosférico, por lo tanto, supone de forma inmediata un aumento de las radiaciones ultravioletas UVA y UVB que llegan hasta todos los seres vivos que habitamos la troposfera. Esto implica que la exposición razonable al sol de un ser vivo, que antes resultaba beneficiosa en el balance global (producción de vitamina D, función clorofílica), ahora es perjudicial si no se hace con las precauciones necesarias (protección ocular, protección epitelial). Esto sucede porque la cantidad de rayos UVA y UVB ha aumentado y tiene como consecuencias un aumento (demostrado) de patologías relacionadas con el cáncer de piel y la depresión del sistema inmunológico en seres humanos así como una ralentización del metabolismo natural de las plantas, con todo lo que ello conlleva; por ejemplo, la disminución de su capacidad para absorber CO_2 y un desarrollo más lento, con el consecuente reflejo en la producción agraria.

4. Protocolo de Montreal

A raíz de los estudios científicos mencionados en el punto anterior, las Naciones Unidas, a través de su programa para el medio ambiente, promueven en 1987 el Protocolo de Montreal como consecuencia del Convenio de Viena sobre la protección de la capa de ozono, que se elaboró en 1987 y entró en vigor el 1 de enero de 1989. En el mes de mayo de este mismo año, en Helsinki, tuvo lugar la primera reunión de las partes que conformaron este protocolo, entre ellas la Unión Europea.

Si buscamos en los estatutos del acuerdo, encontramos lo siguiente: Reconociendo que la emisión en todo el mundo de ciertas sustancias puede agotar considerablemente y modificar la capa de ozono en una forma que podría tener repercusiones nocivas sobre la salud y el medio ambiente, Conscientes de los posibles efectos climáticos de las emisiones de esas sustancias, Decididas a proteger la capa de ozono adoptando medidas preventivas para controlar equitativamente el total de emisiones mundiales de las sustancias que la agotan, con el objetivo final de eliminarlas, sobre la base de los adelantos en los conocimientos científicos, teniendo en cuenta aspectos técnicos y económicos y teniendo presentes las necesidades que en materia de desarrollo tienen los países en desarrollo.

Por lo tanto, este acuerdo multilateral señala directamente una serie de sustancias que propician dicho agotamiento, y en posteriores modificaciones definió además una serie de medidas que debían adoptar los países signatarios con el objeto de limitar tanto la producción como la utilización de dichas sustancias.

En la redacción inicial del protocolo las sustancias a controlar eran cinco CFC (clorofluorocarbonos) y tres halones, concretamente los indicados a continuación:

SUSTANCIA	FÓRMULA QUÍMICA	NOMBRE QUÍMICO
CFC-11	CCl_3F	Fluorotriclorometano
CFC-12	CCl_2F_2	Difluorodiclorometano
CFC-113	$C_2Cl_3F_3$	Triclorotrifluoroetano
CFC-114	$C_2Cl_2F_4$	Diclorotetrafluoroetano
CFC-115	C_2ClF_5	Cloropentafluoroetano

SUSTANCIA	FÓRMULA QUÍMICA	NOMBRE QUÍMICO
Halón-1211	CF_2BrCl	Bromoclorodifluorometano
Halón-1301	$CBrF_3$	Bromotrifluorometano
Halón-2402	$C_2F_4Br_2$	Dibromotetrafluoroetano

Estudios científicos posteriores demostraron que el protocolo original no protegería lo suficiente la capa de ozono, por lo que se realizó una revisión posterior en junio de 1990 en la que se acordó adoptar medidas de control suplementarias y se previó una asistencia técnica y financiera para los países en desarrollo signatarios.

Las enmiendas de 1990 sumaron otros 10 CFC a la lista de sustancias controladas, el tetracloruro de carbono y el metilcloroformo. El listado de sustancias se incluye a continuación.

Grupo I

SUSTANCIA	FÓRMULA QUÍMICA	NOMBRE QUÍMICO
CFC-13	CF_3Cl	Clorotrifluorometano
CFC-111	C_2FCl_5	Pentaclorofluoroetano
CFC-112	$C_2F_2Cl_4$	Tetraclorodifluoroetano
CFC-211	C_3FCl_7	Heptaclorofluoropropano

SUSTANCIA	FÓRMULA QUÍMICA	NOMBRE QUÍMICO
CFC-212	$C_3F_2Cl_6$	Hexaclorodifluoropropano
CFC-213	$C_3F_3Cl_5$	Pentaclorotrifluoropropano
CFC-214	$C_3F_4Cl_4$	Tetraclorotetrafluoropropano
CFC-215	$C_3F_5Cl_3$	Tricloropentafluoropropano
CFC-216	$C_3F_6Cl_2$	Diclorohexafluoropropano
CFC-217	C_3F_7Cl	Cloroheptafluoropropano

GRUPO	FÓRMULA QUÍMICA	NOMBRE QUÍMICO
II	CCl_4	Tetracloruro de carbono
III	$C_2H_3Cl_3$	1,1,1-Tricloroetano (metilcloroformo)

Además, se fijaron plazos para la eliminación de las sustancias controladas. Desde entonces las partes han aprobado varias medidas adicionales para controlar las SAO (Sustancias Agotadoras del Ozono), entre ellas el bromuro de metilo, que se añadió en la enmienda de Copenhague de 1992.

En general, la vigilancia establecida sobre la capa de ozono en la estratosfera ha venido arrojando noticias moderadamente optimistas acerca de su evolución (el agujero en diciembre de 2015 fue de 10.000.000 km², mientras que en la primavera del 2000 alcanzó los 25.000.000 km²). Sin embargo, se ha observado una inversión favorable de estos datos, ya que en 2014 el agujero era menor. Una de las causas puede ser la aparición de un compuesto llamado diclorometano o cloruro de metileno (CH_2CL_2), un líquido incoloro artificial no regulado por el protocolo de Montreal que se utiliza como disolvente en eliminación de pinturas, limpieza de componentes electrónicos, aerosoles, pesticidas y juguetes termoplásticos.

La decisión 88/540 CEE del Consejo convirtió a la Unión Europea en parte del Protocolo y para cumplir con el mismo surgió la necesidad de realizar normativas que regularan la fabricación, comercialización y uso de este tipo de sustancias. Efectivamente, las normativas publicadas comienzan a aparecer en el año 1988, y a partir de esa fecha van modificándose o surgiendo nuevos reglamentos para refundir los anteriores. He aquí una cronología:

- Reglamento CEE 3322/88
- Reglamento CEE 594/91
- Reglamento CEE 3952/92
- Reglamento CEE 3093/94
- Reglamento CE 2037/2000
- Reglamento UE 2024/590

Conviene aclarar que el Reglamento 3093/94 elimina la producción de CFC, su introducción en el mercado y su uso, salvo para ciertas aplicaciones, entre las que no se incluyen los procesos de refrigeración ni acondicionamiento de aire. Además, en virtud del Reglamento CE 2037/2000, a partir del 2010 los HCFC vírgenes no podrán utilizarse para el mantenimiento o revisión de aparatos de refrigeración, aire acondicionado o bomba de calor.

5. Cambio climático. Acción de los gases de efecto invernadero

La Organización Meteorológica Mundial (OMM) y el Programa de las Naciones Unidas para el Medio Ambiente (PNUMA), con el objeto de coordinar y evaluar las investigaciones científicas relacionadas con el calentamiento del planeta y de facilitar la existencia de una fuente objetiva de información científica, crearon en 1988 el Grupo Intergubernamental de Expertos sobre el Cambio Climático, también llamado Panel Intergubernamental del Cambio Climático (IPCC).

Sin embargo, este Panel Intergubernamental del Cambio Climático, formado por varios cientos de expertos científicos, no realiza ninguna investigación ni seguimiento de datos relacionados con el clima en el planeta, sino que su misión consiste en redactar y revisar informes de otros grupos científicos con el objetivo de facilitárselos de forma accesible y verificada a los distintos representantes de los gobiernos participantes.

Su quinto informe, finalizado en el año 2014, consta de tres partes diferenciadas más una síntesis, a saber:

- Bases físicas

- Impactos, adaptación y vulnerabilidad

- Mitigación del cambio climático

- Informe de síntesis

Figura 5.1 Acción de los gases de efecto invernadero.

Todas las partes de las que consta el informe han sido aceptadas y aprobadas entre los años 2013 y 2014. Para hacer un resumen muy breve, estableceremos las siguientes conclusiones:

- De 1880 al 2012 la temperatura ambiente media en el planeta ha subido 0,85 K.

- Los datos relacionados con la temperatura de los océanos revelan un aumento en su temperatura, y al mismo tiempo se ha producido una disminución apreciable en la masa de hielo. El nivel medio del mar ha ascendido desde 1901 unos 19 centímetros debido a la mayor masa de agua existente causada por el hielo derretido por el calentamiento. El ritmo de la merma de hielo marino en el Ártico arroja la escalofriante cifra de pérdida por valor de más de un millón de km² de hielo cada diez años.

- Basándose en la concentración existente en la atmósfera en el 2013 de gases de efecto invernadero y en el ritmo de emisión actual, se espera que para el año 2099 la subida de temperatura ambiente media en el planeta sea de entre 1 y 2 K. Así, los océanos seguirán calentándose y el deshielo de las zonas polares aumentará. La estimación para el aumento del nivel medio del mar está entre 24 y 30 centímetros en el año 2065 y de 40 a 63 centímetros en el 2100 con relación al periodo de referencia de 1986-2005.

- La conclusión más pesimista es que gran parte de estos y otros efectos del cambio climático persistirán durante muchos siglos, incluso (si fuera posible) en el caso de una eliminación total e inmediata de las emisiones de gases de efecto invernadero en todo el planeta.

Como hemos visto a lo largo de este punto, los estudios científicos demuestran que existen sustancias en forma gaseosa que, debido a ciertas propiedades intrínsecas, una vez que están en la atmósfera provocan variaciones en el clima y la temperatura en la troposfera. Pero, ¿cuál es el mecanismo mediante el cual se producen estos efectos?

Como hemos visto en el punto 3 de este manual, una parte de la energía que el sol emite y que llega hasta nuestro planeta es reflejada por las capas altas de la atmósfera o absorbida por reacciones fotoquímicas que tienen lugar allí; el resto llega hasta la superficie terrestre, donde es absorbida fundamentalmente por los objetos sólidos que, como consecuencia, se calientan.

Los efectos de los gases que intervienen en el cambio climático se notan cuando estos se acumulan en la atmósfera y actúan como un invernadero. Efectivamente, cuando no hay radiación solar, los objetos calentados durante el día se van enfriando paulatinamente. Estos objetos sólidos se enfrían emitiendo energía en forma de radiación térmica, la cual posee longitudes de onda entre 0,1 µm y 1.000 µm, que pertenecen a la región infrarroja del espectro electromagnético.

Dicha radiación tiende a escapar fuera de la atmósfera, pero queda atrapada en ella debido a la presencia de estos gases, puesto que tienen la peculiaridad de ser impermeables, es decir, de impedir el paso y la difusión de la radiación precisamente en la franja de longitud de onda infrarroja. En la **figura 5.2** se puede observar el mecanismo del llamado «efecto invernadero» producido en la atmósfera.

Figura 5.2 Mecanismo del efecto invernadero.

De este modo se altera el ciclo natural de calentamiento-enfriamiento de la superficie terrestre, con las consecuencias lógicas en un sistema en el que cualquier modificación influye inmediata y decisivamente en toda una serie de variables climáticas. Todo en la naturaleza del planeta se encuentra íntimamente relacionado, por lo que una modificación supone una cadena de cambios prácticamente infinita.

6. Emisión de gases. Consecuencias

Lamentablemente, la evolución meteorológica que podemos observar año tras año no hace sino ratificar las conclusiones del quinto informe del Panel Intergubernamental del Cambio Climático, expuestas en el punto anterior. Aun así, desde ciertos sectores estas conclusiones son calificadas de exageradas o alarmistas, incluso de falsas. Es posible que este hecho pueda estar provocado porque, a primera vista, las cifras de aumento de temperatura global media puedan parecer bajas. Sin embargo, esto no es así.

Hay que tener en cuenta que la cifra es para un aumento medio global y que el clima se está extremando, con lo que también habrá zonas y épocas con temperaturas más frías, por lo que el aumento real de temperatura en otras deberá ser mayor y bastante notable. De todas formas, esta aparentemente pequeña cantidad de 0,85 K está provocando que zonas como la selva amazónica, auténtica reserva de especies animales, vegetales y gran sumidero de CO2, estén llegando a puntos de cambio drástico debido al calentamiento y a la pérdida de humedad. Los glaciares baten récords de retroceso. Como muestra baste decir que en el 2011 se colocó una cámara en el glaciar Jorge Montt, en la zona de la Patagonia y en un solo año retrocedió 1 kilómetro, un ritmo de tres a cuatro veces mayor de lo normal.

Tampoco hay que ir muy lejos para darnos cuenta de los problemas derivados de estos cambios. En España hay zonas con verdaderas dificultades de abastecimiento de agua potable en los meses más secos.

No nos debemos engañar con argumentos que carecen de cualquier base científica, como por ejemplo «esas situaciones no son nuevas» o «el clima siempre ha cambiado de forma natural a lo largo de la historia de la Tierra».

Los gases de efecto invernadero comienzan a llegar de forma masiva a la atmósfera una vez que la Revolución Industrial se extiende y se implanta a nivel prácticamente global. Los gases fluorados como los CFC, con un potencial de calentamiento altísimo, comienzan a utilizarse ampliamente a partir de los años 30 del pasado siglo (sin ningún conocimiento de su potencial peligrosidad tanto para la capa de ozono como para el efecto invernadero). Los resultados se están notando claramente desde hace ya bastantes años, ya que la acumulación progresiva es lo que produce estos cambios que, si bien es cierto que han tenido lugar periódicamente desde el principio de la historia del planeta, nunca lo han hecho con la celeridad que estamos presenciando en estos momentos.

También hay escépticos que culpan de la presencia de este tipo de gases en la atmósfera a las erupciones volcánicas, la ganadería intensiva... Como puede verse en la **figura 6.1** es evidente la relación directa que existe entre la población mundial y la presencia en la atmósfera de estos gases, con lo que sobran los comentarios acerca de las verdaderas causas.

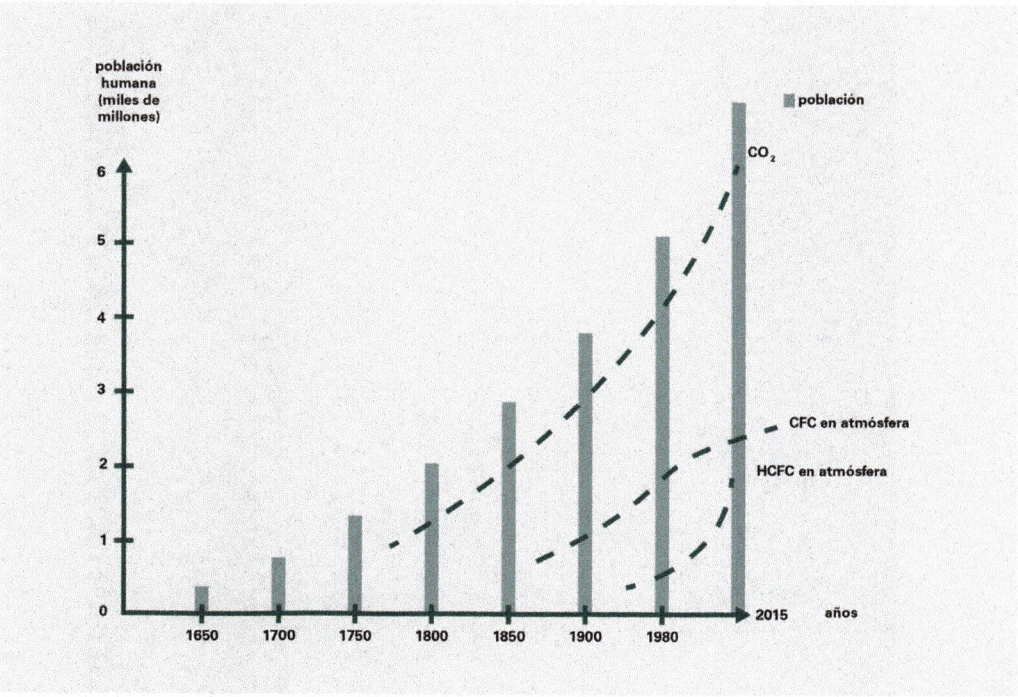

Figura 6.1 Evolución de la población y gases de efecto invernadero en la atmósfera.

Se trata, pues, de un crecimiento exponencial de la cantidad de los gases contaminantes representados en el gráfico en relación con la población.

Los efectos del aumento de la presencia tanto de gases de efecto invernadero como de gases que atacan a la capa de ozono estratosférico se centran en un aumento de la temperatura atmosférica, que se conoce como «calentamiento global».

Este calentamiento provocaría una serie de consecuencias gravísimas para el planeta y, en consecuencia, para su población, como por ejemplo las siguientes:

- La cantidad y frecuencia de las precipitaciones variará, por lo que muy posiblemente aumente la superficie de las áreas afectadas por sequías y también su duración y, por tanto, su repercusión en zonas ya afectadas. Asimismo, al aumentar las precipitaciones, se producirán inundaciones en ciertas zonas, incluso en zonas donde no son habituales, o las inundaciones serán aun más destructivas en zonas donde se producen de forma estacional.

- Por otra parte, una atmósfera más calurosa podría provocar que el hielo cerca de los polos se derritiera y se elevara el nivel del mar. Además de la tragedia humana inmediata a este hecho, se inundarían tierras fértiles que dejarían de serlo, con las correspondientes hambrunas provocadas en ciertas zonas cuya dependencia de la agricultura o la ganadería es plena.

- Cambios abruptos en la temperatura y la presión atmosférica traen como consecuencia la generación de tornados y huracanes. Efectivamente, en los últimos años, en las zonas tropicales donde los tornados aparecen en determinada época del año, ahora reaparecen con más frecuencia; incluso van apareciendo en zonas no habituales (por ejemplo, Centroeuropa).

Figura 6.2 Cambios abruptos en la temperatura y en la presión atmosférica.

En resumen, las consecuencias que podemos esperar del cambio climático para el presente siglo en caso de que no cese el aumento paulatino de la temperatura media son, entre otras, las siguientes:

- Aumento de sequías en unas zonas e inundaciones en otras

- Mayor frecuencia de formación de huracanes

- Progresivo deshielo de los casquetes polares, con la consiguiente subida de los niveles de los océanos

- Incremento de las precipitaciones a nivel planetario pero peor repartidas, es decir, lloverá menos días y más torrencialmente.

- Aumento de la cantidad de días calurosos, traducido en olas de calor

- Igualmente se espera que los extremos de calor y de frío sean mayores (veranos más calientes e inviernos más fríos).

- Aumento de la incidencia del cáncer de piel por el incremento de la acción agresiva de la radiación solar

- Progresiva proliferación de enfermedades oculares y, en general, de otras afecciones por depresión del sistema inmunológico

- Desaparición de especies animales y vegetales del planeta

- Reducción de los recursos agropecuarios en general, con incidencia especial en zonas cuya subsistencia depende directamente de estos recursos.

Por todo ello, es fundamental una concienciación general ante estos problemas y, en la parte que afecta a los refrigerantes, los instaladores y mantenedores tienen a su alcance la posibilidad de reducir al máximo estas emisiones.

Esto se puede lograr siendo conscientes de los efectos negativos de estos gases sobre el medio ambiente y procurando, mediante buenas prácticas en su profesión, evitar la emisión de estos a la atmósfera: confinaremos la mayor cantidad posible de gases en el interior de los equipos o en recipientes antes de su desmontaje, nos preocuparemos de que los refrigerantes tengan un correcto tratamiento posterior y vigilaremos correctamente los equipos con el objeto de localizar y reparar las posibles fugas de refrigerante de forma inmediata.

7. Protocolo de Kioto

En 1992, la Cumbre para la Tierra celebrada en Río de Janeiro, con la asistencia de representantes de más de 170 gobiernos y más de 22.000 organizaciones no gubernamentales, generó varios documentos, entre ellos el de creación de la Convención Marco de las Naciones Unidas sobre el Cambio Climático (CMNUCC).

El motivo de la creación de esta convención no fue otro que el de intentar afrontar y combatir el problema del cambio climático, ya patente en esas fechas. Hoy por hoy, la Convención Marco de las Naciones Unidas sobre el Cambio Climático cuenta con un total de 197 países que la han ratificado y, por tanto, son partes de la misma. Entre dichos países se encuentran (con algún matiz) los miembros de la Unión Europea.

Para los países de la Unión, la historia del protocolo de Kioto arranca el 4 de febrero de 1991, día en el que el Consejo autorizó a la Comisión para que participara, en nombre de la Comunidad Europea, en las negociaciones sobre la Convención Marco de las Naciones Unidas sobre el Cambio Climático, adoptada en Nueva York el 9 de mayo de 1992. La Comunidad Europea ratificó la Convención, que entró en vigor el 21 de marzo de 1994 mediante la Decisión 94/69/CE, de 15 de diciembre de 1993.

La Convención Marco contribuyó al establecimiento de los principios clave de la lucha internacional contra el cambio climático. Asimismo, contribuyó a reforzar la concienciación pública a escala mundial sobre los problemas relacionados con el cambio climático. No obstante, la Convención no contempla compromisos en términos de cifras detalladas por países respecto a la reducción de las emisiones de gases de efecto invernadero.

Por consiguiente, las partes de la Convención decidieron, en la primera Conferencia de las Partes, que se celebró en Berlín en marzo de 1995, negociar un protocolo que contuviera medidas de reducción de las emisiones de los países industrializados en el periodo posterior al año 2000. Tras una larga preparación, el 11 de diciembre de 1997 se aprobó el Protocolo de Kioto.

El 29 de abril de 1998, la Comunidad Europea firmó el Protocolo, y los Estados miembros se comprometieron a depositar sus instrumentos de ratificación al mismo tiempo que la Comunidad y, en la medida de lo posible, antes del 1 de junio del 2002.

7.1 Contenido del Protocolo

El Anexo II de la Decisión indica los compromisos en materia de limitación y reducción de las emisiones acordados por la Comunidad y sus Estados miembros para el primer periodo de compromiso (2008-2012).

El Protocolo de Kioto se aplica a las emisiones de seis gases de efecto invernadero:

- dióxido de carbono (CO_2)
- metano (CH_4)
- óxido nitroso (N_2O)
- hidrofluorocarbonos (HFC)
- perfluorocarbonos (PFC)
- hexafluoruro de azufre (SF_6)

Efectivamente, estos son los principales gases responsables del efecto invernadero definido anteriormente. El CO_2 es uno de los principales productos de la combustión de hidrocarburos, como el CH_4, y los HFC son utilizados asiduamente como refrigerantes tanto en procesos industriales como en el ámbito doméstico.

El Protocolo representa un importante paso hacia adelante en la lucha contra el calentamiento del planeta, ya que contiene objetivos obligatorios y cuantificados de limitación y reducción de gases de efecto invernadero.

Globalmente, los Estados Partes en el Acuerdo del Anexo I de la Convención Marco (esto es, los países industrializados) se comprometen conjuntamente a reducir sus emisiones de gas de efecto invernadero para lograr que las emisiones totales de los países desarrollados disminuyan al menos un 5 % con respecto al nivel de 1990 durante el periodo 2008-2012. El anexo B del Protocolo contiene los compromisos cuantificados suscritos por los Estados Partes en el Acuerdo.

Los Estados que eran miembros de la UE antes del 2004 deberán reducir conjuntamente sus emisiones de gases de efecto invernadero en un 8 % entre los años 2008 y 2012. No obstante y, dado que es posible cumplir el objetivo por grupos de países, en la Unión Europea a cada país se le otorgó un margen distinto en función de diversas variables económicas y medioambientales según el principio de «reparto de la carga», de manera que dicho reparto se acordó de la siguiente forma: Alemania (−21 %), Austria (−13 %), Bélgica (−7,5 %), Dinamarca (−21 %), Italia (−6,5 %), Luxemburgo (−28 %), Países Bajos (−6 %), Reino Unido (−12,5 %), Finlandia (−2,6 %), Francia (−1,9 %), España (+15 %), Grecia (+25 %), Irlanda (+13 %), Portugal (+27 %) y Suecia (+4 %).

Los Estados miembros que se hayan incorporado a la UE después de esa fecha se comprometen a reducir sus emisiones en un 8 %, a excepción de Polonia y Hungría (6 %), así como Malta y Chipre, que no se encuentran incluidos en el Anexo I de la Convención Marco.

Para el periodo anterior al 2008, las Partes se comprometen a realizar progresos en el cumplimiento de sus compromisos a más tardar en el año 2005, y a facilitar las pruebas correspondientes.

El año 1995 puede considerarse el año de referencia para los Estados Partes en el Acuerdo que lo deseen en lo que respecta a las emisiones de HFC, PFC y SF6.

Para alcanzar estos objetivos, el Protocolo propone una serie de medios:

- Reforzar o establecer políticas nacionales de reducción de las emisiones (aumento de la eficacia energética, fomento de formas de agricultura sostenibles, desarrollo de fuentes de energías renovables, etc.).

- Cooperar con las otras Partes contratantes (intercambio de experiencias o información, coordinación de las políticas nacionales por medio de permisos de emisión, aplicación conjunta y mecanismo de desarrollo limpio).

Dado que no se puede medir físicamente, se reguló que los Estados Partes en el Acuerdo establecieran un sistema nacional de estimación de las emisiones de origen humano y de absorción por sumideros de todos los gases de efecto invernadero no regulados por el Protocolo de Montreal (el protocolo de Kioto complementa y amplía el de Montreal), a más tardar un año antes del primer periodo de compromiso.

Para el segundo periodo de compromisos, se prevé un examen de los mismos, a más tardar en el año 2005.

El 31 de mayo del 2002, la Unión Europea ratificó el protocolo de Kioto, que entró en vigor el 16 de febrero del 2005, tras la ratificación de Rusia. Sin embargo, varios países industrializados se negaron a ratificar el protocolo, entre ellos Estados Unidos y Australia.

7.2 El Protocolo de Kioto a partir del 2012

En 2012, fecha límite de aplicación del Protocolo de Kioto, los casi 200 países participantes lograron alcanzar un acuerdo de mínimos para prorrogar los compromisos del mismo hasta el 2020. De este modo se evitó el desastre hacia el que se encaminaba la cumbre de Doha, ya que el acuerdo se consiguió en el último momento, tras una sesión en la que algunos países, como Polonia, mostraron sus reticencias a dar luz verde a esta prórroga, que es lo menos que se podía conseguir como resultado de la Cumbre de Doha.

Sin embargo, países como Canadá, Rusia o Japón, entre otros, no accedieron a esta prórroga.

Este hecho convertía en esos momentos y hasta nuevo acuerdo al protocolo de Kioto en la única herramienta para intentar controlar la emisión de gases de efecto invernadero.

Sin embargo, el 12 de diciembre del 2015 se aprobó el Acuerdo de París sobre el Cambio Climático. El 11 de abril del 2016 la Unión Europea autorizó la firma del mismo en su nombre, mediante la Decisión (UE) 2016/590 del Consejo. Se aprobó el 5 de octubre del 2016, mediante la Decisión (UE) 2016/1841 del Consejo, relativa a la celebración, en nombre de la Unión Europea, del Acuerdo de París aprobado en virtud de la Convención Marco de las Naciones Unidas sobre el Cambio Climático.

Finalmente, el 22 de abril del 2016, en la sede de Naciones Unidas de Nueva York, se llevó a cabo la firma protocolaria del Acuerdo de París sobre el Cambio Climático por parte de más de 155 países. Este es el primer acuerdo vinculante jurídicamente y de carácter universal, y entrará en vigor en el 2020.

Este acuerdo se basa en tres pilares fundamentales:

- Fijar metas de reducción de emisiones a cada país firmante

- Establecer el objetivo de que el aumento de la temperatura media en la Tierra a final de siglo esté en 1,5 K o, en su defecto, muy por debajo de los 2 K respecto a los niveles preindustriales.

- Fijar flujos financieros para alcanzar un sistema económico que facilite la bajada de las emisiones de gases de efecto invernadero.

Efectivamente, se «da la vuelta a la tortilla» tras la experiencia no muy satisfactoria del Protocolo de Kioto, y se opta por fijar un objetivo común, de forma que cada país firmante debe proponer y llevar a cabo sus estrategias para reducir sus emisiones de gases de efecto invernadero. Prácticamente todos los países firmantes lo han hecho.

Aun así, el Acuerdo de París, según se indica en la segunda parte del texto, reconoce que estas estrategias presentadas no bastan, por lo cual se establecen mecanismos de revisión al alza de los compromisos cada cinco años.

Respecto a los flujos financieros, el Acuerdo establece el compromiso de movilizar un fondo de 100.000 millones de dólares anuales a partir del 2020, con revisiones al alza a partir del 2025. Estos fondos deberán ser aportados obligatoriamente por los países industrializados y de forma voluntaria por los emergentes, y se destinarán principalmente a aquellos países que cuentan con menos recursos para que implementen políticas de reducción de emisiones.

Figura 7.1 La importancia de reducir el CO_2.

8. Índices medioambientales de los refrigerantes

Como se verá en el punto 9, los refrigerantes utilizados tanto actualmente como a lo largo de su historia, se pueden clasificar de varias formas, según se atienda a unas u otras características. En este punto, vamos a considerar previamente al desarrollo de su clasificación dos de los parámetros directos que caracterizan a estas sustancias desde el punto de vista medioambiental, y también hablaremos de un tercer parámetro, común para otros sistemas de emisión de gases de efecto invernadero.

8.1 Potencial de agotamiento del ozono

Como ya se ha visto anteriormente, el agotamiento de la capa de ozono es producido principalmente por el efecto catalítico del cloro, flúor y bromo en compuestos, que separan las moléculas de ozono (O_3) y destruyen la capa.

Según el ya derogado Reglamento CE 1005/2008, el potencial de agotamiento del ozono es «la cifra que representa el efecto potencial de cada sustancia regulada o sustancia nueva sobre la capa de ozono».

En otras palabras, el valor del potencial de agotamiento de ozono (PAO) o su acrónimo inglés (ODP) de un compuesto se indica en relación al de una molécula de cloro (ODP de una molécula de cloro = 1).

Los valores de PAO de las sustancias reguladas están especificados en los Anexos I y II del Reglamento UE 2024/590.

8.2 Potencial de calentamiento global

El potencial de calentamiento global, según la definición del Reglamento CE 2024/573, es «el potencial de calentamiento climático de un gas de efecto invernadero respecto al del dióxido de carbono (CO_2), calculado en términos de potencial de calentamiento a lo largo de 100 años de un kilogramo de gas de efecto invernadero respecto al de un kilogramo de CO_2, según lo dispuesto en los Anexos I, II y IV o, por lo que respecta a las mezclas, calculado según lo dispuesto en el Anexo IV».

Dicho de otra forma, el potencial de calentamiento global (PCG) o por sus siglas en inglés (GWP) de cualquier sustancia (por ejemplo, de un gas fluorado) es un valor que se obtiene en relación con el potencial de calentamiento de un kilogramo de CO_2 sobre un periodo de 100 años, asignando a este potencial de referencia el valor 1.

Concretamente, el valor indica el efecto de calentamiento integrado en el periodo de 100 años de una unidad de masa de la sustancia en cuestión en relación con la del CO_2. Los valores del PCG de los distintos refrigerantes se pueden consultar, entre otros listados, en los de los Anexos I, II y IV del Reglamento CE 2024/573.

Veamos un ejemplo para aclarar conceptos: Según el Anexo I del Reglamento CE 2024/573, al refrigerante R-134a le corresponde un potencial de calentamiento global de 1.430. Esto quiere decir que un solo kilogramo de R-134a que se libere a la atmósfera tiene la misma capacidad de influir en el calentamiento del planeta que 1.430 kilogramos (casi tonelada y media) de CO_2 durante 100 años.

Para hacernos una idea de lo que supone esto, baste decir que un bosque del tamaño de un campo de fútbol reglamentario completamente tupido de árboles es capaz de procesar en todo un año de existencia únicamente 8.000 kilogramos de CO_2.

Respecto a las mezclas de sustancias reguladas, el PCG se obtiene según el Anexo IV del Reglamento CE 2024/573 «como media ponderada derivada de la suma de las fracciones en peso de cada una de las sustancias multiplicadas por sus PCG, salvo indicación en contra, incluidas las sustancias que no son gases fluorados de efecto invernadero».

Efectivamente, los refrigerantes que se obtienen como mezclas de varias sustancias (denominados con un número aleatorio de la serie 400 y 500 según el Reglamento de Seguridad en Instalaciones Frigoríficas, como por ejemplo el R-410A) no tienen cabida en el listado del Reglamento CE 2024/573, por lo que el valor de su potencial de calentamiento global debería calcularse si queremos obtenerlo de acuerdo a este Reglamento Europeo (en el Reglamento de Seguridad en Instalaciones Frigoríficas sí figuran, si bien no coinciden al ser los PCG ligeramente diferentes). Por lo tanto, vamos a aclarar este concepto de cálculo con un ejemplo.

Imaginemos que necesitamos conocer el potencial de calentamiento global de una sustancia compuesta por tres refrigerantes.

- 45 % de R-134a
- 33 % de R-125
- 22 % de R-32

Pues bien, bastará con acudir al listado del Anexo I del Reglamento CE 2024/573 y buscar los potenciales de calentamiento atmosférico de cada uno de estos refrigerantes puros:

- R-134a: 1.430
- R-125: 3.500
- R-32: 675

Y operar con ellos de la siguiente manera:

PCG mezcla = 0,45 x 1.430 + 0,33 x 3.500 + 0,22 x 675 = 1.947

8.3 Impacto de calentamiento total equivalente

El impacto de calentamiento equivalente total incluye tanto el efecto de calentamiento global directo del refrigerante como el calentamiento global indirecto debido al efecto del CO_2. Este último es generado como consecuencia del consumo energético del equipo durante su tiempo de vida útil, bien sea eléctrico o de combustión directa. Asimismo, valora otros parámetros, como los índices de fuga en reparación o sustitución.

En un sistema de refrigeración que consume energía eléctrica para su funcionamiento, por ejemplo, el TEWI (acrónimo inglés) expresaría la masa equivalente total de CO_2 obtenida de la suma de las fugas de refrigerante más las producidas en la generación de la energía eléctrica consumida por el equipo más las resultantes de las operaciones de mantenimiento y desmantelamiento del sistema.

Este índice, utilizado en programas de calificación energética, puede tener aplicación como comparador de sistemas de refrigeración (entre otros). De hecho, el Reglamento de Instalaciones Térmicas en Edificios (RITE), en su IT 1.2.3 apartado 6, indica: «Cuando se deban comparar sistemas alternativos de producción frigorífica, es aceptable el cálculo del impacto total de calentamiento equivalente (TEWI), de acuerdo al método propuesto en el Anexo B de la parte 1 de la norma UNE-EN 378».

9. Breve reseña histórica

A lo largo del tiempo, son muchos los refrigerantes que se han utilizado tanto en la industria como en sistemas de confort. El amoníaco NH_3 (R-717), el dióxido de carbono CO_2 (R-744), el cloruro de metilo $ClCH_3$ y posteriormente algún hidrocarburo, como el propano CH_3 (R-290) fueron ampliamente utilizados en los albores del uso de los ciclos de compresión mecánica, a finales del siglo XIX y principios del XX.

Sin embargo, su potencial peligrosidad debido a distintos factores, o las dificultades termodinámicas que presentaban y, sobre todo, la aparición en 1928 de los refrigerantes halogenados (resultantes de la sustitución de parte del carbono de un hidrocarburo por halógenos como el cloro, el bromo y el flúor) hicieron que los primeros fueran casi desestimados y quedaran limitados a determinados usos como sistemas industriales o pequeños sistemas de refrigeración. Eso sucedió porque los refrigerantes halogenados, principalmente los clorofluorocarburos (CFC), como el R-12, ofrecían unas características envidiables en cuanto a comportamiento a distintas temperaturas y miscibilidad con los aceites.

Con el Protocolo de Montreal, los CFC fueron eliminados y sustituidos por los HCFC, hidroclorofluorocarbonos, como el R-22. Diez años después se estableció el protocolo de Kioto, que propició la retirada paulatina del mercado de los HCFC, que fueron sustituidos por los HFC, de amplio uso en la actualidad.

No obstante, su elevado PCG está favoreciendo que las nuevas normativas (RCE 2024/573) empiecen a poner limitaciones a su uso, sobre todo en los que tienen el PCG más alto, lo cual está haciendo que vuelvan a tomar protagonismo los antiguos refrigerantes, de PAO y PCG nulo, así como los HFC de PCG bajo, que están en desarrollo actualmente.

La Comisión Europea está trabajando en la dirección de disminuir el uso de los HFC de alto PCG imponiendo reducciones significativas en cuanto a cuotas de producción e importación, tomando como base la cantidad máxima de cuotas de HFC disponibles en el 2015 (que corresponde al 100 % de la demanda media anual para el periodo 2009-2012) y reduciendo las cuotas en un 7 % en el 2016, un 37 % en el 2018, un 55 % en el 2021, un 69 % en el 2024, un 76 % en el 2027 y un 79 % en el 2030.

No hay que olvidar que la reducción citada se llevará a cabo no sobre las cantidades expresadas en kg, sino en toneladas equivalentes de CO_2, lo cual nos lleva a la conclusión de que los gases refrigerantes con alto PCG, ya castigados económicamente a nivel impositivo, tienen los días contados, puesto que las cantidades que se podrán producir serán mínimas. Se utilizarán entonces para dar servicio a ciertas aplicaciones cuando no existan alternativas viables técnica o económicamente. También se podrán utilizar reciclados o regenerados, durante algún tiempo.

10. Clasificación de refrigerantes

De manera general, y según el criterio de ASHRAE, podemos distinguir entre:

- Refrigerantes inorgánicos como, por ejemplo, el amoníaco y el dióxido de carbono

- Orgánicos como el propano, el isobutano, etc.

- Halogenados, también conocidos como sintéticos, que son los llamados CFC (clorofluorocarburos), los HCFC (hidroclorofluorocarburos) y, por último, con ciertos matices, los HFC (hidrofluorocarburos).

En este apartado, me ocuparé de este último grupo.

Estos refrigerantes se pueden clasificar en función de varios criterios (naturaleza, composición...). También por la seguridad cara a los usuarios o a las personas en general y por sus efectos potenciales sobre el medio ambiente.

Vamos a prestar atención a estos últimos criterios. Los clorofluorocarburos son compuestos que contienen en su composición moléculas de cloro, flúor y carbono, en distintas cantidades. Dada la no presencia del hidrógeno, elemento muy reactivo o inestable, tienen la característica de poseer una gran estabilidad química. Esto es muy perjudicial desde el punto de vista medioambiental ya que, unido a la presencia del cloro en su composición, los hace perjudiciales para la capa de ozono y muy perdurables en el medio, lo cual multiplica su acción destructiva. Ejemplos de este tipo de refrigerante son el R-11, el R-12 o el R-115.

El segundo de los tipos mencionados, los HCFC, se diferencian de los anteriores porque contienen hidrógeno en su composición. Esto los hace más inestables, suelen descomponerse en la parte baja de la atmósfera y no llegan a las capas altas donde se encuentra la capa de ozono, por lo que su potencial destructivo es menor que el de los anteriores. Entre otros, el R-22 forma parte de este tipo de refrigerantes.

Por último, los HFC están compuestos por hidrógeno, flúor y carbono. Esta composición, además de hacerlos poco estables químicamente al no contener moléculas de cloro, revela un potencial destructor de la capa de ozono nulo. En cuanto a su peligrosidad, hay tres grupos establecidos en el Reglamento de Seguridad para Instalaciones Frigoríficas (L1, L2 y L3) que atienden a los posibles efectos causados en las personas por su inhalación y a su poder combustible al mezclarse con el aire. El grupo L1 aglutina los gases denominados de alta seguridad, el L2 los de media seguridad y el L3 los más peligrosos potencialmente o gases de baja seguridad.

Cada uno de estos tres grupos cuenta con dos componentes independientes que subclasifican los refrigerantes teniendo en cuenta los dos criterios mencionados anteriormente; esto es en función de su toxicidad:

- Categoría A: Aquellos cuya concentración media en el tiempo C ≥400 ppm o 400 ml/m^3 no tiene efectos adversos para la mayoría de las personas expuestas (se toma como patrón una jornada laboral de 8 horas diarias y 40 semanales).

- Categoría B: Aquellos cuya concentración media en el tiempo C <400 ppm o 400 ml/m^3 no tiene efectos adversos para la mayoría de las personas expuestas, con el mismo patrón de tiempo de exposición.

El otro componente otorga un número a los refrigerantes en función de su inflamabilidad, entre 1, 2 y 3.

- Categoría 1: no muestran propagación de llama cuando se ensayan a 60 °C y 101,3 kPa.

- Categoría 2: Refrigerantes que cumplan las tres condiciones siguientes:

  - Muestran propagación de llama cuando se ensayan a +60 °C y 101,3 kPa.

  - Tiene un límite inferior de inflamabilidad, cuando forman una mezcla con el aire, igual o superior al 3,5% en volumen (V/V).

  - Tiene un calor de combustión menor que 19.000 kJ/kg.

  Dentro de éste grupo la norma ISO 817 ha introducido el criterio de la disminución de riesgo a causa de la baja velocidad de propagación de la llama de ciertas substancias, estableciendo la categoría 2L, el cual además de satisfacer las tres condiciones anteriores presenta una velocidad de propagación de la llama inferior a 10 cm/s.

  Los refrigerantes que en la actualidad están dentro de esta categoría son los siguientes:

  A2L: R-32; R-143a; R-1234yf; R-1234ze; R-444A; R-444B; R-445A; R-446A; R-447A; R-451A; R-451B; R-452B; R-454A; R-454B; R-454C y R-455A.

- Categoría 3: Refrigerantes que cumplan las tres condiciones siguientes

    - Muestran propagación de llama cuando se ensayan a +60 °C y 101,3 kPa.

    - Tiene un límite inferior de inflamabilidad, cuando forman una mezcla con el aire, inferior al 3,5% en volumen (V/V).

    - Tiene un calor de combustión mayor o igual que 19.000 kJ/kg.

    Los límites inferiores de inflamabilidad se determinarán de acuerdo con la correspondiente norma, por ejemplo, ANSI / ASTM E 681 y se recogen en la ISO 817 y UNE-EN 378.

Así, el grupo L1 estaría formado por gases del tipo A1 (seguros en ambos aspectos), el grupo L2, por gases clasificados como A2, B1 y B2, A2L y B2L y el grupo L3, por los inflamables, sean tóxicos o no.

Según la tabla 1 del punto 4.1.3 de la IF-02:

Incremento riesgo inflamabilidad ↑	Alta inflamabilidad	A3	B3
	Media inflamabilidad	A2	B2
	Baja inflamabilidad	A2L	B2L
	Sin propagación de llama	A1	B1
		Baja toxicidad	Alta toxicidad
	Incremento riesgo-toxicidad →		

10.1 Los clorofluorocarbonos (CFC)

Como ya se ha comentado, estos refrigerantes están compuestos por cloro, flúor y carbono. Los CFC son los primeros refrigerantes sintéticos, nacidos a finales de la década de los 30 del siglo pasado, fruto de la investigación realizada por la necesidad de encontrar un sustituto no tóxico a los refrigerantes utilizados hasta entonces. Aunque en este libro los tratamos desde su papel como refrigerantes, sus aplicaciones han sido múltiples (limpieza de circuitos electrónicos, aerosoles para diversos usos, expansión de poliuretanos y otros plásticos).

En el campo de la refrigeración sus prestaciones han sido extraordinarias, ya que funcionaban con una alta eficiencia y presiones manejables a temperaturas de evaporación comprendidas en un abanico capaz de dar respuesta tanto en sistemas para confort humano como en aplicaciones para conservación y congelación.

Según se ha explicado anteriormente, en los países firmantes del Protocolo de Montreal se reguló su fabricación y uso como refrigerantes, y se prohibieron ya en 1996 en virtud de los Reglamentos CE 3952/92 y 3093/94.

El motivo de esta prohibición no es otro que su elevado PAO, como ya se ha comentado, debido tanto al cloro como a su gran estabilidad. Por otra parte, si bien esta cuestión suele pasar desapercibida debido a la reglamentación que los regula y a su efecto dañino sobre el ozono, también poseen un PCG elevado. Entre los más conocidos, podemos citar el R-12, con un PCG de 2.100 (múltiples aplicaciones, como confort térmico, conservación y congelación, incluso en vehículos) y el R-11 con un PCG de 3.800 (muy utilizado para la limpieza de circuitos, con su correspondiente liberación directa e indiscriminada a la atmósfera).

Podemos destacar las siguientes características:

- Dañinos para la capa de ozono (elevado PAO).
- Contribuyen al calentamiento global (elevado PCG).
- Temperaturas en línea de descarga moderadas.
- En comparación con el R-22, necesitan un desplazamiento ligeramente mayor del compresor
- Muy buena miscibilidad con lubricantes en general.
- Saturación a presión atmosférica entre -23 °C y -30 °C.
- Incompatibles con magnesio y sus aleaciones.
- Alta seguridad, encuadrados en el grupo L1.

Por lo tanto, al ser de alta seguridad no son refrigerantes inflamables ni tóxicos. Como anécdota se puede contar que en su presentación en sociedad la persona encargada de la presentación lo inhaló y luego sopló sobre una llama. Sin duda por ser una cantidad muy pequeña, no ocurrió nada. Sin embargo, por contener cloro en su composición, al alcanzar altas temperaturas, por ejemplo si existe un foco de calor intenso como una llama, se produce fosgeno, un gas que fue utilizado como arma química durante la Primera Guerra Mundial. Es muy irritante y su fórmula química es $COCl_2$. Su acción principal se da en el interior de los alveolos pulmonares, donde reacciona con la humedad existente en ellos para producir acido clorhídrico, que provoca cianosis y edemas que pueden llevar a la muerte o a enfermedades crónicas incurables.

Dado su grupo de seguridad, tampoco son tóxicos, pero una exposición mayor de dos horas respirando aire con una concentración mayor del 10 % de CFC causa graves molestias a las personas.

La detección de fugas, al igual que con otros refrigerantes, se puede hacer con detector electrónico o soluciones jabonosas. También son aptas las lámparas halogenadas y ultravioletas.

10.2 Los hidroclorofluorocarbonos (HCFC)

Concebidos y promovidos como sustitutos «definitivos y ecológicos» de los clorofluorocarbonos, estos refrigerantes se sintetizan al mismo tiempo que los CFC, pero no comienzan a utilizarse de forma masiva y generalizada hasta más adelante. A pesar de ello, en las revisiones del Protocolo de Montreal se incluyeron estos gases, ya que poseen cloro, por lo que son dañinos para la capa de ozono, aunque en menor medida que los CFC debido a su menor estabilidad. Por supuesto, también poseen un alto potencial de calentamiento global. Su situación legal como refrigerantes en la actualidad es idéntica a la de los CFC: está prohibida su utilización para mantenimiento o revisión de aparatos de refrigeración, aire acondicionado o bomba de calor, concretamente en su estado virgen desde el 2010 y reciclados o regenerados desde el 1 de enero del 2015. El ejemplo por excelencia de este tipo de gases es el R-22, con una amplísima utilización en el campo de la refrigeración.

Principales características:

- Menos dañinos para la capa de ozono que los CFC.
- Contribuyen al calentamiento global (elevado PCG).
- Temperaturas en línea de descarga algo mayores.
- Menor desplazamiento de compresor respecto al R-12.
- Peor miscibilidad con lubricantes, sobre todo a bajas temperaturas.
- Saturación a presión atmosférica (R-22) -40,7 °C.
- Incompatibles con magnesio y sus aleaciones.
- Alta seguridad, encuadrados en el grupo L1.

Respecto a la miscibilidad con los aceites podemos recordar que, por ejemplo en el caso de equipos para confort térmico de tipo partido en los que la unidad exterior se sitúe en un punto más elevado que la o las interiores, los fabricantes de estos equipos indicaban la necesidad de realizar «trampas de aceite» en las conducciones de refrigerante. El objetivo era arrastrar las partículas de aceite que podían quedarse a lo largo de estas de nuevo hasta el compresor, con la intención de evitar el funcionamiento de este componente sin lubricación. En otros casos, el fabricante del equipo dotaba a este, a la salida del compresor, de un separador de aceite, con el mismo objetivo.

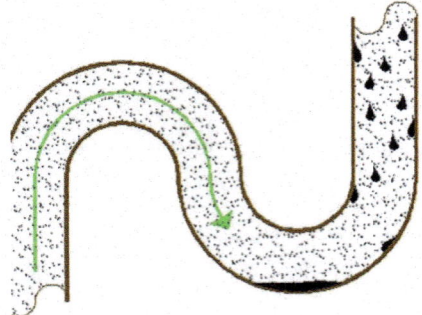 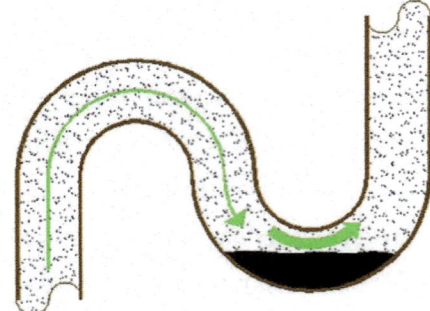

Figura 10.1 Trampa de aceite.

En cuanto a la seguridad en el uso de este tipo de refrigerantes, es totalmente aplicable todo lo indicado para los CFC, tanto por la producción de fosgeno (los HCFC también cuentan con el cloro como uno de sus componentes) como por los niveles de concentración y sus efectos por inhalación.

Al igual que en el caso de los CFC, la detección de fugas se puede llevar a cabo con detector electrónico o soluciones jabonosas, también son aptas las lámparas halogenadas y ultravioletas.

10.3 Los hidrofluorocarbonos (HFC)

Este tipo de refrigerantes se sintetizan al mismo tiempo que los CFC y HCFC, pero en un inicio se desestimaron debido a que la estabilidad de los enlaces con el cloro era mucho mayor y, dado que en ese momento no se tenía conocimiento de los problemas medioambientales que generarían, se pensó que su gran estabilidad era una ventaja. Sin embargo, se volvió a recurrir a ellos como necesidad de evolución ante las normativas limitadoras del uso de CFC y HCFC.

En este caso también fueron promocionados como sustitutos ecológicos de los anteriores. En parte, son más respetuosos con el medio ambiente que los clorofluorocarburos y los hidroclorofluorocarburos, ya que su PAO es cero al carecer de cloro o bromo en su composición.

Generalizado su uso desde los años 90, y considerados como definitivos, era evidente que esta calificación solo podría ser temporal, ya que sus valores de potencial de calentamiento global son altos, comparables incluso con los refrigerantes a los que sustituían.

El primer paso lo constituyó el Reglamento CE 842/2006, que ya incluía alguna restricción de uso y preveía futuras limitaciones. Con la aparición del Reglamento CE 2024/573, estas restricciones y limitaciones se hacen mucho más evidentes y concretas, con lo que a medio plazo deberán ser si no eliminados totalmente, sí muy limitados, en función del valor de su PCG. En este sentido, la previsión es que su precio se vaya encareciendo de forma apreciable con el tiempo.

Entre sus características principales podemos destacar:

- PAO nulo, no afectan a la capa de ozono.
- Elevados PCG, salvo excepciones.
- Temperaturas en línea de descarga moderadas en general.
- Buena miscibilidad con lubricantes sintéticos, por ejemplo poliolésteres.
- No utilizables con lubricantes minerales.
- Circuitos muy sensibles a la contaminación (soldaduras en atmósfera de nitrógeno obligatoriamente)
- Presentan problemas de interacción con el magnesio, el plomo, aleaciones de aluminio y magnesio, algunos cauchos, teflón, ciertas siliconas y el cinc.
- Encuadrados en el grupo L1 y L2.
- Mayor capacidad frigorífica en general que los HCFCs.

A pesar de ser refrigerantes en general seguros (salvo el caso de los encuadrados en el grupo L2, de los que concretaré y ampliaré datos en el punto 21), en caso de estar sometidos en el ambiente a altas temperaturas, la descomposición del refrigerante en gases tóxicos puede afectar a las personas presentes. Concretamente el R-407C y el R-410A forman, entre otros, monóxido de carbono (CO) y acido fluorhídrico, que pueden producir la muerte por asfixia y ceguera en determinadas concentraciones.

Respecto a las interacciones mencionadas, cabe señalar que no todos los hidrofluorocarbonos las tienen con todos los materiales mencionados. Sin embargo, en aquellos casos en los que se utilice un HFC para sustituir, por ejemplo, al R-22 en un sistema antiguo, es imprescindible consultar las especificaciones del refrigerante elegido y revisar el circuito del sistema, ya que de otra forma es muy posible, y de hecho ya se han dado casos, que se puedan producir fugas de refrigerante al atacar alguno de los materiales que pueda haber en las uniones del circuito.

En cuanto al punto señalado en la relación anterior respecto a la contaminación interior de los circuitos, cabe aclarar que los aceites tipo POE son muy higroscópicos, es decir, absorben muy fácilmente el agua y, por otra parte, tienen mucha afinidad y por tanto arrastran cualquier otra impureza (polvo, óxido, etc.). El agua merma e incluso puede llegar a anular sus propiedades lubricantes, y esta es la razón por lo que estos circuitos son muy sensibles a cualquier impureza, incluida la humedad, ya que pueden llegar a formarse alcoholes, ácidos, corrosión...

Por último, para localizar fugas es posible utilizar todos los métodos comentados para los refrigerantes clorados, salvo las lámparas halogenadas.

11. Disposiciones del R. D. 115/2017

11.1 Introducción

Tras prácticamente siete años de vigencia, el R. D. 795/2010 da paso a este real decreto para adaptar la legislación española al Reglamento CE 2024/573.

Efectivamente, las normas con rango de reglamento en el ámbito de la Unión Europea son directa y obligatoriamente aplicables en cada país de la Unión, por lo que no necesitan, como en el caso de las directivas, ser transpuestas al ordenamiento jurídico de cada país.

Por lo tanto, el objetivo del R. D. 115/2017 es completar aspectos particulares relacionados con el Reglamento CE 2024/573 en nuestro país, respecto a los cuales una reglamentación europea no puede influir debido a las limitaciones potestativas o a la falta de homogeneidad estructural de algunas áreas.

Se trata, por ejemplo, de cuestiones vinculadas con aspectos concretos de la comercialización de productos relacionados con las sustancias reguladas como la aplicación de sanciones al incumplimiento de las disposiciones de la reglamentación europea, las condiciones de obtención de las distintas acreditaciones profesionales y empresariales, o con aspectos lectivos como los contenidos y la extensión de los programas de formación, los requerimientos mínimos de los centros donde se imparta dicha formación, la validez de los certificados ya expedidos con arreglo al R. D. 795/2010 y, en su caso, la necesidad de formación de reciclaje, etc. Todos estos aspectos deben ser regulados por la normativa nacional correspondiente.

Por otra parte, este real decreto establece cambios en la normativa de instalaciones de refrigeración existentes en el momento de su entrada en vigor, si bien estos cambios carecen de sentido en la actualidad, por encontrarse ya derogado el R. D. 138/2011, sustituido por el RD 552/2019, por el que se aprueba el Reglamento de Seguridad en Instalaciones Frigoríficas, cuyas disposiciones recogen ya las modificaciones para armonizar la normativa nacional con el Reglamento CE 2024/573.

Por lo tanto, el R. D. 115/2017 aborda todas estas cuestiones y deroga el antiguo R. D. 795/2010.

Por último, la Orden PRA/905/2017, de 21 de septiembre, modifica los Anexos I y II de este real decreto. Si bien no afectan a este programa formativo, dichas modificaciones están recogidas en el texto que se ofrece a continuación.

11.2 Real Decreto 115/2017

Real Decreto 115/2017, de 17 de febrero, por el que se regula la comercialización y manipulación de gases fluorados y equipos basados en los mismos, así como la certificación de los profesionales que los utilizan, y por el que se establecen los requisitos técnicos para las instalaciones que desarrollen actividades que emitan gases fluorados.

TÍTULO I

Disposiciones generales

Artículo 1. Objeto y finalidad.

1. Este real decreto tiene por objeto regular la distribución y puesta en el mercado de gases fluorados, así como su manipulación y la de los equipos basados en su empleo a efectos del control de fugas o emisiones y de su desmontaje y recuperación de los gases. Establece asimismo los procedimientos de certificación del personal que realiza determinadas actividades, todo ello con el objetivo de evitar las emisiones a la atmósfera y dar cumplimiento a lo previsto en la normativa europea.

   Asimismo, este real decreto tiene por objeto el establecimiento de requisitos técnicos para las instalaciones que desarrollen actividades potencialmente contaminadoras de la atmósfera, con el fin de evitar la emisión de gases fluorados.

2. Será de aplicación a las instalaciones con actividades potencialmente contaminadoras del artículo 12 y a los distribuidores de gases fluorados y de equipos y productos basados en ellos, así como al personal que realice alguna de las actividades previstas en el artículo 3 y a titulares de los distintos tipos de instalaciones, comercializadores y empresas instaladoras y mantenedoras de los equipos mencionados en dicho artículo.

Artículo 2. Definiciones.

A los efectos de este real decreto se entenderá por:

a) «Gases fluorados»: las sustancias enumeradas en los grupos I, II, III, VII y VIII del Anexo I del Reglamento (UE) n.° 2024/590 del Parlamento Europeo y del Consejo, de 16 de septiembre del 2009, así como las enumeradas en el Anexo I del Reglamento (UE) n.° 2024/573 del Parlamento Europeo y del Consejo de 16 de abril del 2014 sobre los gases fluorados de efecto invernadero y por el que se deroga el Reglamento (CE) n.° 842/2006 del Parlamento Europeo y del Consejo, de 17 de mayo, incluyendo las mezclas de fluidos que las contengan.

b) «Carga de gas fluorado»: cantidad de gas especificada en la placa o etiquetado del equipo o, en su defecto, la máxima cantidad de gas que admita el equipo para su correcto funcionamiento, establecida por su fabricante o técnico competente.

c) «Venta o cesión de gas fluorado»: el cambio de propiedad de un fluido con o sin implicaciones económicas respectivamente. No tendrá tal consideración en el caso de que el cambio de propiedad se derive de su empleo para la carga o mantenimiento de equipos por cualquiera de las empresas o profesionales relacionados en la letra k) de este mismo artículo.

d) «Control de fugas»: la comprobación de la estanqueidad de los circuitos que contienen gases fluorados y la búsqueda de las áreas o puntos de pérdida de fluidos, en particular de acuerdo al procedimiento establecido en el Reglamento (CE) n.° 1516/2007, de 19 de diciembre del 2007, por el que se establecen, de conformidad con el Reglamento (CE) n.° 842/2006 del Parlamento Europeo y del Consejo, requisitos de control de fugas estándar para los equipos fijos de refrigeración, aires acondicionados y bombas de calor que contengan determinados gases fluorados de efecto invernadero, en equipos de refrigeración y al establecido en el Reglamento (CE) n.° 1497/2007 de la Comisión, de 18 de diciembre del 2007, por el que se establecen, de conformidad con el Reglamento (CE) n.° 842/2006 del Parlamento Europeo y del Consejo, requisitos de control de fugas estándar para los sistemas fijos de protección contra incendios que contengan determinados gases fluorados de efecto invernadero, en equipos de protección contra incendios.

e) «Instalación»: la conjunción de al menos dos piezas de equipos o circuitos que contengan o se hayan diseñado para contener o conducir gases fluorados, con el fin de montar un sistema en su lugar de funcionamiento, independientemente de que sea necesario o no cargarlo tras el montaje. A los efectos del artículo 12 y Anexo VIII se tomará la definición de instalación dada por la Ley 34/2007, de 15 de noviembre, de calidad del aire y protección de la atmósfera, salvo cuando la instalación esté recogida dentro del Anexo I del texto refundido de la Ley de prevención y control integrados de la contaminación, en cuyo caso se tomará la definición de instalación prevista en dicha ley.

f) «Mantenimiento o revisión»: todas las actividades que supongan acceder a los circuitos de sistemas existentes que contengan o se hayan diseñado para contener gases fluorados y, en particular, retirar una o varias piezas del circuito o equipo, volver a montar una o varias piezas del circuito o equipo, así como reparar fugas. No tendrán tal consideración la manipulación de componentes que no afecten al confinamiento del fluido.

g) «Vehículos»: cualquier medio de transporte de personas o mercancías, exceptuando ferrocarriles, embarcaciones y aeronaves e incluyendo maquinaria móvil de uso agrario o industrial.

h) «Distribuidor de gases fluorados»: persona física o jurídica que vende o cede gases fluorados a otro distribuidor o a un tercero para su uso, siempre y cuando los mencionados fluidos no formen parte de un equipo o producto.

i) «Fabricantes de equipos o productos basados en gases fluorados»: titulares de instalaciones en las que se desarrollen actividades de montaje o producción de equipos o productos basados en gases fluorados para su posterior comercialización o uso por un tercero y en un emplazamiento distinto.

j) «Comercializador de equipos basados en gases fluorados»: persona física o jurídica que suministre equipos basados en gases fluorados en condiciones comerciales a un tercero que sea usuario final de dicho producto.

k) «Empresas habilitadas»: tendrán tal consideración las siguientes empresas:

1. Empresas facultadas, en el ámbito de las instalaciones frigoríficas en aplicaciones o aparatos

fijos por el Reglamento de seguridad para instalaciones frigoríficas aprobado por el Real Decreto 138/2011, de 4 de febrero, o por el Reglamento de instalaciones térmicas en edificios aprobado por el Real Decreto 1027/2007, de 20 de julio;

2. Talleres de vehículos facultados conforme al Real Decreto 1457/1986, de 10 de enero, por el que se regulan la actividad industrial y la prestación de servicios en los talleres de reparación de vehículos automóviles, de sus equipos y componentes, que cuenten con el personal especificado en el artículo 3.3;

3. Empresas facultadas para la instalación y mantenimiento de aquellos sistemas que empleen fluidos organohalogenados, en equipos de protección contra incendios, por el Reglamento de instalaciones de protección contra incendios aprobado por Real Decreto 1942/1993, de 5 de noviembre;

4. Empresas facultadas para la instalación y mantenimiento de instalaciones eléctricas de alta tensión conforme a lo dispuesto en el Real Decreto 337/2014, de 9 de mayo, por el que se aprueban el Reglamento sobre condiciones técnicas y garantías de seguridad en instalaciones eléctricas de alta tensión y sus Instrucciones Técnicas Complementarias;

5. Empresas que realicen actividades limitadas por la presente norma definida en el artículo 3, en sistemas no regulados por las normativas relacionadas en los puntos anteriores, siempre y cuando cuenten con el personal certificado en las condiciones establecidas en este real decreto.

l) «Titular»: persona física o jurídica propietaria del bien en cuestión, o aquella que esta designe, de mutuo acuerdo y por escrito, no teniendo en este caso la consideración de venta o cesión, salvo que implique también un traspaso de la propiedad del bien.

A los efectos del artículo 12 y Anexo VIII se tomará la definición de titular dada por la Ley 34/2007, de 15 de noviembre, de calidad del aire y protección de la atmósfera, salvo cuando el titular lo sea de una instalación recogida dentro del Anexo I del texto refundido de la Ley de prevención y control integrados de la contaminación, en cuyo caso se tomará la definición de titular prevista en dicha ley.

m) «Aplicaciones o aparatos fijos»: las aplicaciones o aparatos que normalmente no están en tránsito durante su funcionamiento; incluye aparatos portátiles de aire acondicionado para espacios cerrados.

n) «Aplicaciones o aparatos no fijos»: las aplicaciones o aparatos que se encuentran normalmente en tránsito durante su funcionamiento tales como los sistemas frigoríficos para confort térmico de personas o para transporte de mercancías en vehículos.

o) «Desmontaje»: parada y retirada definitivas de funcionamiento o utilización de un producto o parte de aparato que contenga gases fluorados.

p) «Reparación»: restauración de productos o aparatos estropeados o con fugas, que contengan gases fluorados o cuyo funcionamiento dependa de ellos, que incluyan una parte que contenga o se haya diseñado para contener dichos gases.

TÍTULO II

Comercialización y manipulación de gases fluorados y equipos basados en los mismos, y certificación de los profesionales que los utilizan.

Artículo 3. Actividades restringidas a personal en posesión de la certificación exigida.

1. En relación con los equipos de refrigeración o climatización con sistemas frigoríficos de cualquier carga de refrigerantes fluorados, solamente el personal en posesión de la certificación prevista en el Anexo I.1 podrá realizar las actividades siguientes:

   a) Instalación.

   b) Mantenimiento o revisión, incluido el control de fugas, carga y recuperación de refrigerantes fluorados.

   c) Manipulación de contenedores de gas.

   d) Desmontaje.

2. En relación con los equipos de refrigeración o climatización con sistemas frigoríficos de carga inferior a 3 kg de gases fluorados, solamente el personal mencionado en el apartado anterior y el personal en posesión de la certificación prevista en el Anexo I.2 podrá realizar las actividades siguientes:

a) Instalación.

b) Mantenimiento o revisión, incluido el control de fugas, carga y recuperación de refrigerantes fluorados.

c) Manipulación de contenedores de gas.

d) Desmontaje.

Adicionalmente a estas actividades, el personal en posesión de la certificación prevista en el Anexo I.2 podrá realizar el control de fugas en equipos con sistemas frigoríficos de cualquier carga.

3. En relación con los sistemas frigoríficos para confort térmico de personas en vehículos que empleen refrigerantes fluorados, solamente el personal en posesión de la certificación prevista en el Anexo I.3 podrá realizar las actividades siguientes:

a) Instalación.

b) Mantenimiento o revisión, incluido el control de fugas, carga y recuperación de refrigerantes fluorados.

c) Manipulación de contenedores de gas.

4. En relación con los sistemas de protección contra incendios que empleen gases fluorados como agente extintor, cuando se trate de trabajos que se realicen fuera de las instalaciones del fabricante de equipos de extinción, solamente el personal en posesión de la certificación prevista en el Anexo I.4 podrá realizar las actividades siguientes:

a) Instalación.

b Mantenimiento o revisión, inclusive de extintores y el control de fugas de equipos que contengan un mínimo de 3 kg de gases fluorados.

c) Manipulación de los recipientes que contengan o se hayan diseñado para contener un agente extintor de gas fluorado.

d) Desmontaje.

5. En relación al empleo de disolventes que contengan gases fluorados, solamente el personal en posesión de la certificación prevista en el Anexo I.5 podrá realizar las actividades siguientes:

a) Manipulación de recipientes que contengan o se hayan diseñado para contener disolventes.

b) Carga y recuperación de disolventes de equipos.

6. Únicamente el personal en posesión de la certificación prevista en el Anexo I.6 podrá recuperar gases fluorados de equipos de conmutación de alta tensión.

De acuerdo con la habilitación de desarrollo reglamentario de la disposición final segunda, el Anexo I.6 se examinará y se adoptarán modificaciones para la extensión de la certificación prevista a las siguientes actividades, de acuerdo con el Reglamento de Ejecución (UE) 2015/2066 de la Comisión, de 17 de noviembre del 2015, por el que se establecen, de conformidad con el Reglamento (UE) n.°2024/573 del Parlamento Europeo y del Consejo, los requisitos mínimos y las condiciones para el reconocimiento mutuo de la certificación de las personas físicas que lleven a cabo la instalación, revisión, mantenimiento, reparación o desmontaje de los conmutadores eléctricos que contengan gases fluorados de efecto invernadero o la recuperación de los gases fluorados de efecto invernadero de los conmutadores eléctricos fijos:

a)   Instalación.
b)   Mantenimiento o revisión.
c)   Manipulación de contenedores de gas.
d)   Desmontaje.

5. Además del personal relacionado en los epígrafes anteriores, las personas que dispongan de las certificaciones previstas en el Reglamento (CE) n.° 842/2006 del Parlamento Europeo y del Consejo, de 17 de mayo del 2006, o el Reglamento (UE) n.° 2024/573 del Parlamento Europeo y del Consejo de 16 de abril del 2014 sobre los gases fluorados de efecto invernadero y por el que se deroga el Reglamento (CE) n.° 842/2006 emitidas por otro Estado miembro, podrán realizar las actividades que especifique la traducción oficial del mencionado certificado, si originalmente no hubiera sido redactado en español. Ello sin perjuicio de lo dispuesto en el Real Decreto 1837/2008, de 8 de noviembre, por el que se incorporan

al ordenamiento jurídico español la Directiva 2005/36/CE del Parlamento Europeo y del Consejo, de 7 de septiembre del 2005, y la Directiva 2006/100/CE del Consejo, de 20 de noviembre, relativas al reconocimiento de cualificaciones profesionales.

8. Los certificados exigidos para realizar las actividades enumeradas en los apartados del 1 al 6, así como los certificados previstos en el apartado 7 para los casos anteriores, no habilitan por sí solos para la realización de dichas actividades, sino que estas deben ser ejercidas en el seno de una empresa habilitada.

9. Únicamente las empresas fabricantes, o empresas mantenedoras de equipos de extinción contra incendios en el ejercicio de operaciones de recarga, dentro de las instalaciones del fabricante, podrán realizar las operaciones de producción o reparación de los recipientes o componentes que contengan, o se hayan diseñado para contener, un agente extintor de gas fluorado, incluida la carga y recuperación del gas.

Si los trabajos se realizan fuera de las instalaciones del fabricante, de acuerdo con el apartado 4, deben contar con la certificación personal de los trabajadores que vayan a realizar la manipulación del gas.

En el caso de los halones, deberán estar específicamente autorizados por la comunidad autónoma para operar con dicho gas bajo los criterios mínimos para constituir empresa habilitada, inscrita en el registro de empresas instaladoras-mantenedoras de sistemas de protección contra incendios derivado del Reglamento de instalaciones de protección contra incendios aprobado por Real Decreto 1942/1993, de 5 de noviembre, que cuenta con personal cualificado y en posesión del certificado del Anexo I.4.

10. Los centros formativos referidos en el artículo 8 pondrán a disposición del personal ya certificado que desee actualizar sus conocimientos cursos adaptados de formación.

Artículo 4. Certificaciones personales.

1. Las certificaciones personales relacionadas en el Anexo I son los documentos mediante los cuales la Administración reconoce a su titular la capacidad para desempeñar las actividades en ellas designadas conforme al artículo anterior.

2. Las certificaciones personales tendrán validez en todo el Reino de España y en la Unión Europea según lo establecido en el Reglamento (UE) n.º 2024/573 del Parlamento Europeo y del Consejo, de 16 de abril del 2014, sobre los gases fluorados de efecto invernadero y por el que se deroga el Reglamento (CE) n.º 842/2006.

3. Las comunidades autónomas designarán el órgano competente, que deberá ser imparcial, para la expedición, suspensión y retirada de las certificaciones personales.

4. Las distintas certificaciones personales serán concedidas por dicho órgano competente, con carácter individual, a todas las personas físicas que lo soliciten y que acrediten, de conformidad con el artículo 5, el cumplimiento de las correspondientes condiciones que se señalan en el Anexo I.

5. Cada certificación personal será expedida de acuerdo al formato establecido en el Anexo III y registrada conforme al artículo 7.

Artículo 5. Procedimiento para la expedición de certificaciones.

1. Las comunidades autónomas establecerán los modelos de solicitud de certificaciones y presentación de la documentación justificativa del cumplimiento de las condiciones necesarias para su expedición.

2. Para el efectivo cumplimiento de los derechos reconocidos en el artículo 53.d) de la Ley 39/2015, de 1 de octubre, del Procedimiento Administrativo Común de las Administraciones Públicas, el interesado no estará obligado a presentar aquellos documentos que estuvieran en poder de cualquier órgano de la administración actuante, siempre que estos no hayan sufrido modificación. En estos casos, el interesado deberá hacer constar, por escrito, su consentimiento para que se proceda a la solicitud de dichos documentos, así como la fecha y el órgano en que fueron presentados o, en su caso, emitidos. En los supuestos de imposibilidad material de obtener el documento, el órgano competente podrá requerir al interesado su presentación o, en su defecto, la acreditación por otros medios de los requisitos a que se refiera el documento, con anterioridad a la formulación de la propuesta de resolución.

3. Las solicitudes y documentación podrán presentarse en cualquiera de los registros a que se refiere el artículo 16.4 de la Ley 39/2015, de 1 de octubre, y se dirigirán al órgano competente de la comunidad autónoma en la que el interesado tenga su domicilio, desarrolle su actividad profesional, o en la que se hayan cursado los programas formativos necesarios para acceder a la certificación siempre teniendo en cuenta lo establecido en este real decreto a la hora de conceder la certificación en lo referente a progra-

ma formativo impartido y centro formativo y evaluador autorizado. En cuanto al derecho y obligación de relacionarse electrónicamente con las Administraciones Públicas, se hará en función de lo dispuesto en el artículo 14 de la Ley 39/2015, de 1 de octubre.

4. El órgano competente resolverá las solicitudes expidiendo la certificación de conformidad con el artículo 4.5 en los casos en que se compruebe el cumplimiento de los correspondientes requisitos establecidos en el Anexo I, y la denegará de manera justificada en los restantes casos.

5. El plazo máximo para dictar y notificar la resolución expresa de las solicitudes de certificación será de un mes, contado desde la fecha en que la solicitud haya tenido entrada en el registro del órgano competente para su tramitación. Transcurrido dicho plazo sin que se haya dictado y notificado la resolución, la solicitud se entenderá desestimada.

6. En los casos en que sea suficiente para obtener las certificaciones reguladas en la presente norma estar en posesión de un título de formación profesional o un certificado de profesionalidad, así como en aquellos casos en que se requiera la formación necesaria de acuerdo a lo dispuesto en este real decreto, las administraciones competentes a las que refiere el artículo 4.3 expedirán el certificado personal correspondiente una vez acreditada la posesión del título de formación profesional, el certificado de profesionalidad o haber superado la formación en un centro autorizado por parte del interesado.

En los casos en que se necesite acreditar experiencia laboral, se exigirá todo aquel documento que justifique fehacientemente la experiencia declarada en la que indique que el trabajador realizaba las funciones con gases fluorados objeto de la certificación mediante certificados de las empresas donde se hayan prestado los servicios, contratos de trabajo, boletines de cotización a la Seguridad Social o cualquier documento que acredite fehacientemente que se ha desempeñado la correspondiente actividad profesional. Asimismo, se podrán reconocer como válidos los certificados obtenidos mediante procedimiento de evaluación y acreditación de competencias profesionales de acuerdo con lo estipulado en el Real Decreto 1224/2009, de 17 de julio, de reconocimiento de las competencias profesionales adquiridas por experiencia laboral.

Artículo 6. Procedimiento para la suspensión o retirada de certificaciones.

1. Los órganos competentes en la aplicación de los regímenes sancionadores de las normativas sectoriales correspondientes a las actividades enumeradas en el artículo 3 comunicarán las infracciones, su calificación, y su correspondiente sanción en firme al órgano mencionado en el artículo 4.3, en los casos en que los implicados hayan sido personas físicas.

2. El órgano competente mencionado en el artículo 4.3 suspenderá temporalmente las certificaciones que hayan sido expedidas por él en el caso de infracciones graves o reiteradas infracciones leves. La certificación podrá retirarse de manera permanente en caso de infracciones muy graves o reiteradas infracciones de carácter grave.

3. En el caso de que la comunicación especificada en el apartado 1 sea referente a una persona sin certificado, podrá ser inhabilitada temporalmente para la obtención del mismo.

4. El plazo máximo para dictar y notificar la resolución expresa de la inhabilitación, suspensión o retirada de la certificación será de dos meses, contado desde la fecha en que la comunicación mencionada en el apartado 1 haya tenido entrada en el registro del órgano competente para su tramitación.

5. Las resoluciones firmes de los casos enumerados en los apartados 2 y 3 se registrarán de conformidad con el artículo 7.

Artículo 7. Registro y acceso único.

1. Las comunidades autónomas designarán un órgano competente imparcial en el desempeño de sus actividades para el mantenimiento de los siguientes registros:

   a) Registro de certificados expedidos junto con los casos relacionados en el artículo 6.2 y 6.3.

   b) Registro de centros formativos y evaluadores especificados en el artículo 8.

   c) Registro de cesiones y ventas entre distribuidores y empresas habilitadas con la justificación de su habilitación de acuerdo con el artículo 9.

   El registro de certificados expedidos deberá asimismo conservar, durante un periodo mínimo de cinco años, justificación del cumplimiento del proceso de certificación.

2. El Ministerio de Agricultura y Pesca, Alimentación y Medio Ambiente, con la colaboración de las comunidades autónomas, constituirá un registro unificado, que se nutrirá automáticamente de los registros de las comunidades autónomas mencionados en el apartado anterior. Dicho registro contará con tres secciones: sección de certificados expedidos, sección de centros formativos y evaluadores y sección de cesiones y ventas entre distribuidores y empresas habilitadas.

3. A los efectos de garantizar la transparencia del mercado de trabajo y facilitar la libre circulación de trabajadores, los registros serán accesibles a través de Internet, entre otros medios, lo cual permitirá comprobar tanto a otras administraciones como a particulares el estatus de las personas certificadas y el de los centros formativos y evaluadores existentes en cada comunidad.

4. Las especificaciones técnicas de los registros de certificados expedidos y de centros formativos se establecen en el Anexo IV.

5. El tratamiento y cesión de los datos derivado de lo dispuesto en este artículo se efectuará, en todo caso, respetando lo establecido en la Ley Orgánica 15/1999, de 13 de diciembre, de Protección de Datos de Carácter Personal.

Artículo 9. Obligaciones específicas relativas a la distribución, comercialización y titularidad de los fluidos y equipos basados en ellos.

1. Conforme al artículo 13.1 del Reglamento (UE) n.° 2024/590, del Parlamento Europeo y del Consejo, de 16 de septiembre del 2009, los distribuidores de halones deberán ser específicamente autorizados por el órgano competente de su comunidad autónoma para introducir halones en el mercado para su empleo en los usos críticos enumerados en el Anexo VI del citado reglamento.

2. Los distribuidores de gases fluorados se asegurarán de que:

   a) En el caso de que su destino sea la utilización como refrigerantes, únicamente se cedan o vendan a empresas habilitadas o fabricantes de equipos basados en dichos fluidos.

   b) En el caso de halones, únicamente se cedan o vendan a fabricantes o empresas mantenedoras de equipos de extinción contra incendios en el ejercicio de operaciones de recarga específicamente autorizados para este gas.

   c) En el caso de agentes de extinción contra incendios distintos de los halones, únicamente se cedan o vendan a fabricantes de equipos basados en dichos fluidos o empresas mantenedoras de equipos de extinción contra incendios en el ejercicio de operaciones de recarga.

   d) En el caso de que su destino sea la utilización como disolventes o en equipos de conmutación de alta tensión, únicamente se cedan o vendan a empresas habilitadas que cuenten con personal debidamente certificado de acuerdo a los apartados 5 y 6 respectivamente del artículo 3 o, en este último caso, también a fabricantes de equipos de conmutación en alta tensión que realicen las actividades de fabricación y carga de equipos en línea de montaje en sus instalaciones.

3. Sin perjuicio de lo anterior, los distribuidores podrán ceder o vender gases fluorados a los centros de investigación de las universidades y a los centros formativos y evaluadores establecidos en el artículo 8, en las cantidades estrictamente necesarias para la investigación, impartición y evaluación de los cursos y la realización de las pruebas teórico-prácticas en su caso.

4. Los fabricantes de equipos de extinción contra incendios basados en halones o empresas mantenedoras en el ejercicio de operaciones de recarga únicamente podrán adquirir estos fluidos de distribuidores autorizados.

5. Las empresas habilitadas para el mantenimiento y revisión de los productos y aparatos que contienen gases fluorados podrán almacenar y transportar tanto gases fluorados vírgenes como gases fluorados recuperados, entendiéndose por tales los extraídos de los productos y aparatos, y los recipientes que los contienen. Cuando los gases fluorados se destinen a la regeneración o destrucción se deberán entregar en un plazo no superior a seis meses a un gestor de residuos para su tratamiento. A tal efecto, deberán disponer de un contrato en vigor con el gestor que asegure la mencionada recogida periódica de los residuos generados en sus instalaciones en el desarrollo de su actividad, así como de una contabilidad actualizada de las cantidades de residuos generadas. Dicha empresa habilitada deberá realizar la comunicación correspondiente al órgano competente de su comunidad autónoma del inicio de su actividad como productora de residuos de acuerdo a lo establecido en el artículo 29 de la Ley 22/2011, de 28 de julio, de residuos y suelos contaminados.

El personal que realice el transporte de los contenedores de gases fluorados o desmontaje de los equipos de conmutación de alta tensión retirados sin manipular los fluidos no necesitará ninguna de las certificaciones previstas en el presente real decreto sin perjuicio del cumplimiento del Real Decreto 97/2014, de 14 de febrero, por el que se regulan las operaciones de transporte de mercancías peligrosas por carretera en territorio español (ADR), con autorización y registro del transporte por la comunidad autónoma y del Real Decreto 180/2015, de 13 de marzo, por el que se regula el traslado de residuos en el interior del territorio del Estado.

6. La titularidad sobre refrigerantes fluorados en contenedores destinados al transporte y almacenamiento de estos fluidos queda restringida a distribuidores, empresas habilitadas y fabricantes de equipos que contengan dichos fluidos.

7. En el caso de que conforme a otra normativa específica se permita el almacenamiento de envases de refrigerantes fluorados en las instalaciones para su mantenimiento y servicio, su titularidad queda restringida a la empresa habilitada encargada del mantenimiento o a distribuidores de gases fluorados, pudiendo quedar dichos envases en depósito en las instalaciones.

8. Los aparatos o equipos precargados de refrigeración, aire acondicionado y bombas de calor que no estén herméticamente sellados y que estén cargados con gases fluorados de efecto invernadero de acuerdo con la definición del Reglamento (UE) 2024/573 del Parlamento Europeo y del Consejo, de 16 de abril de 2014, solo podrán venderse al usuario final cuando se aporten pruebas de que la instalación será realizada por una empresa habilitada de acuerdo con el artículo 2.k) y con el artículo 3.8.

    Para ello, el comercializador del aparato deberá informar de esta obligación legal al comprador a través del documento que consta en la parte A del Anexo VI y podrá facilitar un listado de las empresas habilitadas o bien registros electrónicos o bases de datos existentes que recojan empresas habilitadas.

    El comercializador, además, entregará al comprador dos ejemplares del documento de la parte B del Anexo VI.

    El comprador del equipo deberá, en el plazo máximo de un año, remitir al comercializador un ejemplar del documento de la parte B del Anexo VI en el que se acredite la instalación por parte de una empresa habilitada con personal certificado para esta instalación.

    El comprador conservará su ejemplar de la parte B del Anexo VI durante cinco años.

    El comercializador deberá informar anualmente, a partir del 1 de enero del 2018, al órgano competente de la comunidad autónoma correspondiente de los compradores que no hayan remitido el documento que consta en la parte B del Anexo VI, adjuntando copia del documento de la parte A del Anexo VI. El comercializador deberá conservar a disposición de las autoridades para su posible inspección, durante un periodo de cinco años, tanto el modelo de la parte A del Anexo VI firmado, como el ejemplar para el comercializador del modelo de la parte B del Anexo VI.

    El incumplimiento de las obligaciones establecidas en este apartado tanto por parte del comprador como del comercializador de estos aparatos estará sujeto al régimen sancionador previsto en el capítulo VII de la Ley 34/2007, de 15 de noviembre, de calidad del aire y de protección de la atmósfera.

    De manera específica, aun cuando la instalación la hubiera llevado a cabo una empresa habilitada, el incumplimiento, por parte del comprador, de las obligaciones de entregar la parte B del Anexo VI que acredita la instalación o entregarla más allá del plazo establecido serán sancionados de conformidad con lo dispuesto en el artículo 31.1.c) de la citada Ley 34/2007, de 15 de noviembre.

9. Los propietarios de los equipos relacionados en el artículo 3 deberán contratar la ejecución de las actividades enumeradas en dicho artículo a empresas habilitadas por este real decreto con su personal certificado, según proceda.

10. Los comercializadores de equipos eléctricos que contengan hexafluoruro de azufre solo comercializarán equipos que cumplan con las especificaciones de la norma UNE-EN 62271. Los equipos eléctricos cerrados que contengan hexafluoruro de azufre tendrán unas tasas de fugas anuales inferiores al 0,5 %, mientras que los equipos eléctricos sellados que contengan hexafluoruro de azufre tendrán unas tasas de fugas anuales inferiores al 0,1 %. Estas tasas de fugas tendrán que ser testadas conforme a ensayos realizados en sus plantas de fabricación.

11. Los importadores y fabricantes, para comercializar por primera vez en el mercado europeo hidrofluorocarburos (HFC), deberán tener cuota asignada de comercialización de dichas sustancias por la Comisión Europea para cada año natural, conforme a lo dispuesto en el Reglamento (UE) n.º 2024/573 del Parla-

mento Europeo y del Consejo, de 16 de abril del 2014, sobre los gases fluorados de efecto invernadero y por el que se deroga el Reglamento (CE) n.º 842/2006, y no podrán comercializar más cantidad de HFC en términos de CO_2 equivalente que la cantidad asignada.

12. Los importadores de equipos de refrigeración, aire acondicionado y bombas de calor cargados con HFC que los comercialicen por primera vez en el mercado europeo deberán tener autorización de cuota o delegación de la misma, en los términos que establece el Reglamento (UE) n.º 2024/573 del Parlamento Europeo y del Consejo, de 16 de abril del 2014, y la cantidad total de HFC en términos de CO_2 equivalente contenida en los equipos no podrá sobrepasar la cantidad autorizada o delegada.

Artículo 10. Etiquetado de equipos.

1. Quien comercialice, de acuerdo con el artículo 11 del Reglamento (UE) n.º 2024/573 del Parlamento Europeo y del Consejo, de 16 de abril del 2014, productos y aparatos sujetos a etiquetado para su uso en el Reino de España, deberá asegurarse de que cuenten con el etiquetado, al menos, en castellano, de conformidad con lo establecido en el artículo 12 de dicho reglamento y su Reglamento de ejecución (UE) 2015/2068 de la Comisión de 17 de noviembre del 2015 por el que se establece, con arreglo al Reglamento (UE) n.º 2024/573 del Parlamento Europeo y del Consejo, el modelo de las etiquetas de los productos y aparatos que contengan gases fluorados de efecto invernadero, en cuanto a la forma de etiquetado y los requisitos adicionales de etiquetado de los productos y aparatos que contengan determinados gases fluorados allí enumerados. Asimismo deberán adjuntar las instrucciones de manejo, al menos, en castellano.

2. Las empresas habilitadas colocarán una etiqueta en los equipos con las características y de la manera prevista en el artículo 12 del Reglamento (UE) 2024/573 y su Reglamento de ejecución (UE) 2015/2068 de la Comisión de 17 de noviembre del 2015, por el que se establece, con arreglo al Reglamento (UE) 2024/573 del Parlamento Europeo y del Consejo, el modelo de las etiquetas de los productos y aparatos que contengan y empleen gases fluorados de efecto invernadero en el momento de realizar alguna intervención. En el caso de que contengan sustancias que agotan la capa de ozono, la etiqueta deberá contener el tipo de sustancia, la cantidad de esta contenida en los aparatos y los elementos de etiquetado establecidos en el Anexo I del Reglamento (CE) n.º 1272/2008 del Parlamento Europeo y del Consejo, de 16 de diciembre del 2008, sobre clasificación, etiquetado y envasado de sustancias y mezclas, y por el que se modifican y derogan las Directivas 67/548/CEE y 1999/45/CEE y se modifica el Reglamento (CE) n.º 1907/2006.

Artículo 11. Libro de registro transporte refrigerado.

Los titulares de camiones y remolques frigoríficos que realicen transporte refrigerado estarán obligados a cumplimentar el libro de registro que figura en el Anexo VII. Esta documentación se tendrá que guardar junto con el resto de documentación del vehículo y se podrá exigir su presentación en caso de que así se le requiera por la autoridad competente de la comunidad autónoma.

Régimen sancionador

Artículo 13. Régimen sancionador.

1. El incumplimiento de las obligaciones establecidas en este real decreto por parte de compradores de equipos, distribuidores, comercializadores, personal que realice alguna de las actividades previstas en el artículo 3, titulares de las instalaciones del Anexo VIII, titulares de los distintos tipos de instalaciones, empresas instaladoras y mantenedoras, se calificará, en cada caso, como infracción leve, grave o muy grave y se sancionará de conformidad con lo establecido en el capítulo VII de la Ley 34/2007, de 15 de noviembre, de calidad del aire y protección de la atmósfera, y en el título V de la Ley 21/1992 de 16 de julio, de industria, salvo en el caso de instalaciones recogidas en el Anexo VIII, cuyo ámbito de aplicación sea el texto refundido de la Ley de prevención y control integrados de la contaminación, aprobado por Real Decreto Legislativo 1/2016, de 16 de diciembre, en el que se aplicará su régimen sancionador correspondiente.

2. En el caso del incumplimiento por importadores o fabricantes de las obligaciones a las que se refieren los apartados 11 y 12 del artículo 9 del presente real decreto y del resto de las obligaciones impuestas por el Reglamento (UE) n.º 2024/573 del Parlamento Europeo y del Consejo, de 16 de abril del 2014, y su normativa de desarrollo, en particular, sobre la importación y fabricación de HFC e importación de equipos de refrigeración, aire acondicionado y bombas de calor cargados con HFC, serán de aplicación, según el tipo de conducta, las infracciones tipificadas en el artículo 31.1, 2.a) o 3.a) de la Ley 21/1992, de 16 de julio, de Industria y el artículo 30, apartados 2.b) y e) y 3.b) y e) de la Ley 34/2007, de 15 de noviembre, de calidad del aire y protección de la atmósfera.

Disposición adicional primera. Organismos de certificación de empresas.

1. Los certificados de las empresas previstos en los artículos 8 y 9 del Reglamento (CE) n.° 304/2008 de la Comisión, de 2 de abril del 2008, por el que se establecen, de conformidad con el Reglamento (CE) n.° 842/2006 del Parlamento Europeo y del Consejo, los requisitos mínimos y las condiciones de reconocimiento mutuo de la certificación de las empresas y el personal en lo relativo a los sistemas fijos de protección contra incendios y los extintores que contengan determinados gases fluorados de efecto invernadero, se otorgarán por los servicios competentes en materia de industria de la comunidad autónoma, en el ámbito del Reglamento de instalaciones de protección contra incendios aprobado por el Real Decreto 1942/1993 de 5 de noviembre.

2. Los certificados de las empresas previstos en los artículos 5 y 6 del Reglamento de Ejecución (UE) 2015/2067 de la Comisión de 17 de noviembre del 2015 por el que se establecen, de conformidad con el Reglamento (UE) n.° 2024/573 del Parlamento Europeo y del Consejo, los requisitos mínimos y las condiciones de reconocimiento mutuo de la certificación de las personas físicas en lo relativo a los aparatos fijos de refrigeración, aparatos fijos de aire acondicionado y bombas de calor fijas, y unidades de refrigeración de camiones y remolques frigoríficos que contengan gases fluorados de efecto invernadero, y de la certificación de las empresas en lo relativo a los aparatos fijos de refrigeración, aparatos fijos de aire acondicionado y bombas de calor fijas que contengan gases fluorados de efecto invernadero, se otorgarán por los servicios competentes en materia de industria de la comunidad autónoma, en el ámbito del Reglamento de seguridad de instalaciones frigoríficas aprobado por el Real Decreto 138/2011, de 4 de febrero, por el que se aprueban el Reglamento de seguridad para instalaciones frigoríficas y sus instrucciones técnicas complementarias o del Reglamento de instalaciones térmicas en edificios aprobado por el Real Decreto 1027/2007, de 20 de julio.

Disposición adicional segunda. Comunicación de los organismos competentes en la expedición de certi icaciones a la Comisión Europea.

Con el objeto de dar cumplimiento a lo dispuesto en los artículos 10.1 y 10.10 del Reglamento (UE) 2024/573 del Parlamento Europeo y del Consejo, de 16 de abril del 2014, sobre los gases fluorados de efecto invernadero y por el que se deroga el Reglamento (CE) n.° 842/2006, y a los efectos de lo previsto en los artículos 4.3 y 7.1 de este real decreto, las comunidades autónomas comunicarán al Ministerio de Agricultura y Pesca, Alimentación y Medio Ambiente los órganos competentes designados, en el plazo máximo de un mes desde su entrada en vigor.

Disposición adicional tercera. Exención de certificación en cadenas de montaje.

Los requisitos de certificación del personal especificados en el artículo 3, apartados 1, 2, 3 y 6, no serán exigibles ni en la fabricación de equipos de conmutación de alta tensión ni en la manipulación de contenedores y el desempeño de las actividades de fabricación, instalación y carga de sistemas frigoríficos mencionadas en los citados apartados cuando se realicen en cadenas de montaje en instalaciones de fabricación de vehículos o equipos basados en gases fluorados.

Disposición adicional cuarta. Certificación del personal en centros autorizados de tratamiento de vehículos al final de su vida útil.

Los requisitos de certificación del personal especificados en el artículo 3.3 no serán exigibles al personal encargado de la recuperación de gases fluorados de los sistemas de aire acondicionado instalados en vehículos que realice dicha actividad en los centros autorizados de tratamiento previstos en el Real Decreto 1383/2002, de 20 de diciembre, sobre gestión de vehículos al final de su vida útil, siempre que cuente con un certificado, expedido por alguno de los centros previstos en el artículo 8 del presente real decreto, de haber realizado un curso de formación con los contenidos establecidos en el anexo del Reglamento (CE) n.° 307/2008 de la Comisión, de 2 de abril del 2008, por el que se establecen, de conformidad con el Reglamento (CE) n.° 842/2006 del Parlamento Europeo y del Consejo, los requisitos mínimos de los programas de formación y las condiciones de reconocimiento mutuo de los certificados de formación del personal en lo que respecta a los sistemas de aire acondicionado de ciertos vehículos de motor que contengan determinados gases fluorados de efecto invernadero.

Disposición adicional quinta. Certificación del personal en instalaciones de tratamiento de residuos de aparatos eléctricos y electrónicos.

Los requisitos de certificación del personal especificados en el artículo 3.2 no serán exigibles al personal encargado de recuperar gases fluorados de equipos amparados por el Real Decreto 110/2015, de 20 de febrero, sobre residuos de aparatos eléctricos y electrónicos con una carga de gases fluorados inferior a 3 kg, siempre que realicen dicha actividad en las instalaciones de tratamiento previstas en dicha norma y se den las condiciones previstas en el artículo 3.3 b) del Reglamento de Ejecución (UE) 2015/2067 de la Comisión de 17 de noviembre del 2015 por el que se establecen, de conformidad con el Reglamento (UE) 2024/573 del Parlamento Europeo y del Consejo, los requisitos mínimos y las condiciones de reconocimiento mutuo de la certificación de las personas físicas en lo relativo a los aparatos fijos de refrigeración, aparatos fijos de aire acondicionado y bombas de calor fijas, y unidades de refrigeración de camiones y remolques frigoríficos que contengan gases fluorados de efecto invernadero, y de la certificación de las empresas en lo relativo a los aparatos fijos de refrigeración, aparatos fijos de aire acondicionado y bombas de calor fijas que contengan gases fluorados de efecto invernadero.

Disposición adicional sexta. Tramitación electrónica.

Los interesados podrán tramitar los procedimientos que se deriven de esta norma por vía electrónica, en los términos previstos en la Ley 39/2015, de 1 de octubre, y demás normativa aplicable. Las administraciones públicas promoverán que se habiliten los medios necesarios para hacer efectiva esta vía.

Disposición adicional séptima. Certificación otorgada por entidad acreditada.

Con carácter adicional a las formas de certificación de capacitación previstas en este real decreto, las comunidades autónomas podrán prever en su normativa la certificación otorgada por entidad acreditada de acuerdo con lo establecido en el Real Decreto 2200/1995, de 28 de diciembre, por el que se aprueba el Reglamento de la Infraestructura para la Calidad y Seguridad Industrial.

Disposición adicional octava. Cursos realizados en otros Estados miembros de la Unión Europea.

Se podrán admitir certificados de haber superado cursos realizados en otro Estado miembro de la Unión Europea, siempre y cuando dicho curso posibilite la obtención del certificado de igual ámbito en dicho Estado miembro, y conste de un contenido mínimo similar al especificado en este real decreto. En este caso, el interesado deberá presentar un certificado del órgano competente en la expedición de certificados del Estado miembro en cuestión que refleje claramente que se dan las condiciones enumeradas anteriormente. La administración competente podrá recabar esa información del Estado miembro de origen.

Disposición adicional décima. Modificación de los títulos y certificados de proesionalidad.

Los títulos y certificados del Anexo I que permiten acceder de manera directa a los certificados de manipulador de gases fluorados del artículo 3 se deberán modificar por la autoridad competente con el fin de recoger formación en las tecnologías pertinentes para sustituir o reducir el uso de gases fluorados de efecto invernadero y la manera segura de manipularlas.

Los profesionales que dispongan del certificado de manipulación de equipos con cualquier carga de acuerdo con el artículo 3.1, así como los profesionales que dispongan del certificado de manipulación de equipos con sistemas frigoríficos de carga inferior a 3 kg de gases fluorados por el artículo 3.2, deberán, en un plazo de cuatro años, realizar formación complementaria sobre tecnologías alternativas para sustituir o reducir el uso de gases fluorados de efecto invernadero y la manera segura de manipularlos.

Los profesionales que a la entrada en vigor de este real decreto dispongan de los certificados regulados en los apartados 3, 4, 5 y 6 del artículo 3 podrán tener acceso a una formación complementaria sobre tecnologías alternativas para sustituir o reducir el uso de gases fluorados de efecto invernadero y la manera segura de manipularlos.

Disposición transitoria única. Validez de certificados existentes.

Todos los certificados de empresas y de formación existentes expedidos al amparo del Real Decreto 795/2010, de 16 de junio, antes de la entrada en vigor de este real decreto mantendrán su validez con arreglo a las condiciones conforme a las cuales fueron originalmente expedidos, sin perjuicio de lo establecido en este real decreto respecto a la formación complementaria sobre tecnologías alternativas para sustituir o reducir el uso de gases fluorados de efecto invernadero y la manera segura de manipularlos.

Los certificados existentes recogidos en el Anexo I puntos 1, 2 y 4 del Real Decreto 795/2010, de 16 de junio, habilitan para la actividad de desmontaje recogida en el artículo 3 del presente real decreto.

Disposición derogatoria única.

Queda derogado el Real Decreto 795/2010, de 16 de junio, por el que se regula la comercialización y manipulación de gases fluorados y equipos basados en los mismos, así como la certificación de los profesionales que los utilizan.

NOTA Se ha omitido la disposición adicional primera, que recogía las modificaciones del RD 138/2011, por no tener relevancia al estar derogado y recogidos estos cambios en el RD 552/2019, en vigor en la actualidad.

ANEXO I. Certificados personales

1. Certificado acreditativo de la competencia para la manipulación de equipos con sistemas frigoríficos de cualquier carga de refrigerantes fluorados.

1.1 Actividades habilitadas:

a) Instalación de equipos con sistemas frigoríficos de cualquier carga de refrigerantes fluorados.

b) Mantenimiento o revisión de equipos con sistemas frigoríficos de cualquier carga de refrigerantes fluorados, incluida carga y recuperación de refrigerantes fluorados.

c) Certificación del cálculo de la carga de gas en equipos con sistemas frigoríficos de refrigerantes fluorados.

d) Manipulación de contenedores de gas fluorados refrigerantes.

e) Control de fugas de refrigerantes de acuerdo al Reglamento (CE) n.° 1516/2007 de la Comisión, de 19 de diciembre del 2007.

f) Desmontaje.

1.2 Condiciones para otorgar la certificación. Se podrá obtener por alguna de las siguientes vías:

a) Acreditación de haber superado un curso de formación con los contenidos del Programa Formativo 1 del Anexo II y estar en posesión de:

– carné profesional en el Reglamento de Instalaciones Térmicas de Edificios (Real Decreto 1027/2007, de 20 de julio, y Real Decreto 1751/1998, de 31 de julio, instalador-mantenedor de climatización), o

– certificado de profesionalidad de Frigorista establecido por el Real Decreto 942/1997, de 20 de junio, o

– certificado de profesionalidad de Mantenedor de Aire Acondicionado y Fluidos establecido por el Real Decreto 335/1997, de 7 de marzo, o

– título de Técnico Superior en Mantenimiento y Montaje de Instalaciones de Edificio y Proceso establecido por el Real Decreto 2044/1995, de 22 de diciembre, o

– título de Técnico en Montaje y Mantenimiento de Frío, Climatización y Producción de Calor establecido por el Real Decreto 2046/1995, de 22 de diciembre.

b) Acreditación de haber superado un curso de formación con los contenidos de los Programas Formativos 1 y 2 del Anexo II, así como justificación de tener experiencia anterior a la fecha de solicitud del certificado de al menos 2 años de actividad profesional en montaje, desmontaje y mantenimiento de equipos o instalaciones con sistemas frigoríficos de más de 3 kg de carga en empresas habilitadas por el Reglamento de Seguridad para Plantas e Instalaciones Frigoríficas aprobado por el Real Decreto 3099/1977, de 8 de septiembre, o por el R. D. 138/2011, de 4 de febrero, o el Reglamento Instalaciones Térmicas de Edificios aprobado por el Real Decreto 1027/2007, de 20 de julio, o experiencia en empresas dedicadas al mantenimiento y reparación de aplicaciones no fijas de vehículos dedicados al transporte refrigerado de al menos 2 años previos a la solicitud del certificado. En este último caso, únicamente podrá desarrollar las actividades enumeradas en el apartado 1.1 en equipos de transporte refrigerado de mercancías de cualquier carga de refrigerantes fluorados y en el certificado personal previsto en el Anexo III figurará la frase «en equipos de TRANSPORTE REFRIGERADO DE MERCANCÍAS de cualquier carga de refrigerantes fluorados», a continuación de la relación de actividades habilitadas.

c) Acreditación de haber superado un curso de formación con los contenidos del Programa Formativo 1 del Anexo II, haber superado una prueba teórico-práctica de conocimientos sobre los contenidos del Programa Formativo 2 del Anexo II y justificación de tener experiencia anterior a la fecha de solicitud del certificado de al menos 5 años de actividad profesional en montaje, desmontaje y mantenimiento de equipos o instalaciones con sistemas frigoríficos de más de 3 kg de carga en empresas habilitadas por el Reglamento de Seguridad para Plantas e Instalaciones Frigoríficas aprobado por el Real Decreto 3099/1977, de 8 de septiembre, o por el R. D. 138/2011, de 4 de febrero, o el Reglamento de Instalaciones Térmicas de Edificios aprobado por el Real Decreto 1027/2007, de 20 de julio, o experiencia en empresas dedicadas al mantenimiento y reparación de aplicaciones no fijas de vehículos dedicados al transporte refrigerado de al menos 5 años previos a la solicitud del certificado. En este último caso, únicamente podrá desarrollar las actividades enumeradas en el apartado 1.1 en equipos de transporte refrigerado de mercancías de cualquier carga de refrigerantes fluorados y en el certificado personal previsto en el Anexo III figurará la frase «en equipos de TRANSPORTE REFRIGERADO DE MERCANCÍAS de cualquier carga de refrigerantes fluorados», a continuación de la relación de actividades habilitadas.

d) Estar en posesión de:

– título de Instalador Frigorista o título de Conservador-Reparador Frigorista previsto en el Real Decreto 3099/1977, de 8 de septiembre, o habilitación como profesional frigorista de acuerdo con lo previsto en el R. D. 138/2011, de 4 de febrero, o

– título de Técnico Superior en Desarrollo de Proyectos de Instalaciones Térmicas y de Fluidos establecido por el Real Decreto 219/2008, de 15 de febrero, o

– título de Técnico Superior en Mantenimiento de Instalaciones Térmicas y de Fluidos establecido por el Real Decreto 220/2008, de 15 de febrero, o

– título de Técnico en Instalaciones Frigoríficas y de Climatización establecido mediante el Real Decreto 1793/2010, o

– título de Técnico Superior en Organización del Mantenimiento de Maquinaria de Buques y Embarcaciones establecido por el Real Decreto 1075/2012, de 13 de julio, o

– título de Técnico Superior en Mantenimiento y Control de la Maquinaria de Buques y Embarcaciones establecido por el Real Decreto 1072/2012, de 13 de julio, o

– certificado de profesionalidad de Montaje y mantenimiento de instalaciones de climatización y ventilación-extracción establecido por el Real Decreto 1375/2009, de 28 de agosto, o

– certificado de profesionalidad de Montaje y mantenimiento de instalaciones frigoríficas establecido por el Real Decreto 1375/2009, de 28 de agosto, u

– otros certificados de profesionalidad o títulos de formación profesional que cubran las competencias y conocimientos exigidos en el presente real decreto.

e) Estar en posesión de títulos o certificados de profesionalidad que sustituyan o sean declarados equivalentes por la administración competente a los enumerados en el apartado a) y la correspondiente acreditación de haber superado un curso de formación con los contenidos del Programa Formativo 1 del Anexo II, o en posesión de títulos o certificados de profesionalidad que sustituyan o sean declarados equivalentes por la administración competente a los enumerados el apartado d), siempre y cuando cubran las competencias y conocimientos mínimos establecidos en los programas formativos 1 y 2 del Anexo II.

f) Estar en posesión de cualquier título universitario oficial que acredite la adquisición de las competencias y conocimientos mínimos establecidos en los programas formativos 1 y 2 del Anexo II.

2. Certificado acreditativo de la competencia para la manipulación de equipos con sistemas frigoríficos de carga de refrigerante inferior a 3 kg de gases fluorados.

2.1 Actividades habilitadas:

a) Instalación de equipos con sistemas frigoríficos de carga menor de 3 kg de gases fluorados.

b) Mantenimiento o revisión de equipos con sistemas frigoríficos de carga menor de 3 kg de gases fluorados, incluida la carga y recuperación de refrigerantes fluorados de los mismos.

c) Certificación del cálculo de la carga de gas en equipos con sistemas frigoríficos de carga menor de 3 kg de refrigerantes fluorados.

d) Manipulación de contenedores de gases fluorados refrigerantes.

e) Control de fugas de refrigerantes de acuerdo al Reglamento (CE) n.° 1516/2007 de la Comisión, de 19 de diciembre del 2007.

f) Desmontaje.

2.2 Condiciones para otorgar la certificación. Se podrá obtener por alguna de las siguientes vías:

a) Acreditación de haber superado un curso de formación con el contenido del Programa Formativo 3 del Anexo II, así como justificación de tener experiencia anterior a la fecha de solicitud del certificado de al menos 2 años de actividad profesional en materia de instalaciones de refrigeración y aire acondicionado.

b) Superación de una prueba teórico-práctica de conocimientos sobre los contenidos del Programa Formativo 3.B del Anexo II, acreditación de haber superado un curso de formación con los contenidos del Programa Formativo 3.A y justificación de tener experiencia anterior a la fecha de solicitud del certificado de al menos 5 años de actividad profesional en materia de instalaciones de refrigeración y aire acondicionado.

c) Acreditación de haber superado un curso de formación con los contenidos del Programa Formativo 4 del Anexo II.

d) Estar en posesión de:

– carné profesional previsto en el Reglamento de Instalaciones Térmicas de Edificios (Real Decreto 1027/2007, de 20 de julio, y Real Decreto 1751/1998, de 31 de julio, instalador-mantenedor de climatización), o

– certificado de profesionalidad de Frigorista establecido por el Real Decreto 942/1997, de 20 de junio, o

– certificado de profesionalidad de Mantenedor de Aire Acondicionado y Fluidos establecido por el Real Decreto 335/1197, de 7 de marzo, o

– título de Técnico Superior en Mantenimiento y Montaje de Instalaciones de Edificio y Proceso establecido por el Real Decreto 2044/1995, de 22 de diciembre, o

– título de Técnico en Montaje y Mantenimiento de Frío, Climatización y Producción de Calor establecido por el Real Decreto 2046/1995, de 22 de diciembre, u

– otros certificados de profesionalidad o títulos de formación profesional que cubran las competencias y conocimientos exigidos en el presente real decreto.

e) Superación de una prueba teórico-práctica de conocimientos sobre los contenidos del Programa Formativo 3.B del Anexo II, aplicables a aplicaciones no fijas de vehículos de transporte refrigerado de mercancías, y acreditación de haber superado un curso de formación con los contenidos del Programa Formativo 3.A.

En este caso, en el certificado personal previsto en el anexo III figurará la frase «en equipos de TRANSPORTE REFRIGERADO DE MERCANCÍAS que empleen menos de 3 kg de refrigerantes fluorados», a continuación de la relación de actividades habilitadas. El personal que acceda a la certificación a través de esta vía únicamente podrá desarrollar las actividades enumeradas en el artículo 3.2 en equipos de transporte refrigerado de mercancías que empleen menos de 3 kg de refrigerantes fluorados.

f) Estar en posesión de cualquier título universitario oficial que acredite la adquisición de las competencias y conocimientos mínimos establecidos en los programas formativos 3 y 4 del Anexo II.

g) Estar en posesión de títulos o certificados de profesionalidad que sustituyan o sean declarados equivalentes por la administración competente a los enumerados en el apartado d), siempre y cuando cubran las competencias y conocimientos mínimos establecidos en los programas formativos 1 y 2 del Anexo II.

3. Certificado acreditativo de la competencia para la manipulación de sistemas frigoríficos que empleen refrigerantes fluorados destinados a confort térmico de personas instalados en vehículos.

3.1 Actividades habilitadas:

a) Instalación.

b) Mantenimiento o revisión, incluido el control de fugas, carga y recuperación de refrigerantes fluorados.

c) Manipulación de contenedores de gas.

3.2 Condiciones para otorgar la certificación:

a) Acreditación de haber superado un curso de formación con los contenidos del Programa Formativo 5 del Anexo II.

b) Estar en posesión de cualquier título de formación profesional o certificado de profesionalidad que cubra las competencias y conocimientos mínimos establecidos en el Programa Formativo 5 del Anexo II.

c) Estar en posesión de cualquier título universitario oficial que acredite la adquisición de las competencias y conocimientos mínimos establecidos en el Programa Formativo 5 del Anexo II.

4. Certificado acreditativo de la competencia para la manipulación de equipos de protección contra incendios que empleen gases fluorados como agente extintor.

4.1 Actividades habilitadas:

a) Instalación de equipos de protección contra incendios que empleen gases fluorados como agente extintor.

b) Mantenimiento o revisión de equipos de protección contra incendios que empleen gases fluorados como agente extintor incluida la recuperación, inclusive de extintores.

c) Control de fugas de acuerdo al Reglamento (CE) n.º 1497/2007 de la Comisión, de 18 de diciembre del 2007, de equipos de protección contra incendios que empleen gases fluorados como agente extintor.

d) Manipulación y operaciones en los recipientes que contengan o se hayan diseñado para contener un agente extintor de gas fluorado.

e) Desmontaje.

4.2 Condiciones para otorgar la certificación:

a) Acreditación de haber superado un curso de formación con los contenidos del Programa Formativo 6 del Anexo II.

b) Estar en posesión de cualquier título de formación profesional o certificado de profesionalidad que cubra las competencias y conocimientos mínimos establecidos en el Programa Formativo 6 del Anexo II.

c) Estar en posesión de cualquier título universitario oficial que acredite la adquisición de las competencias y conocimientos mínimos establecidos en el Programa Formativo 6 del Anexo II.

5. Certificado acreditativo de la competencia para la manipulación de disolventes que contengan gases fluorados y equipos que los emplean.

5.1 Actividades habilitadas:

a) Manipulación de disolventes a base de gases fluorados y carga de equipos que los emplean.

b) Recuperación de disolventes a base de gases fluorados de equipos que los empleen.

c) Manipulación de recipientes que contengan o se hayan diseñado para contener disolventes.

5.2 Condiciones para otorgar la certificación:

a) Acreditación de haber superado un curso de formación con los contenidos del Programa Formativo 7 del Anexo II.

b) Estar en posesión de cualquier título de formación profesional o certificado de profesionalidad que cubra las competencias y conocimientos mínimos establecidos en el Programa Formativo 7 del Anexo II.

c) Estar en posesión de cualquier título universitario oficial que acredite la adquisición de las competencias y conocimientos mínimos establecidos en el Programa Formativo 7 del Anexo II.

6. Certificado acreditativo de la competencia para la manipulación de conmutadores eléctricos fijos que contengan gases fluorados de efecto invernadero.

6.1 Actividades habilitadas:

a) Instalación.

b) Mantenimiento o revisión.

c) Manipulación de contenedores de gas.

d) Desmontaje.

e) Recuperación del gas.

NOTA   Todas las alusiones al R. D. 138/2011 de este R. D., deben ser entendidas como realizadas al nuevo 552/2019.

ANEXO III

Modelo certificado personal

(Castellano)   (Idioma oficial de la comunidad autónoma)

CERTIFICADO PERSONAL

REGLAMENTO (UE) N.° 2024/573 Y R. D. 115/2017, de 17 de febrero

N.° de certificado 00 / 00 00000000 / ANEXO I-X

    TÍTULO DE LA CERTIFICACIÓN

    DEL ANEXO I

ÓRGANO COMPETENTE DE LA COMUNIDAD AUTÓNOMA CERTIFICA:

    Que D./D.ª _____

    con NIF/NIE _____

    cumple los requisitos de cualificación de acuerdo con el Reglamento _____/_____

    (categoría...) necesarios para la realización de las siguientes actividades:

REF.:
REF. CM.:

RELACIÓN DE ACTIVIDADES HABILITADAS

(podrá incluir la relación de actividades habilitadas en los distintos idiomas oficiales del Estado y otros Estados miembros)

    (Fecha de expedición)

    (Firma del expedidor)

    El/La _____

    de la comunidad autónoma

ANEXO VI

Documentos en el caso de comercialización de equipos no herméticamente sellados que contengan gases fluorados

PARTE A)

DECLARACIÓN DEL COMERCIALIZADOR DE EQUIPOS NO HERMÉTICAMENTE SELLADOS Y CARGADOS CON GASES FLUORADOS DE EFECTO INVERNADERO QUE REQUIEREN SER INSTALADOS POR EMPRESAS HABILITADAS CON PERSONAL CERTIFICADO PARA SU INSTALACIÓN.

DATOS DEL COMPRADOR DEL EQUIPO				
Nombre y apellidos / Razón social			NIF/DNI	
Domicilio				
CP		Localidad	Provincia	

DATOS DEL EQUIPO	
Marca	
Modelo	
Número de serie	
Cantidad y tipo de gas	

DECLARACIÓN

Declaro que he informado al comprador de un equipo no herméticamente sellado y cargado con gases fluorados de la obligación de que la instalación de este equipo se lleve a cabo por parte de una empresa habilitada con personal certificado para su instalación conforme al Real Decreto 115/2017, de 17 de febrero, y el Reglamento (UE) 2024/573, sobre gases fluorados de efecto invernadero así como su obligación de remitirme en un plazo de un año declaración acreditativa del cumplimiento de este requisito legal. Asimismo, se ha informado al comprador las responsabilidades que se derivarán en caso de incumplimiento de esta obligación legal.

En........................... a .... de.............. de ....

Firma del comercializador del equipo   Firma del comprador del equipo

PARTE B)

DECLARACIÓN DEL COMPRADOR DE EQUIPOS NO HERMÉTICAMENTE SELLADOS Y CARGADOS CON GA-SES FLUORADOS DE EFECTO INVERNADERO QUE REQUIEREN SER INSTALADOS POR EMPRESAS HABILITA-DAS CON PERSONAL CERTIFICADO PARA SU INSTALACIÓN.

DATOS DE LA INSTALACIÓN				
Titular de la instalación			NIF/DNI	
Domicilio				
CP:		Localidad	Provincia	

DATOS DEL EQUIPO INSTALADO	
Marca	
Modelo	
Número de serie	
Cantidad y tipo de gas	

EMPRESA INSTALADORA HABILITADA			
Nombre:		CIF:	
Domicilio:			
N.° Registro empresa:			
Expedido por (Indicar C. A.)			

INSTALADOR CERTIFICADO Y TIPO DE CERTIFICADO DE MANIPULADOR DE G. F	
Nombre:	
Número de registro:	
Expedido por (indicar comunidad autónoma):	
Tipo de certificación (mayor o menor de 3 kg de carga)	

OBSERVACIONES:

DECLARACIÓN

Declaro que la instalación de este equipo y, en su caso, el desmontaje del equipo existente, se ha llevado a cabo por parte de una empresa habilitada con personal certificado para su instalación conforme al Real Decreto 115/2017, de 17 de febrero, y el Reglamento (UE) 2024/573, sobre gases fluorados de efecto invernadero. Asimismo, declaro ser consciente de las responsabilidades que derivan en caso de incumplimiento de esta obligación legal.

En............................ a .... de............... de ....

Firma del Titular del Equipo a Instalar   Firma del instalador certificado y Sello de la empresa

Esta declaración se remitirá a la empresa comercializadora en un plazo máximo de UN AÑO desde la compra del aparato por vía telemática o correo certificado.

12. Almacenamiento y transporte de refrigerantes

Como se ha podido observar, el R. D. 115/2017 en su artículo 9 indica que las empresas habilitadas para el mantenimiento y revisión de los productos y aparatos que contienen gases fluorados podrán almacenar y transportar tanto gases fluorados vírgenes como gases fluorados recuperados.

Ahora bien, lo que no indica es la manera adecuada de realizar el transporte y el almacenamiento de este tipo de sustancias, es decir, qué normativa hay que seguir a la hora de realizar estas actividades para que algo que es imprescindible para el desarrollo normal del trabajo diario de las empresas habilitadas no suponga una fuente de problemas para estas.

Los refrigerantes se suministran y se manejan en botellas que son recipientes a presión, en los que la sustancia en cuestión se encuentra en fase líquida y gaseosa. Por el mero hecho de ser recipientes a presión se convierten en elementos peligrosos, y como tales deben ser tratados. A continuación voy a exponer la reglamentación que afecta a este tipo de envases en lo que se refiere a transporte y almacenamiento.

12.1 Almacenamiento de refrigerantes

En el caso del almacenamiento de recipientes a presión, debemos atender a la reglamentación existente acerca de esta materia, que se recoge en el Real Decreto 656/2017, de 23 de junio, por el que se aprueba el Reglamento de Almacenamiento de Productos Químicos. Este reglamento está estructurado en un articulado inicial y una serie de instrucciones técnicas denominadas ITC-MIE-APQ, esto es, Instrucción Técnica Complementaria-Ministerio de Industria y Energía-Almacenamiento de Productos Químicos.

Para el caso de los refrigerantes, la ITC que corresponde es la ITC MIE-APQ 5 «almacenamiento de gases en recipientes a presión móviles». A continuación hago un resumen comentado de los puntos más importantes de la misma, si bien debe quedar claro que el texto que se ofrece está resumido y se han eliminado partes que no se consideran relevantes, por lo que se recomienda, en caso de cualquier duda o necesidad de profundizar más en la información de la normativa, acudir al texto completo. Se han obviado cuestiones como las consideraciones para poder diferenciar dos áreas de almacenamiento distintas o para rebajar la categoría del almacenamiento, por considerarse poco relevantes para el ámbito de aplicación de este manual.

Por último, dentro del texto del reglamento hay algunos comentarios, destacados en letra cursiva.

Artículo 1. Campo de aplicación.

1. La presente instrucción técnica tiene por finalidad establecer las prescripciones técnicas a las que han de ajustarse el almacenamiento y la utilización de los recipientes a presión móviles que contienen gases comprimidos, licuados y disueltos a presión y sus mezclas.

    ....

Artículo 2. Definiciones.

A los efectos de esta ITC, se establecen las siguientes definiciones:

1. Área de almacenamiento: la superficie reservada a ser utilizada para el almacenamiento de los recipientes a presión móviles.

    a) Almacenamiento abierto: Aquel que ocupa un espacio abierto, destinado al depósito de recipientes a presión, que puede estar total o parcialmente cubierto y alguna de cuyas fachadas carece totalmente de cerramiento, no siendo posible la acumulación de gases, vapores peligrosos, así como humos y calor en caso de un incendio. Corresponden con los tipos D y E del RSCIEI.

    b) Almacenamiento cerrado: Aquel limitado periféricamente por paredes o muros y con cubierta, destinado al depósito de recipientes a presión en su interior. Corresponden con las configuraciones tipo A, B y C del RSCIEI. Las paredes o muros tienen una EI según lo establecido para cada tipo de almacenamiento, no pudiendo ser menor de EI 30, y con resistencia al impacto de una botella a presión. La altura mínima es 2,5 m.

    c) Área semiabierta: La cubierta con simple techado, cerrada con paredes en un 75 % como máximo de su perímetro y abierta en uno de sus lados, como mínimo.

3. Distancias de Seguridad:

   a) En área cerrada: Se entiende como tal la distancia mínima existente entre el exterior del muro y el límite de vía pública, el límite de la propiedad o a toda actividad clasificada de riesgo de incendio y explosión.

   b) En área abierta: Se entiende como tal la distancia mínima existente entre los recipientes a presión móviles y el límite de vía pública, el límite de la propiedad o a toda actividad clasificada de riesgo de incendio y explosión.

4. Gas inerte: Son todos aquellos que no son inflamables, comburentes, tóxicos o corrosivos.

5. Recipientes a presión móviles: Son los recipientes a presión utilizados para contener y transportar gases con una capacidad máxima de 3.000 litros, así como los cartuchos de gas.

   ....

10. Zona de protección: es el espacio mínimo libre de cualquier elemento, excepto el aire, que envuelve a los recipientes almacenados, protegiendo en caso de fuga la posible formación de una atmósfera peligrosa fuera de los límites de dicho espacio.

   ....

Artículo 3. Categorías de los almacenes.

Los almacenes se clasificarán, de acuerdo con las cantidades de productos de cada clase, en las categorías incluidas en la siguiente tabla (aquí resumida).

CAT. ALMACÉN	TIPO DE SUSTANCIA	m³
1	INERTE	HASTA 200
1	EXPLOSIVA	HASTA 50
2	INERTE	MÁS DE 200 HASTA 1.000
2	EXPLOSIVA	MÁS DE 50 HASTA 175
3	INERTE	MÁS DE 1.000 HASTA 2.400
3	EXPLOSIVA	MÁS DE 175 HASTA 600
4	INERTE	MÁS DE 2.400 HASTA 8.000
4	EXPLOSIVA	MÁS DE 600 HASTA 2.000
5	INERTE	MÁS DE 8.000
5	EXPLOSIVA	MÁS DE 2.000

Para otro tipo de gases, consúltese la ITC APQ-005. Si hay varios tipos de gases, se aplicará el criterio más restrictivo.

Especificando en el caso de los refrigerantes, se considera inerte todo refrigerante con la indicación H 280, es decir, estarían incluidos dentro de esta categoría, por ejemplo:

- *R-134a*

- *R-407C*

- *R-410A*

También el R-22, aunque hay que señalar que está prohibido tener este tipo de gas, aunque sea reciclado o regenerado.

Por otra parte, como sustancia explosiva se considerará cualquier refrigerante con indicación H 220, como por ejemplo el R-32.

Por último, el caso del amoníaco se contempla aparte en el reglamento por ser además tóxico (consultar en 21.2.2).

Artículo 4. Documentación.

La documentación a elaborar se establece en el artículo 3 del presente Reglamento de almacenamiento de productos químicos.

Para almacenamientos de categorías 1 y 2, el proyecto podrá sustituirse por la documentación (memoria) que se establece en el punto 6 del artículo 3 del Reglamento de almacenamiento de productos químicos.

A continuación se reproduce el artículo 3 (articulado general).

Artículo 3. Comunicación de la puesta en servicio de las instalaciones.

1. Para la puesta en servicio, ampliación o modificación de las instalaciones referidas en el artículo 1, destinadas a almacenar productos químicos peligrosos, una vez finalizadas las obras de ejecución del almacenamiento y antes de la puesta en servicio del mismo, el titular presentará, ante el órgano competente de la comunidad autónoma, la siguiente documentación o, cuando así lo determine la comunidad autónoma, una declaración responsable de disponer de ella:

   a) Un proyecto del almacenamiento donde se justifique el cumplimiento del presente Reglamento y las medidas de seguridad tomadas. Si existe instrucción técnica complementaria (ITC), el proyecto se redactará de conformidad a lo previsto en la misma. Si no está sujeto a ninguna ITC, el proyecto se redactará considerando recomendaciones del fabricante recogidas al menos en las fichas de datos de seguridad conforme al Anexo II del Reglamento (CE) n.° 1907/2006 del Parlamento Europeo y del Consejo, relativo al registro, la evaluación, la autorización y la restricción de las sustancias y preparados químicos (REACH) y posteriores modificaciones, y a normas de reconocido prestigio, para que la instalación obtenga un nivel adecuado de seguridad.

   b) Certificación suscrita por el técnico titulado director de obra, en la que haga constar, bajo su responsabilidad, que las instalaciones se han ejecutado y probado, de acuerdo con el proyecto presentado, así como que cumplen las prescripciones contenidas en este Reglamento y, en su caso, en sus instrucciones técnicas complementarias.

   c) La documentación acreditativa de disponer de un seguro, aval u otra garantía financiera equivalente que cubra su responsabilidad civil que pudiera derivarse del almacenamiento.

   ....

5. La documentación podrá ser presentada en formato electrónico.

6. No obstante lo indicado en el apartado 1, los almacenamientos cuya capacidad máxima esté comprendida entre los valores establecidos en las columnas 5 y 6 de la tabla I, o de acuerdo con lo indicado en cada ITC, el proyecto podrá sustituirse por un documento (memoria) firmado por el titular del almacenamiento o su representante legal, que incluya, según proceda, los apartados 2 a), 2 b), 2 c), 2 d), 2 e) y 3 b), de los relacionados en el siguiente artículo 4.

7. Para las instalaciones que no precisen proyecto se requerirá un certificado, suscrito por un organismo de control habilitado, en el que se acreditará el cumplimiento de las prescripciones contenidas en este Reglamento y, en su caso, en sus correspondientes instrucciones técnicas complementarias.

   Concretamente, el proyecto se puede sustituir por la documentación indicada en el apartado 6 para almacenamientos de hasta 1.000 m³ de gases inertes o 175 m³ de gases inflamables.

   ....

Artículo 5. Características generales de los almacenes.

1. Emplazamiento y construcción:

   Estará prohibida su ubicación en locales subterráneos o en lugares con comunicación directa con sótanos, excepto cuando se trate únicamente de botellas de aire, así como en huecos de escaleras y de ascensores, pasillos, túneles, bajo escaleras exteriores, en vías de escape especialmente señalizadas y en aparcamientos.

Los semisótanos deberán cumplir los requisitos en cuanto a ventilación, estipulados en el punto 2 de este artículo.

No está permitido el emplazamiento de almacenes de las categorías 3, 4 y 5 en el interior de edificios con usos comerciales de pública concurrencia, administrativos, docentes, hospitalarios, residenciales o de uso por terceros.

Los suelos serán planos, de material A1FL según el Real Decreto 842/2013, de 31 de octubre, y deben tener unas características que permitan la perfecta estabilidad de los recipientes.

....

2. Ventilación:

Para las áreas de almacenamiento cerradas la ventilación será suficiente y permanente de modo que esté libre de gases o vapores peligrosos, para lo cual se deberá disponer de aberturas o huecos con comunicación directa al exterior, distribuidos convenientemente en zonas altas y bajas. La superficie total de estos no deberá ser inferior a 1/18 de la superficie total del suelo del área de almacenamiento.

En casos debidamente justificados la ventilación podrá tomarse de la nave en la que esté ubicado el almacén siempre que no se pueda ocasionar ningún peligro ni en la nave ni en el local de almacenamiento.

....

3. Instalación eléctrica:

Se atenderá a lo previsto en los vigentes Reglamentos eléctricos de alta y de baja tensión que les sean de aplicación.

4. Protección contra incendios:

Los almacenamientos estarán provistos como mínimo de los equipos de lucha contra incendios que se indican a continuación para cada categoría.

- *Categoría 1: 2 extintores 89B*
- *Categoría 2: 3 extintores 89B*
- *Categoría 3: 4 extintores 89B*
- *Categoría 4: 5 extintores 144B y 2 BIE*
- *Categoría 5: 5 extintores 144B y BIE según cantidad de gas*

En todos los casos se colocarán extintores, se instalará sistema manual de alarma de incendios (pulsadores) y alumbrado de emergencia. Estas dotaciones serán las únicas exigibles en el caso de almacenamiento de gases no inflamables.

En el caso de almacenarse gases inflamables como único material combustible, las medidas de protección pasivas serán las indicadas en el Anexo II del RSCIEI con la siguiente caracterización del nivel de riesgo:

Categoría del almacén de gases inflamables y caracterización del nivel de riesgo:

Categoría 1 y 2 . . . . Riesgo bajo.

Categoría 3 y 4 . . . . Riesgo medio.

Categoría 5 . . . . Riesgo alto.

Cuando los almacenamientos se dediquen exclusivamente a contener gases no inflamables, serán considerados de riesgo bajo para la aplicación de las medidas de protección pasiva.

Cuando el almacenamiento, categoría 1 o 2, comparta un sector de incendio con otras actividades, se deberá cumplir adicionalmente lo prescrito en los reglamentos de protección contra incendios aplicables a dichas actividades, considerando para el cálculo de la carga de fuego y para el área de almacenamiento de gases inflamables una densidad de 1.000 MJ/m³. Para este cálculo se considerará la altura de los recipientes y el volumen geométrico (espacio ocupado por los recipientes).

5. Equipos de protección individual.

Se ajustarán a lo establecido en la Ley 31/1995, de 8 de noviembre, de Prevención de Riesgos Laborales, y normativa de desarrollo, especialmente el Real Decreto 773/1997, de 30 de mayo, sobre disposiciones mínimas de seguridad y salud relativas a la utilización por los trabajadores de equipos de protección individual y lo que indiquen las Fichas de Datos de Seguridad.

6. Información y formación de los trabajadores.

Los procedimientos de operación se establecerán por escrito, incluyendo la secuencia de las operaciones a realizar y se encontrarán a disposición de los trabajadores que los deban aplicar. El personal de almacenamiento, en su plan de formación, recibirá instrucciones específicas de almacenamiento sobre:

a) Propiedades de los productos químicos que se almacenan, su identificación y etiquetado.

b) Función y uso correcto de los elementos e instalaciones de seguridad y del equipo de protección individual.

c) Consecuencias de un incorrecto funcionamiento o uso de los elementos e instalaciones de seguridad y del equipo de protección individual.

d) Peligro que pueda derivarse de un derrame o fugas de los productos químicos almacenados y acciones a adoptar.

El personal del almacenamiento tendrá acceso a la información relativa a los riesgos de los productos e instrucciones de actuación en caso de emergencia, que se encontrará disponible en letreros bien visibles.

Se mantendrá un registro de la formación del personal.

7. Plan de autoprotección.

Se ajustará a lo establecido en el artículo 11 del presente Reglamento de almacenamiento de productos químicos.

8. Medidas complementarias:

Para su debido almacenamiento, se identificará el contenido de los recipientes. Particularmente, en el caso de recipientes a presión transportables, y con el objetivo de identificar el gas o mezcla de gases contenidos en las botellas y los riesgos asociados a los mismos, se atenderán a lo indicado en la norma UNE-EN 1089-3. Los recipientes que cumplan con la citada norma deberán identificarse con la letra «N», marcada dos veces en puntos diametralmente opuestos sobre la ojiva y con un color distinto al de la misma. Como excepción:

a) Las botellas destinadas a contener butano o propano o sus mezclas se regirán de acuerdo con lo que establece el Real Decreto 1085/1992, de 11 de septiembre, por el que se aprueba el Reglamento de la actividad de distribución de gases licuados del petróleo.

b) Los botellones criogénicos deberán ir en colores claros (blanco, plateado, etc.) e identificarán el gas contenido, pintando su nombre en el cuerpo del mismo con letras de un mínimo de 5 centímetros de altura, en dos lugares opuestos, si el espacio lo permite.

....

Los recipientes se protegerán contra cualquier tipo de proyecciones incandescentes. Se evitará todo tipo de agresión mecánica que pueda dañar los recipientes y no se permitirá que choquen entre sí ni contra superficies duras.

Los recipientes con caperuza no fija no se asirán por esta. Durante todo desplazamiento, los recipientes, incluso si están vacíos, deben tener la válvula cerrada y la caperuza debidamente fijada.

Se evitará el arrastre, deslizamiento o rodadura de los recipientes en posición horizontal. Es más seguro moverlos, incluso para cortas distancias, empleando carretillas adecuadas. Si no se dispone de dichas carretillas, el traslado debe efectuarse haciendo rodar los recipientes en posición vertical sobre su base o peana.

Los recipientes no se manejarán con manos o guantes grasientos.

Los recipientes cuya capacidad no supere los 150 litros se almacenarán siempre en posición vertical, y debidamente protegidos para evitar su caída, excepto cuando estén contenidos en algún tipo de bloques, contenedores, baterías o estructuras adecuadas.

Los recipientes con capacidad superior a 150 litros se podrán almacenar en posición horizontal.

Los recipientes almacenados, incluso los vacíos, se mantendrán siempre con las válvulas cerradas y provistos de su caperuza o protector, en caso de ser preceptivo su uso. En los restantes casos las válvulas deberán quedar al abrigo de posibles golpes o impactos.

Los recipientes y sus caperuzas o protectores solo se utilizarán para los fines para los que han sido diseñados.

No se almacenarán recipientes que presenten cualquier tipo de fuga. En este caso se seguirán las instrucciones de seguridad y se avisará inmediatamente al suministrador.

Para la carga/descarga de recipientes está prohibido emplear cualquier elemento de elevación de tipo magnético o el uso de cuerdas, cadenas o eslingas si no están equipadas de elementos para permitir su izado con tales medios. Puede usarse cualquier sistema de manipulación o transporte (carretillas elevadoras, etc.) si se utiliza una cesta, plataforma o cualquier otro sistema que sujete debidamente los recipientes.

Los recipientes llenos y vacíos se almacenarán en grupos separados.

Las zonas de almacenamiento de recipientes deben tener indicados los tipos de gases almacenados, en lo que se refiere a la peligrosidad, de acuerdo con la clasificación que establece el artículo 3 de esta ITC, así como la prohibición de fumar o encender fuegos.

Los almacenes dispondrán de un suministro de agua y en cantidad suficiente para poder enfriar los recipientes en caso de verse sometidos al calor de un incendio, de tal manera que todos los recipientes del almacén puedan ser enfriados por el agua, que podrá ser una BIE en los casos que proceda.

Está prohibido fumar o usar llamas abiertas en las áreas de almacenamiento. La temperatura de las áreas de almacenamiento no excederá los 50 °C.

En el almacén existirán las fichas de datos de seguridad, así como las instrucciones de almacenamiento que procedan, de cada gas depositado.

Específicas por categorías:

Artículo 6. Exigencias para cada categoría.

Los almacenamientos tendrán que cumplir las siguientes prescripciones en función de su categoría:

Para categorías 1 y 2 el área de almacenamiento podrá albergar en su interior otra actividad distinta del almacenamiento de recipientes siempre que no afecte a la seguridad de los recipientes.

La distancia mínima entre recipientes de gases inflamables a otros gases y a focos de ignición o fuegos abiertos será de 6 metros, salvo que se interponga un muro de separación según la figura siguiente. Entre recipientes de gases inflamables y de gases inertes será de 3 metros, salvo que se interponga un muro de separación de iguales características.

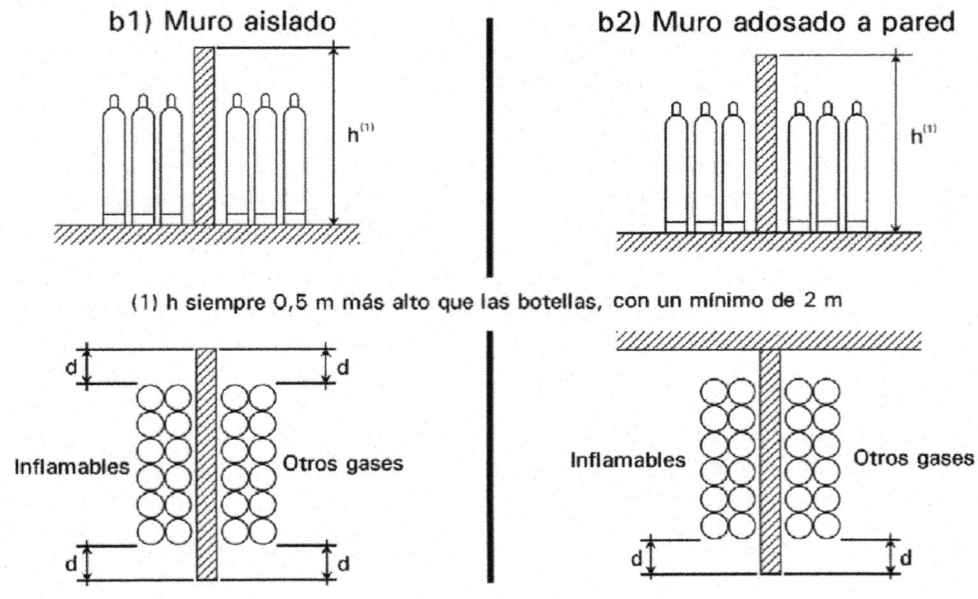

Las distancias y resistencias al fuego del muro, en minutos, serán de:

Clase	d (en m)	EI (2)
1	0,5	30
2	0,5	30
3	1	60
4	1,5	60
5	2	60

Almacén en área cerrada (1)

Categoría del almacenamiento	1	2	3	4	5

Inflamables, comburentes o inertes. Distancias (metros) a

Vía pública	–	2 (2)	3	4	6
Edificios habitados o terceros	–	3 (2)	6	8	10
Actividades con riesgo de incendio y explosión	–	3 (2)	6 (2)	8 (2)	10 (2)
Servicios internos de almacén	–	–	–	2	6

Tóxicos, amoníaco, corrosivos. Distancias (metros) a

Vía pública	–	5 (3)	5(3)(4)	5(3)(4)	6(4)(5)
Edificios habitados o terceros	–	5 (3)	6(3)(4)	10(3)(4)	20(4)(5)
Actividades con riesgo de incendio y explosión	–	5 (3)	6(3)(4)	8 (3)(4)	10 (4)(5)
Servicios internos de almacén	–	–	–	2(3)(4)	6(4)(5)

Almacén en área abierta

Categoría del almacenamiento	1	2	3	4	5

Inflamables, comburentes. Distancias (metros) a

Vía pública	(6)	4 (7)	6 (7)	8 (7)	10 (7)
Edificios habitados o terceros	(6)	6 (7)	8 (7)	10 (7)	15 (7)
Actividades con riesgo de incendio y explosión	(6)	6 (7)	8 (7)(8)	10 (7)(8)	15 (7)(8)
Servicios internos de almacén	–	–	–	2	6

Tóxicos, amoníaco, corrosivos. Distancias (metros) a

Vía pública	(6)	5	6 (8)	8 (8)	10 (8)
Edificios habitados o terceros	(6)	6	10 (8)	15 (8)	20 (8)
Actividades con riesgo de incendio y explosión	(6)	6	8 (8)	10 (8)	15 (8)
Servicios internos de almacén	–	–	-	2	6

Notas:

1. Almacenes en área cerrada: estarán dotados de muros como mínimo REI-30.
2. La distancia no será exigible si los muros son continuos sin huecos y disponen de una protección adecuada que sea capaz de soportar el impacto, en caso de accidente, por desprendimiento o explosión de una botella o de alguno de sus componentes. Podrán existir huecos si sus cerramientos cumplen los requerimientos establecidos en el párrafo anterior.
3. La distancia no será exigible si se cumple la nota (2) y además el almacén dispone de detección selectiva y alarma conectada a central de alarmas.
4. Este tipo de almacenamiento tendrá una altura mínima de 3 m y estará dotado de al menos una puerta con dispositivo antipánico y EI-30.
5. La distancia no será exigible si se cumple la nota (2) y el almacén dispone de un habitáculo estanco con sistema de detección selectiva y equipo de absorción y neutralización automáticos.
6. Dispondrán de una zona de protección de 1 m en proyección horizontal a partir del pie de los recipientes y 2 m en proyección vertical para gases más ligeros que el aire y de 1 m para gases más densos que el aire medidos desde el punto más alto donde sea previsible una posible fuga (fig. 2). Esta zona de protección no será exigible si el almacén está separado de la vía pública, del límite de la propiedad en caso de edificios habitados u ocupados por terceros o de toda actividad clasificada de riesgo de incendio y explosión, por un muro sin huecos de REI-180, como mínimo, y 2 m de altura mínima y 0,5 m por encima de los recipientes.
7. La distancia no será exigible si están separados por muros continuos sin huecos de REI-180, altura mínima de 2 m y 0,5 m por encima de los recipientes y prolongados 2 m en proyección horizontal por sus dos extremos (fig. 3).
8. Los almacenes de gases se protegerán con una cerca de altura mínima de 2 m que circunde todo el perímetro, dotada de al menos una puerta. La puerta y la cerca serán metálicas.
9. Según artículo 5.d) en todos los casos se colocarán extintores, se instalará sistema manual de alarma de incendios (pulsadores) y alumbrado de emergencia. Estas dotaciones serán las únicas exigibles en el caso de almacenamiento de gases no inflamables.
10. Se dispondrá de una eficacia de extinción de 288B por cada 1.000 Nm³ de gas inflamable con un mínimo de 5 extintores, cada uno de una eficacia mínima de 144B. El agente extintor será compatible con los gases almacenados.
11. Se instalarán bocas de incendios equipadas (BIE) cuyo número se calculará con base en la siguiente fórmula: n.° BIE = 2 + (Q − 2.000) / 2.000 que se redondea en exceso, siendo Q el número de Nm³ de gas inflamable almacenado, pero con un mínimo de dos BIE.

Artículo 8. Disposiciones aplicables a los recipientes móviles y a su transporte.

Los recipientes que se utilicen para el transporte de gas deberán ajustarse a las prescripciones establecidas en la reglamentación relativa al transporte de mercancías peligrosas.

Artículo 9. Utilización.

El usuario es responsable del manejo de los recipientes y del buen estado y mantenimiento de los accesorios necesarios para su utilización, así como del correcto empleo del gas que contienen.

Antes de poner en servicio cualquier recipiente deberá eliminarse todo lo que dificulte su identificación y se leerán las etiquetas y marcas existentes en ellos.

Si el contenido de un recipiente no está identificado, deberá ponerse en conocimiento de su proveedor sin utilizarlo, manteniéndolo en un lugar separado y seguro.

Si existen dudas en cuanto al manejo apropiado de los recipientes o de su contenido, deberá consultarse al fabricante o proveedor.

Los recipientes deben ser manejados solo por personas experimentadas y previamente informadas, y deben existir en los lugares de utilización las instrucciones oportunas.

Los acoplamientos para la conexión del regulador a la válvula del recipiente deben ser los reglamentados en la ITC EP-6 del Reglamento de Equipos a Presión.

Los recipientes no se situarán en locales subterráneos o en lugares con comunicación directa con sótanos, y en general en todos aquellos donde no exista una ventilación adecuada, excepto cuando se trate únicamente de recipientes que contengan aire.

En el caso de gases inertes y comburentes, los recipientes se podrán situar en locales subterráneos (hasta un primer nivel de sótano) o en lugares con comunicación directa con sótanos (siempre por encima de ese primer nivel de sótano), para lo cual se han de instalar analizadores de atmósfera para monitorizar la concentración de gas peligroso y/o la concentración de oxígeno, que den una señal de alarma al detectar concentraciones peligrosas y activen un enclavamiento a un sistema de ventilación forzada. Alternativamente, se ha de instalar un sistema de ventilación forzada permanente, que asegure el caudal de aire necesario para que no se alcance la concentración de gas peligroso y/o la concentración de oxígeno.

En el recinto de consumo solo estarán los recipientes en uso y los de reserva.

Antes de usar un recipiente hay que asegurarse de que esté bien sujeto para evitar su caída. El protector (sombrerete, caperuza, etc.) móvil de la válvula debe estar acoplado al recipiente hasta el momento de su utilización.

La válvula debe estar siempre cerrada, excepto cuando se emplee el gas, momento en el que deberá estar completamente abierta.

....

El usuario deberá establecer un plan de mantenimiento preventivo de las instalaciones y de todos los accesorios necesarios para la correcta utilización de los gases contenidos en los recipientes.

...

Se notificará al proveedor del recipiente cualquier posible introducción accidental de sustancias extrañas en él y en la válvula.

Antes de devolver los recipientes vacíos, se tomarán medidas que aseguren que la válvula está cerrada y que se ha fijado convenientemente el protector.

Se prohibirá fumar durante la manipulación y uso de recipientes que contengan gases inflamables y comburentes; a este efecto, se dispondrá de una señalización apropiada.

Se prohíbe terminantemente desmontar las válvulas, dado el peligro que ello implica. Se prohíbe pasar gases de un recipiente a otro por personal no cualificado, y nunca en centros sanitarios.

....

No se cambiará ni se quitará ninguna marca, etiqueta o inscripción empleada para la identificación del contenido del recipiente que haya sido colocada por el proveedor del gas.

....

Se recomienda para la manipulación de recipientes el uso de calzado de seguridad y guantes adecuados.

El personal encargado del manejo de gases tóxicos y/o corrosivos dispondrá de máscaras respiratorias dotadas con filtro específico y/o aparatos autónomos o semiautónomos de respiración. Los equipos se situarán fuera del área contaminable, en lugares próximos y fácilmente accesibles.

Artículo 10. Comportamiento ante un incendio en un local en el que existan recipientes que contengan gases.

Cuando se produce un incendio en un local donde haya recipientes, existe el peligro latente de explosión.

La elevada temperatura que adquiere un recipiente en contacto directo con un foco de calor produce en él un considerable aumento de presión, que puede provocar una explosión.

Los recipientes que contengan gases capaces de activar el fuego no deberán abrirse jamás, y habrá que cerrar aquellos que estén en servicio.

Siempre que resulte posible, deben desalojarse los recipientes del lugar del incendio y, si al hacerlo se notara que estos se han calentado, deben enfriarse mediante una proyección continua de agua pulverizada, a fin de evitar que aumente su presión. En este caso, se debe avisar al suministrador.

En el caso de intervenir el cuerpo de bomberos en la extinción de un local en el que existan recipientes que contengan gases, se le advertirá de su existencia, situación y cantidad, así como del gas que contienen.

Para el tratamiento de los recipientes se seguirá en cada caso las instrucciones específicas del proveedor de gases.

12.2 Transporte de refrigerantes

Como ya se ha indicado al principio de este capítulo, los refrigerantes se envasan en recipientes a presión, lo cual los convierte en mercancías peligrosas, por lo que deben observar ciertas reglas en lo que a su transporte se refiere.

La reglamentación que afecta al transporte de mercancías peligrosas se consolida en el acuerdo europeo relativo al transporte internacional de mercancías peligrosas por carretera, más conocido por sus siglas ADR.

En cuanto a normativa nacional, el Real Decreto 97/2014, de 14 de febrero, es el que regula las operaciones de transporte de mercancías peligrosas por carretera en territorio español y sustituye al anterior, el 551/2006, que incorporaba la directiva 94/55/CE, la cual hace directamente aplicable el ADR mencionado en el párrafo anterior.

Ahora bien, las disposiciones del acuerdo europeo relativo al transporte internacional de mercancías peligrosas por carretera no serán aplicables a ciertos transportes, por lo que para las necesidades diarias de una empresa instaladora o mantenedora, no será necesario disponer de un permiso de conducción especial; de hecho el R. D. 115/2017 indica que la persona que conduzca el vehículo donde se transporten gases fluorados no precisa de ninguna acreditación especial.

El motivo es que, según las enmiendas a los anexos A y B del Acuerdo Europeo sobre transporte internacional de mercancías peligrosas por carretera, publicadas en el BOE de 16 de abril del 2015, las disposiciones del ADR no serán aplicables «al transporte efectuado por empresas de modo accesorio a su actividad principal como, por ejemplo, el aprovisionamiento de canteras, obras de edificación o de ingeniería civil, o para los trayectos de retorno desde estas obras o para trabajos de medición, de reparaciones y de mantenimiento, en cantidades que no sobrepasen 450 litros por envase/embalaje, incluidos los grandes recipientes para granel GRG y los grandes embalajes, ni las cantidades máximas totales especificadas en la sección 1.1.3.6. Se deben tomar medidas para impedir cualquier fuga en condiciones normales de transporte».

En el caso de la mayoría de los refrigerantes utilizados en la actualidad, la cantidad máxima total indicada arriba, al tratarse de una categoría de transporte 3, será de 1.000 kilogramos.

Sin embargo, esto no quiere decir que se puedan transportar sin seguir unas determinadas normas básicas de seguridad en los vehículos. Estas se indican a continuación:

- La zona de carga debe estar físicamente separada del habitáculo del conductor.

- Deberá transportar las botellas bien aseguradas, de forma que no se puedan desplazar en el interior del vehículo por ninguna circunstancia.

- La zona de carga deberá contar con ventilación o, en su defecto, con un cartel de aviso de precaución.

- Como el resto de vehículos, deberá contar con chalecos reflectantes y triángulos de señalización.

- Todos los recipientes deben estar perfectamente identificados mediante un adhesivo que contenga nombre del distribuidor, descripción del refrigerante según el ADR, número de identificación UN, pictograma y precauciones de seguridad.

- Los vehículos deberán contar con un extintor, según el siguiente esquema:

  - Vehículos con P.M.A. ≤1.000 kg: 1 extintor de eficacia 8A/34B

  - Vehículos con P.M.A. ≤3.500 kg: 1 extintor de eficacia 13A/55B

  - Vehículos con P.M.A. ≤7.000 kg: 1 extintor de eficacia 34A/144B

- Documentación:

  - Instrucciones de seguridad en caso de emergencia para el gas transportado (proveedor del refrigerante)

  - Carta de porte: al estar exento por ser un transporte accesorio a su actividad, teóricamente no sería necesaria. Sin embargo, no olvidemos que si el transporte es para aprovisionamiento propio o distribución, sí es necesaria la carta de porte, la cual debe ser facilitada por el proveedor del refrigerante.

Todo lo especificado anteriormente se refiere al transporte de refrigerante apto para su uso, esto es, que no sea un residuo. Pero ¿qué ocurre si debemos transportar gases recuperados que sean para destruir o regenerar o incluso equipos desmontados que han llegado al final de su vida útil y su destino sea el gestor de residuos?

Pues bien, dado que las competencias en materia de medio ambiente están transferidas a las comunidades autónomas, lo más aconsejable es asegurarse de los requisitos exigidos en cada comunidad. Es muy probable que para realizar estas labores sin problemas sea necesario que el vehículo esté dado de alta para transportar residuos, y siempre debe transportar una cantidad «razonable» para un operario de una empresa en su trabajo diario.

Dado que si se van a manipular residuos de este tipo es evidente que la empresa debe contar con maquinaria, utillaje y sobre todo botellas exclusivamente para recogida de los gases refrigerantes, es muy conveniente que se disponga de un inventario o declaración jurada, que puede elaborar la propia empresa, donde indique todo el material de su propiedad relativo a estas tareas.

13. Sanciones

Como se ha podido observar, en el R. D. 115/2017, en su artículo 9, existen una serie de obligaciones para aquellos agentes que comercialicen gases fluorados o aparatos precargados cuyo funcionamiento dependa de este tipo de gases. Concretamente:

- La venta de gases fluorados únicamente puede realizarse a empresas habilitadas, y el comercializador debe mantener a disposición de las autoridades registros con la información de los compradores de gases fluorados de efecto invernadero, incluyendo los datos de la empresa y tipos y cantidades vendidas (según Reglamento CE 2024/573).

- El comercializador de aparatos de refrigeración y climatización precargados que deban ser instalados se debe asegurar de que son instalados por una empresa habilitada, y debe informar documentalmente al comprador. Además, deberá informar al órgano competente de la comunidad autónoma correspondiente de los compradores que no hayan remitido el documento y conservar la documentación a disposición de las autoridades durante un periodo de cinco años.

Por otra parte, en el artículo 13 de este real decreto se indica que el régimen sancionador aplicable para cualquier incumplimiento tanto de estas cuestiones como en general de las obligaciones incluidas en el R. D. 115/2017 y el Reglamento CE 2024/573 será el previsto en el capítulo VII de la Ley 34/2007, de 15 de noviembre, de calidad del aire y de protección de la atmósfera.

Es importante señalar aquí que el propietario o usuario de una instalación frigorífica es el principal responsable de que se cumplan todas las obligaciones relativas a la normativa en vigor, y es evidente que esta información es vital para ellos, ya que de otra forma pueden incurrir en un posible delito medioambiental sin ni siquiera saberlo.

Por lo tanto, debe ser asesorado adecuadamente por los profesionales que están al tanto de todos los requerimientos reglamentarios para este tipo de equipos. El titular pues, deberá contratar a una empresa legalmente autorizada en esta materia para que pueda llevar a cabo todas las operaciones necesarias cara al cumplimiento de la normativa en vigor.

Cualquier incumplimiento puede significar la comisión de un delito medioambiental, y es denunciable ante el Servicio de Protección a la Naturaleza de la Guardia Civil o ante la fiscalía de medioambiente de la comunidad autónoma correspondiente.

A continuación se muestran, de manera muy resumida, las principales disposiciones de la ley 34/2007.

Artículo 30. Tipificación de las infracciones.

1. A los efectos de esta ley, y sin perjuicio de las infracciones que, en su caso, establezca la legislación sectorial y de las que puedan establecer las comunidades autónomas, las infracciones administrativas se clasifican en muy graves, graves y leves.

2. Son infracciones muy graves:

a) Incumplir el régimen de autorización y notificación previsto en el artículo 13 para las actividades potencialmente contaminadoras de la atmósfera, siempre que ello haya generado o haya impedido evitar una contaminación atmosférica que haya puesto en peligro grave la seguridad o salud de las personas o haya producido un daño o deterioro grave para el medio ambiente.

b) Incumplir las obligaciones específicas que, conforme a lo dispuesto en el artículo 12.2 de esta ley, hayan sido establecidas para productos que puedan generar contaminación atmosférica, siempre que ello haya dado lugar o haya impedido evitar una contaminación atmosférica que haya puesto en peligro grave la seguridad o salud de las personas o haya producido un daño o deterioro grave para el medio ambiente.

c) Incumplir los valores límite de emisión, siempre que ello haya generado o haya impedido evitar una contaminación atmosférica que haya puesto en peligro grave la seguridad o salud de las personas o haya producido un daño o deterioro grave para el medio ambiente.

d) El incumplimiento de las condiciones establecidas en materia de contaminación atmosférica en la autorización o aprobación del proyecto sometido a evaluación de impacto ambiental o en la licencia de actividades clasificadas, siempre que ello haya generado o haya impedido evitar una contaminación atmosférica que haya puesto en peligro grave la seguridad o salud de las personas o haya producido un daño o deterioro grave para el medio ambiente.

e) Incumplir los requisitos técnicos que le sean de aplicación a la actividad, instalación o producto cuando ello haya generado o haya impedido evitar una contaminación atmosférica que haya puesto en peligro grave la seguridad o salud de las personas o haya producido un daño o deterioro grave para el medio ambiente.

f) El incumplimiento de las medidas contempladas en los planes de acción a corto plazo a los que se refiere el artículo 16.2.

g) El incumplimiento de las medidas contempladas en los planes para la protección de la atmósfera y para minimizar los efectos negativos de la contaminación atmosférica, siempre que ello haya generado o haya impedido evitar una contaminación atmosférica que haya puesto en peligro grave la seguridad o salud de las personas o haya producido un daño o deterioro grave para el medio ambiente.

h) Ocultar o alterar maliciosamente la información exigida en los procedimientos regulados en esta ley, cuando ello haya generado o haya impedido evitar una contaminación atmosférica que haya puesto en peligro grave la seguridad o salud de las personas o haya producido un daño o deterioro grave para el medio ambiente.

i) Impedir, retrasar u obstruir la actividad de inspección o control, cuando ello haya generado o haya impedido evitar una contaminación atmosférica que haya puesto en peligro grave la seguridad o salud de las personas o haya producido un daño o deterioro grave para el medio ambiente.

j) Incumplir las obligaciones previstas en el artículo 7.1.b) y d) cuando haya puesto en peligro grave la seguridad o salud de las personas o haya producido un daño o deterioro grave para el medio ambiente.

k) Incumplir las obligaciones derivadas de las medidas provisionales previstas en el artículo 35 de esta ley.

3. Son infracciones graves:

a) Incumplir el régimen de autorización y notificación previsto en el artículo 13 para las actividades potencialmente más contaminadoras de la atmósfera cuando no esté tipificado como infracción muy grave.

b) Incumplir las obligaciones específicas que, conforme lo dispuesto en el artículo 12.2 de esta ley, hayan sido establecidas para productos que puedan generar contaminación atmosférica, cuando no esté tipificado como infracción muy grave.

c) Incumplir los valores límite de emisión, cuando no esté tipificado como infracción muy grave.

d) El incumplimiento de las condiciones establecidas en materia de contaminación atmosférica en la autorización o aprobación del proyecto sometido a evaluación de impacto ambiental o en la licencia de actividades clasificadas, cuando no esté tipificado como infracción muy grave.

e) Incumplir los requisitos técnicos que le sean de aplicación a la actividad, instalación o producto cuando ello afecte significativamente a la contaminación atmosférica producida por dicha actividad, instalación o producto, cuando no esté tipificado como infracción muy grave.

f) El incumplimiento de las medidas contempladas en los planes para la protección de la atmósfera y para minimizar los efectos negativos de la contaminación atmosférica, cuando no esté tipificado como infracción muy grave.

g) Ocultar o alterar maliciosamente la información exigida en los procedimientos regulados en esta ley, cuando ello haya generado o haya impedido evitar una contaminación atmosférica sin que haya puesto en peligro grave la seguridad o salud de las personas ni haya producido un daño o deterioro grave para el medio ambiente.

h) Impedir, retrasar u obstruir la actividad de inspección o control, cuando no esté tipificado como infracción muy grave.

i) No cumplir las obligaciones relativas a las estaciones de medida de los niveles de contaminación y al registro de los controles de emisiones y niveles de contaminación a los que se refiere el artículo 7.2.b) y c).

j) No realizar controles de las emisiones y de la calidad del aire en la forma y periodicidad establecidas legalmente.

k) Incumplir las obligaciones en materia de información a las que se refiere el artículo 7.1.h), cuando de ello pueda afectar significativamente al cumplimiento, por parte de las administraciones públicas, de sus obligaciones de información.

l) Incumplir las obligaciones previstas en el artículo 7.1.b) y d), cuando no esté tipificado como infracción muy grave.

4. Son infracciones leves:

a) Incumplir los requisitos técnicos que le sean de aplicación a la actividad, instalación o producto, cuando ello no esté tipificado como infracción grave.

b) Ocultar o alterar maliciosamente la información exigida en los procedimientos regulados en esta ley, cuando ello no esté tipificado como infracción grave.

c) Incumplir las obligaciones en materia de información a las que se refiere el artículo 7.1.h), cuando ello no esté tipificado como infracción grave.

Artículo 31. Sanciones.

1. Las infracciones tipificadas en el artículo anterior podrán dar lugar a la imposición de alguna o varias de las siguientes sanciones:

- LEVE: hasta 20.000 euros.

- GRAVE: desde 20.001 hasta 200.000 euros. A mayores se establecerán otras acciones.

- MUY GRAVE: desde 200.001 hasta 2.000.000 euros. A mayores se establecerán otras acciones.

2. En cualquier caso, la cuantía de la multa impuesta será, como mínimo, igual al doble del importe en que se haya beneficiado el infractor.

Artículo 32. Graduación de las sanciones.

1. En la imposición de las sanciones se deberá guardar la debida adecuación entre la gravedad del hecho constitutivo de la infracción y la sanción aplicada, con consideración de los siguientes criterios para la graduación de la sanción:

a) Existencia de intencionalidad o reiteración.

b) La medida en la que el valor límite de emisión haya sido superado.

c) Las molestias, riesgos o daños causados respecto a las personas, el medio ambiente y demás bienes de cualquier naturaleza.

d) La grave dificultad, cuando no imposibilidad, de reparar los daños ocasionados a la atmósfera.

e) La reincidencia por comisión de más de una infracción tipificada en esta ley cuando así haya sido declarada por resolución firme.

f) El beneficio obtenido por la comisión de la infracción.

g) Las diferencias entre los datos facilitados y los reales.

2. En todo caso, la prohibición, suspensión o clausura de actividades o instalaciones, se acordará sin perjuicio del pago del salario o de las indemnizaciones a los trabajadores que procedan y de las medidas que puedan arbitrarse para su garantía, de acuerdo con la normativa laboral que sea de aplicación.

14. Residuos y su tratamiento

Según se ha podido observar, en el artículo 9 del RD 115/2014 se indica que las empresas instaladoras o mantenedoras que vayan a manipular algún tipo de residuo, bien sean los gases florados recuperados, bien sean los aparatos que han de desmantelarse y cuyos circuitos están contaminados por haber contenido dicho tipo de refrigerantes, deben darse de alta como productores de residuos, y tener un contrato en vigor con una empresa de gestión de residuos que tenga competencia en este campo concreto.

También es conveniente aclarar que si la empresa tiene varios almacenes para residuos tendría que darse de alta como productora de los mismos en cada una de sus sedes.

La reglamentación que regula cómo deben ser tratados este tipo de residuos actualmente es el Real Decreto 110/2015, de 20 de febrero, sobre residuos de aparatos eléctricos y electrónicos, que en su Anexo I expone las categorías y subcategorías de AEE incluidas en el ámbito de aplicación del real decreto, que incluye la categoría 1 Grandes electrodomésticos:

- Frigoríficos, congeladores y otros equipos refrigeradores
- Aire acondicionado
- Radiadores y emisores térmicos con aceite
- Otros grandes electrodomésticos

Es conveniente aclarar que desde el 13 de agosto del año 2005 el usuario que haya adquirido cualquier aparato eléctrico o electrónico ha abonado directamente la tasa correspondiente al tratamiento de dicho aparato cuando llegue al final de su vida útil. Lógicamente, ese dinero llega al productor, que debe hacerse cargo del tratamiento del residuo en cuestión. Dado que esto no es lo normal, el productor debe reconducir esas cantidades recibidas para que un gestor de residuos se haga cargo de los mismos. En esta cadena, hasta que el importe llega al gestor, una vez que este ha documentado su correcto tratamiento, hay diversos actores que intervienen para canalizar dichas cantidades y gestionarlas hasta su entrega al gestor.

A continuación se resume el contenido del Real Decreto 110/2015, conocido también por sus siglas RAEE, considerando los aspectos más relevantes para el tema tratado en este manual.

Artículo 1. Objeto y finalidad.

Este real decreto tiene por objeto regular la prevención y reducción de los impactos adversos causados por la generación y la gestión de los residuos de los aparatos eléctricos y electrónicos sobre la salud humana y el medio ambiente, determinar los objetivos de recogida y tratamiento de estos residuos, y los procedimientos para su correcta gestión, trazabilidad y contabilización.

Igualmente tiene por objeto, de conformidad con la Ley 22/2011, de 28 de julio, de residuos y suelos contaminados, mejorar la eficiencia en el uso de los recursos y reducir los impactos globales de este uso, dando prioridad a la prevención en la generación de residuos de los aparatos eléctricos y electrónicos y a la preparación para la reutilización de los mismos, contribuyendo de este modo al desarrollo sostenible y al estímulo del empleo verde.

Artículo 2. Ámbito de aplicación.

Este real decreto se aplica a todos los aparatos eléctricos y electrónicos clasificados en las categorías que se recogen en el Anexo III. El Anexo IV contiene una lista no exhaustiva de los aparatos incluidos en las categorías establecidas en el Anexo III.

....

Artículo 3. Definiciones.

Además de las definiciones contenidas en la Ley 22/2011, de 28 de julio, a los efectos de este real decreto se entenderá por:

a «Aparatos eléctricos y electrónicos» o «AEE»: todos los aparatos que para funcionar debidamente necesitan corriente eléctrica o campos electromagnéticos, y los aparatos necesarios para generar, transmitir y medir tales corrientes y campos, que están destinados a utilizarse con una tensión nominal no superior a 1.000 voltios en corriente alterna y 1.500 voltios en corriente continua.

b) «AEE usados»: los AEE que pese a haber sido utilizados no han adquirido la condición de residuo ya que su poseedor no los desecha o no tiene la intención u obligación de desecharlos, y tiene la intención de que se les dé un uso posterior.

....

d) «Instalación fija de gran envergadura»: la combinación de gran tamaño de varios tipos de aparatos y, cuando proceda, de otros dispositivos que estén:

1.° ensamblados, instalados y desinstalados por profesionales;

2.° destinados a un uso permanente integrados en un edificio o estructura en un lugar predefinido dedicado a ello, y

3.° que solo puedan ser sustituidos por los mismos aparatos diseñados específicamente.

....

f) «Residuos de aparatos eléctricos y electrónicos» o «RAEE»: todos los aparatos eléctricos y electrónicos que pasan a ser residuos de acuerdo con la definición que consta en el artículo 3.a) de la Ley 22/2011, de 28 de julio. Esta definición comprende todos aquellos componentes, subconjuntos y consumibles que forman parte del producto en el momento en que se desecha.

....

h) «Productor de AEE»: cualquier persona física o jurídica que, con independencia de la técnica de venta utilizada en el sentido de la Ley 7/1996, de 15 de enero, de Ordenación del Comercio Minorista en materia de contratos a distancia:

1.° esté establecida en España y fabrique AEE bajo su propio nombre o su propia marca, o los diseñe o fabrique y comercialice bajo su nombre o marca en el territorio español; o

2.° esté establecida en España y revenda bajo su propio nombre o su propia marca AEE fabricados por terceros, sin que pueda considerarse «productor» al vendedor si la marca del productor figura en el aparato, conforme al inciso 1.°; o

3.° esté establecida en España y se dedique profesionalmente a la introducción en el mercado español de AEE procedentes de terceros países o de otro Estado miembro; o

4.° venda AEE por medios de comunicación a distancia directamente a hogares particulares o a usuarios profesionales en España, y esté establecida en otro Estado miembro o en un tercer país.

....

l) «RAEE domésticos»: los RAEE procedentes de hogares particulares o de fuentes comerciales, industriales, institucionales y de otro tipo que, por su naturaleza y cantidad, sean similares a los procedentes de hogares particulares.

Los AEE que pudieran ser utilizados tanto en hogares particulares como por usuarios distintos de los hogares particulares, cuando se conviertan en residuos, tendrán la consideración de RAEE domésticos.

Por exclusión, los «RAEE no domésticos» tendrán la consideración de «RAEE profesionales».

....

u) «Red de recogida de los productores de AEE»: red integrada por el conjunto de puntos, instalaciones, contenedores y sistemas de recogida de RAEE establecidos por los productores de AEE, complementarios a las restantes instalaciones de recogida previstas en el artículo 15.

v) «Tratamiento de RAEE»: Operación de valorización o eliminación de RAEE, incluida la preparación anterior a la valorización o eliminación, en la que se incluirán la preparación para la reutilización, así como las operaciones que se denominarán de «tratamiento específico de RAEE», que son los tratamientos realizados con posterioridad a la preparación para la reutilización, reflejados en el artículo 31.2, segundo párrafo y en el Anexo XIII.

....

Artículo 4. Responsabilidad en la producción y gestión de RAEE.

De conformidad con lo establecido en el artículo 42 de la Ley 22/2011, de 28 de julio, los RAEE tendrán siempre un responsable del cumplimiento de las obligaciones que derivan de su producción y gestión en los siguientes términos:

a) El usuario del AEE usado podrá destinarlo a su reutilización o desecharlo como residuo; en este segundo caso tendrá la consideración de productor del RAEE. Su responsabilidad concluye con la entrega del RAEE en las instalaciones o puntos de recogida de las Entidades Locales, de los distribuidores, de los gestores de residuos o con su entrega en las redes de recogida de los productores de AEE, en los términos previstos en este real decreto.

El usuario podrá exigir acreditación documental de la entrega según lo previsto en este real decreto.

b) Son poseedores iniciales de RAEE las instalaciones de recogida de las Entidades Locales, los distribuidores y los gestores inscritos en el registro para la recogida de RAEE. Estos sujetos serán responsables, en los términos previstos en este real decreto, de los RAEE recogidos separadamente y, en su caso, almacenados temporalmente en sus instalaciones hasta la entrega a los gestores de tratamiento. La entrega al siguiente gestor se acreditará documental y electrónicamente.

c) Los gestores registrados de RAEE asumirán la responsabilidad de la gestión de los RAEE que implique el ejercicio de su actividad en los términos previstos en el artículo 20 de la Ley 22/2011, de 28 de julio, que se completa con lo previsto en este real decreto.

d) Los productores de AEE son responsables de financiar, en las condiciones previstas en el capítulo VIII, la recogida separada, el transporte y el tratamiento respetuoso con el medio ambiente de los RAEE domésticos y profesionales, así como sus obligaciones de información en esta materia. Cuando intervengan en la organización de la gestión de los RAEE, cumplirán con los objetivos de recogida, preparación para la reutilización, reciclado y valorización previstos en este real decreto.

....

Artículo 6. Diseño y reutilización del producto.

1. Los productores de AEE, de sus materiales y de sus componentes, deberán diseñar y producir sus aparatos de forma que se prolongue en lo posible su vida útil, facilitando entre otras cosas, su reutilización, desmontaje y reparación. Al final de su vida útil se facilitará la preparación para la reutilización y la valorización de los RAEE, sus componentes y materiales, de manera que se evite su eliminación. Como mínimo, deberán aplicar las previsiones del Real Decreto 187/2011, de 18 de febrero, relativo al establecimiento de requisitos de diseño ecológico aplicables a los productos relacionados con la energía, y del Real Decreto 219/2013, de 22 de marzo, sobre restricciones a la utilización de determinadas sustancias peligrosas en aparatos eléctricos y electrónicos. Las instrucciones de los AEE deberán indicar que antes del depósito de los RAEE en las instalaciones de recogida de estos, deberán extraerse las pilas y ser depositados separadamente para su adecuada gestión.

2. Los productores de AEE no impedirán la reutilización de los AEE usados y la preparación para la reutilización de los RAEE mediante características de diseño específicas o procesos de fabricación específicos, salvo que dichas características o procesos de fabricación presenten grandes ventajas en materia de seguridad o para la protección del medio ambiente.

3. Los productores de AEE podrán establecer mecanismos de cooperación o acuerdos voluntarios con los responsables de la reparación y reutilización de estos aparatos, con los centros de preparación para la reutilización y con los responsables del tratamiento de los RAEE para facilitar la reparación, reutilización, el desmontaje y la valorización de RAEE, sus componentes y materiales. En el caso de que los productos puestos en el mercado contengan aplicaciones exentas del Real Decreto 219/2013, de 22 de marzo, deberán informar al público a través de sus páginas web.

4. Los productores de AEE elaborarán planes de prevención de RAEE trienales en los que incorporarán sus medidas de prevención. Los productores informarán sobre los acuerdos y los planes de prevención a la Comisión de Coordinación en materia de residuos.

Artículo 7. Obligaciones de marcado de los AEE y de información.

1. Los productores marcarán, con el símbolo ilustrado en el Anexo V, los AEE que se introduzcan en el mercado con objeto de aumentar al máximo la recogida de los RAEE correctamente separados. Este símbolo se

incluirá de una forma visible, indeleble y legible en cada aparato. En casos excepcionales, si es necesario por las dimensiones o por la función del producto, el símbolo se estampará en el envase, en las instrucciones de uso y en la garantía del AEE.

2. Los productores de AEE especificarán a través de una marca en el aparato que este se introdujo en el mercado después del 13 de agosto del 2005, para determinar inequívocamente que el residuo que se genere no tendrá la consideración de histórico. Este marcado se realizará de acuerdo con la norma UNE-EN 50419, o aquella que la sustituya, y se incluirá de una forma visible, indeleble y legible en cada aparato.

3. De conformidad con el Real Decreto 106/2008, de 1 de febrero, las instrucciones de los AEE deberán indicar que antes del depósito de los RAEE en las instalaciones de recogida de estos, deberán extraerse las pilas y ser depositados separadamente para su adecuada gestión.

4. Los productores de AEE podrán indicar, como información a los compradores finales en el momento de la compra de productos nuevos, sobre los costes de recogida, tratamiento y eliminación de los RAEE en los que anualmente hubieran incurrido según la información disponible en su informe anual previsto en el artículo 43.2 y de acuerdo con el punto 3.º de los datos económicos del Anexo XVIII, una vez esté revisada por la Comisión de coordinación en materia de residuos.

La información prevista en el anterior apartado no formará parte de la factura o *ticket* de compra, y podrá realizarse a través de la página web de los productores, a través de carteles en los lugares de venta, folletos de venta u otros medios, y deberá actualizarse según la información disponible.

Artículo 10. Información para los centros de preparación para la reutilización y las instalaciones de tratamiento.

Los productores de AEE proporcionarán la información necesaria para la correcta reparación y reutilización de sus productos, así como para la correcta preparación para la reutilización y gestión de los residuos de sus aparatos.

....

Artículo 13. Entrega del AEE usado para la reutilización.

1. Los usuarios de AEE domésticos y profesionales, cuando sea posible, destinarán los aparatos usados a un segundo uso mediante su entrega a entidades sociales sin ánimo de lucro que puedan dar un segundo uso a los aparatos, a los establecimientos dedicados al mercado de segunda mano o a través de otras vías de entrega para su reutilización y alargamiento de la vida útil de los productos. En el caso de que exista una comercialización del aparato usado, esta se acreditará a través de un documento, como una factura formalizada que acompañe al AEE y que pudiera identificar al comprador y al vendedor, y será de aplicación la normativa vigente en materia de comercio interior, en particular la Ley 7/1996, de 15 de enero, de Ordenación del Comercio Minorista, y el texto refundido de la Ley General para la Defensa de los Consumidores y Usuarios y otras leyes complementarias, aprobado por Real Decreto Legislativo 1/2007, de 16 de noviembre.

Cuando no proceda la entrega prevista en el apartado anterior porque el aparato resulta inutilizable, por falta de componentes esenciales o por daños estructurales difícilmente reparables, entre otras causas, los usuarios de AEE deberán entregarlos como RAEE siguiendo las previsiones de este real decreto.

....

Artículo 15. Recogida separada de RAEE.

1. Podrán recoger RAEE:

a) Las Entidades Locales, a través de los mecanismos e instalaciones de recogida reguladas en la sección 2.ª.

b) Los distribuidores, a través de los mecanismos e instalaciones de recogida reguladas en la sección 3.ª.

c) Los productores de AEE, a través de las redes e instalaciones de recogida diseñadas de acuerdo con la sección 4.ª.

d) Los gestores de residuos autorizados para la recogida de cada tipo de RAEE, incluidas las entidades de economía social autorizadas para ello, a través de los mecanismos regulados en la sección 5.ª.

2. Los usuarios, como productores de RAEE domésticos, recibirán la acreditación documental de la entrega de los RAEE según lo previsto en los artículos 20.2, 23.1, 23.2 y 28 en función del lugar de entrega. En el

documento de acreditación de la entrega se podrá indicar si el estado del aparato permite, previsiblemente, su preparación para la reutilización.

3. Los RAEE no podrán ser abandonados en la vía pública o entregados a operadores o gestores no registrados. La realización de las conductas anteriores se sancionará conforme a lo previsto en el título VII del régimen sancionador de la Ley 22/2011, de 28 de julio.

Artículo 16. Fomento de la recogida separada de RAEE.

1. Las Administraciones Públicas competentes tomarán las medidas adecuadas para recoger los RAEE generados que permitan cumplir, al menos, los objetivos de recogida separada previstos en la sección 6.ª.

De manera especial se tomarán las medidas oportunas para la recogida separada de los aparatos de intercambio de temperatura con sustancias que agotan la capa de ozono y gases fluorados de efecto invernadero, de las lámparas fluorescentes que contienen mercurio, de los paneles fotovoltaicos y de los pequeños aparatos clasificados en las categorías 5 y 6 del Anexo III.

2. Las Administraciones Públicas competentes informarán adecuadamente sobre las medidas del apartado anterior y, en general, sobre las modalidades de recogida separada de RAEE, sobre las obligaciones de los usuarios, de los productores de AEE y de los distribuidores de AEE, a través de campañas de concienciación en el ámbito estatal o autonómico, tal y como se prevé en el artículo 51.

Artículo 17. Condiciones de recogida y transporte de RAEE.

1. La recogida de modo separado y el transporte de los RAEE se efectuará de forma que puedan darse las condiciones óptimas para la preparación para la reutilización, el reciclado y el adecuado confinamiento de las sustancias peligrosas y cumplirá los requisitos del Anexo VII.A. Las pilas extraíbles de los RAEE se extraerán de estos para su recogida separada siempre que no se necesite la intervención de un profesional cualificado para ello.

En el caso de los RAEE que contengan mercurio, plomo, fósforo o cadmio o sustancias que agoten la capa de ozono se evitarán las condiciones que puedan provocar su rotura. La recogida y el transporte de estos RAEE cumplirán los requisitos de recogida y transporte específicos previstos en el Anexo VII.B.

2. El transporte de RAEE se realizará de conformidad con la legislación sectorial vigente y en los términos del Anexo VII. Durante el transporte y almacenamiento de RAEE no se realizarán aperturas o desmontajes de los residuos; estas operaciones se realizarán en los centros de preparación para la reutilización y en las instalaciones autorizadas de tratamiento específico de RAEE con el fin de proteger la salud humana, de evitar la emisión de sustancias tóxicas al medio ambiente y de evitar que los RAEE pierdan sus componentes y materiales esenciales.

3. El transporte de RAEE lo realizarán gestores registrados a excepción del supuesto del artículo 23.3.

....

Artículo 19. Recogida separada de RAEE de las Entidades Locales.

1. Las Entidades Locales, en el marco de sus competencias en materia de residuos domésticos, establecerán los sistemas que hagan posible la recogida separada, al menos gratuitamente para el usuario, de los RAEE domésticos. Asimismo, mediante acuerdos o cuando lo establezcan sus ordenanzas, las Entidades Locales podrán aceptar la entrega de RAEE domésticos procedentes de los pequeños distribuidores.

2. Las Entidades Locales garantizarán la disponibilidad y accesibilidad de los sistemas de recogida separada teniendo en cuenta, entre otros aspectos, la densidad de población y las condiciones territoriales. Las Entidades Locales podrán aplicar una o varias de las siguientes opciones:

a) recogida puerta a puerta;

b) habilitación de instalaciones de almacenamiento o puntos limpios, fijos o móviles, u otros centros de almacenamiento temporal de que dispongan las Entidades Locales;

c) cualquier otro sistema de recogida municipal de residuos previsto por las ordenanzas locales;

d) suscripción de acuerdos con instalaciones de recogida autorizadas;

e) suscripción de acuerdos con las entidades de economía social a las que se refiere el artículo 5 de la Ley 5/2011, de 29 de marzo, de Economía Social, autorizadas para la recogida de RAEE.

Las Entidades Locales podrán incorporar cláusulas sociales para entidades de economía social en sus instrumentos de contratación o convenios relativos a la recogida y gestión de residuos.

Artículo 20. Requisitos y funcionamiento de las instalaciones de recogida de las Entidades Locales.

1. Las Entidades Locales incluirán en las instalaciones de recogida espacios habilitados para los RAEE que puedan ser destinados a la preparación para la reutilización. Los RAEE que se recojan en estas instalaciones se someterán a una revisión previa que priorice la preparación para la reutilización de los RAEE antes de su traslado a las instalaciones de tratamiento.

2. Las instalaciones de recogida emitirán justificantes a quienes entreguen los RAEE indicando la fecha de la entrega, el tipo de aparato entregado, la marca, el número de serie si es posible, y la información suministrada por el usuario sobre su posible destino a la preparación para la reutilización o reciclado.

3. Las instalaciones de recogida de las Entidades Locales cumplirán los requisitos previstos en los artículos 17 y 18 de principios comunes sobre la recogida así como con las previsiones de esta sección.

Artículo 21. Gestión de los RAEE recogidos en las instalaciones de las Entidades Locales.

1. La gestión de los RAEE recogidos en las instalaciones de las Entidades Locales se podrá organizar por fracciones de recogida, para realizar la gestión a través de gestores sin la intermediación de la oficina de asignación prevista en el artículo 56, o a través de esta oficina.

2. Cuando las Entidades Locales opten por organizar la gestión de todas o algunas de las fracciones de los RAEE que recojan sin la intermediación de la oficina de asignación, informarán a esta de su intención antes de que se inicie el año natural. Esta decisión tendrá una duración mínima anual.

3. Los productores de AEE podrán llegar a acuerdos con las Entidades Locales sobre los gestores que realizarán la recogida desde las instalaciones, la preparación para la reutilización y el tratamiento específico.

4. Se priorizará la aplicación de la jerarquía en la gestión de residuos y del principio de proximidad en la gestión.

Artículo 22. Recogida de RAEE domésticos por los distribuidores de AEE.

1. Los distribuidores, con independencia de la superficie de la zona de venta, aceptarán, cuando los usuarios adquieran un nuevo AEE doméstico, la entrega, al menos de forma gratuita, de un RAEE de tipo equivalente o que haya realizado las mismas funciones que el aparato que se adquiere. Los distribuidores deberán cumplir con esta obligación cuando el RAEE sea entregado por el usuario en el punto de venta del distribuidor, así como cuando el usuario realice esa entrega en el hogar al suministrarle un nuevo AEE.

En el caso de que la entrega del RAEE no se realice en el mismo momento de la compra del nuevo AEE, los distribuidores indicarán por escrito el plazo en que el usuario podrá depositar el RAEE en el punto de venta presentando la factura de compra correspondiente del AEE nuevo. Dicho plazo no podrá ser inferior a treinta días naturales.

2. Los distribuidores con una zona destinada a la venta de AEE con un mínimo de 400 m², deberán prever la recogida en sus puntos de venta de carácter minorista, o en su proximidad inmediata, de RAEE muy pequeños, de modo gratuito para los usuarios finales, y sin obligación de compra de un AEE de tipo equivalente.

Los distribuidores almacenarán los RAEE según lo previsto en el artículo 17 evitando apilamientos de equipos que puedan dañarse o romperse.

4. Los distribuidores que lleven a cabo la comercialización de los productos a través de venta a distancia, deberán cumplir con todas las obligaciones del distribuidor, a través de la recogida gratuita de un RAEE de tipo equivalente, bien en el punto de entrega del AEE o en el domicilio del comprador al que se suministre el AEE.

Artículo 23. Información sobre la recogida y transporte de RAEE por los distribuidores.

1. En el caso de que la entrega del RAEE se realice en el momento de la compra de un nuevo AEE los distribuidores emitirán un justificante o albarán de recogida del RAEE y entregarán una copia al usuario. El albarán incluirá la fecha de la entrega, el tipo de aparato entregado, la marca, el número de serie si es posible, así como la información suministrada por el usuario sobre su posible destino para preparación para la reutilización o reciclaje.

2. En las entregas de AEE a domicilio, incluyendo la venta a distancia, el distribuidor facilitará al transportista un justificante o albarán sobre la recogida de RAEE que, en su caso, se pueda realizar en cada entrega. Con esta finalidad el distribuidor solicitará información al comprador sobre su intención de entregar un RAEE equivalente al AEE que se adquiere. En el momento de la recogida del RAEE en el hogar el justificante o albarán será completado con la información prevista en el apartado anterior y con la firma del comprador. En el caso de que el comprador renuncie a la entrega del RAEE que comunicó que iba a entregar, deberá hacer constar dicha renuncia de manera expresa en el justificante o albarán mencionado del transportista.

3. Los traslados de los RAEE desde los hogares o desde la tienda del distribuidor a la plataforma logística, «logística inversa», o en su caso, a las instalaciones de las Entidades Locales, se acompañarán del justificante o albarán previsto en los apartados anteriores en el que se acreditarán los RAEE que se trasladan. Este transporte de RAEE podrá ser realizado por los transportistas que suministren los AEE nuevos, cumplirá las condiciones de transporte del artículo 17 y no le será de aplicación la regulación del real decreto de traslados.

4. El destinatario del RAEE, bien la plataforma logística de la distribución o el gestor de destino, enviará electrónicamente al distribuidor la confirmación de la llegada de los RAEE o la referencia del documento de identificación del traslado en el segundo caso. Esta confirmación se realizará a través de la plataforma electrónica prevista en el artículo 55.

Artículo 24. Gestión de los RAEE recogidos por los distribuidores.

1. La gestión de los RAEE recogidos por los distribuidores se podrá organizar por fracciones de recogida. Su gestión se podrá realizar a través de gestores sin la intermediación de la oficina de asignación prevista en el artículo 56, o a través de esta oficina.

2. Cuando los distribuidores opten por organizar la gestión de todas o algunas de las fracciones de los RAEE que recojan sin la intermediación de la oficina de asignación, informarán a esta de su intención antes de que se inicie el año natural. Esta decisión tendrá una duración mínima anual.

3. Los productores de AEE podrán llegar a acuerdos con los distribuidores sobre los gestores que realizarán la recogida, la preparación para la reutilización y el tratamiento específico.

4. Se priorizará la aplicación de la jerarquía en la gestión de residuos y del principio de proximidad en la gestión.

Artículo 25. Recogida de RAEE domésticos a través de las redes de recogida de los productores de AEE.

1. Los productores de AEE, a través de los sistemas individuales o colectivos de responsabilidad ampliada del productor previstos en el capítulo VIII, podrán establecer redes de recogida de los RAEE de origen doméstico de los productos y marcas puestos por ellos en el mercado después de agosto del 2005, así como de los residuos históricos.

2. Las autoridades competentes, motivadamente, para lograr el adecuado cumplimiento de los objetivos comunitarios, por insuficiencia de recogida en determinadas zonas, o por las características específicas o peligrosidad de los residuos, podrán exigir a los productores la previsión de que se establezcan las redes de recogidas necesarias en determinadas zonas o para determinadas categorías y subcategorizas de RAEE.

3. Los productores de AEE informarán a las administraciones públicas sobre las redes de recogida y, cuando así se requiriera, informarán sobre la localización, los tipos de residuos que recogen, la capacidad de recogida y los gestores encargados de la recogida y el tratamiento.

4. Las redes de recogida y el transporte que se realice desde las mismas deberán cumplir con los requisitos del artículo 17 y estar en consonancia con lo establecido en este real decreto.

5. Con objeto de aumentar la recogida separada de los RAEE los productores de AEE podrán organizar y financiar su retirada domiciliaria.

Artículo 26. Recogida de RAEE profesionales por los productores de AEE.

1. Los productores de AEE organizarán la recogida separada de los RAEE profesionales generados por sus AEE puestos en el mercado después de agosto del 2005 a través de los sistemas individuales o colectivos de responsabilidad ampliada del productor. La recogida se gestionará a través de la oficina de asignación prevista en el artículo 56.

2. En el caso de los residuos históricos, la organización de la recogida correrá a cargo de los productores de AEE solo en el caso de que se sustituyan por nuevos productos equivalentes o por nuevos productos que desempeñen las mismas funciones. En los demás casos, la organización de la recogida y la financiación de su gestión quedarán a cargo del usuario.

3. Los productores y usuarios de AEE profesionales podrán acordar otra organización distinta a la prevista en los apartados anteriores para la recogida de los RAEE profesionales. Los usuarios podrán encargar la gestión de los RAEE profesionales a gestores autorizados.

....

Artículo 34. Traslado de RAEE en el interior del territorio del Estado.

1. Los traslados de RAEE en el interior del territorio del Estado se regirán por la normativa que regula el traslado de residuos recogida en la Ley 22/2011, de 28 de julio, en sus normas de desarrollo y por lo dispuesto en este real decreto.

2. Los traslados de RAEE desde las instalaciones de recogida a los centros de preparación para la reutilización y a las instalaciones de tratamiento específico se realizarán de manera que estas instalaciones reciban, almacenen y traten solo los grupos de RAEE para los que estén autorizadas.

....

Artículo 51. Información de las administraciones públicas a los usuarios.

1. Las Entidades Locales informarán a los usuarios sobre los aspectos relacionados con la recogida en el ámbito municipal y, al menos, sobre las siguientes cuestiones:

   a) La obligación de los usuarios de entregar los RAEE de modo separado de manera que no se depositen como residuos municipales no seleccionados, y que no se depositen en la vía pública.

   b) Las instalaciones y medios previstos para la recogida separada de RAEE en los municipios. En todo caso informarán: sobre los horarios, ubicación y periodicidad de las recogidas en el caso de instalaciones móviles, sobre la localización y horarios de las instalaciones fijas de recogida de RAEE autorizadas en el municipio, tanto municipales como privadas, así como sobre las fracciones o grupos de recogida de RAEE que se pueden depositar en cada una de ellas.

   c) Las organizaciones, empresas y recogedores, incluidos aquellos que actúen en el ámbito de la economía social, que puedan llevar a cabo la recogida y la gestión de los RAEE domésticos.

En el caso de que las Entidades Locales así lo consideren, o no tengan suficiencia de medios, esta información será suministrada por la comunidad autónoma correspondiente.

2. Las comunidades autónomas informarán a los usuarios, al menos, sobre las instalaciones de almacenamiento, preparación para la reutilización y tratamiento específico de RAEE en la comunidad autónoma de que se trate, de las categorías de RAEE para las que las instalaciones están autorizadas y el número de registro en el Registro de Producción y Gestión de Residuos.

3. El Ministerio de Agricultura, Alimentación y Medio Ambiente informará a los usuarios, al menos, sobre los posibles impactos sobre la salud humana y el medio ambiente que pueden ocasionar las sustancias, especialmente las peligrosas, contenidas en los aparatos eléctricos y electrónicos como consecuencia de una inadecuada recogida y gestión de sus residuos. De forma prioritaria informarán sobre los impactos derivados de los aparatos de intercambio de temperatura con sustancias que agotan la capa de ozono y con gases fluorados de efecto invernadero, así como sobre los impactos de las lámparas fluorescentes que contienen mercurio, de los paneles fotovoltaicos y de los pequeños aparatos eléctricos y electrónicos.

4. El Ministerio de Industria, Energía y Turismo informará sobre los productores incluidos en el Registro de productores de aparatos eléctricos y electrónicos del Registro Integrado Industrial, del número de identificación asociado a cada productor y de las categorías de aparatos que ponen en el mercado.

5. Las Administraciones Públicas informarán además sobre:

   a) La relevancia de la prevención así como de la correcta recogida y gestión de RAEE, según lo previsto en este real decreto.

   b) La relevancia de la implicación de los ciudadanos en la reutilización y reparación de los aparatos eléctricos y electrónicos usados, la recogida separada, la preparación para la reutilización, el reciclado y otras formas de valorización de los RAEE.

c) La relevancia de la implicación de los distribuidores en la recogida separada de los RAEE y en el cumplimiento de sus obligaciones derivadas de este real decreto.

d) La relevancia de la implicación de los productores de AEE en la recogida separada de los RAEE y en el principio de responsabilidad ampliada de los productores.

e) El cumplimiento de los objetivos mínimos de recogida separada así como de los objetivos de valorización, una vez que estos datos estén disponibles.

Esta información se hará pública, al menos, en las páginas web del Ministerio de Agricultura, Alimentación y Medio Ambiente y de las comunidades autónomas.

Para llevar a cabo las actuaciones de información conjuntas se pondrán en marcha campañas de concienciación e información en el ámbito estatal. Adicionalmente, se realizarán campañas en el ámbito autonómico si procede por incumplimiento de objetivos mínimos, por detección de problemas específicos, o por las características especiales de los sistemas de recogida. Todo ello se realizará según lo previsto en el artículo 54.

Artículo 57. Inspección y control.

1. Las Administraciones Públicas competentes, incluyendo las fuerzas y cuerpos de seguridad, cuando en razón de su cometido deban proceder a las tareas de control, vigilancia e inspección, efectuarán los oportunos controles e inspecciones para verificar la aplicación correcta de este real decreto. Sin perjuicio de lo dispuesto en el artículo 44 de la Ley 22/2011, de 28 de julio, estas inspecciones incluirán como mínimo:

a) la información comunicada en el marco de los productos puestos en el mercado en el Registro de los productores del artículo 8;

b) la inclusión, de forma visible, del n.º de Registro Integrado Industrial en la acreditación documental de la importación de AEE procedentes de terceros países;

c) la información sobre recogida de RAEE en las instalaciones de recogida municipales, de los distribuidores, de los productores o de los gestores;

d) las condiciones en las que se realizan las operaciones de recogida;

e) las operaciones en los centros de preparación para la reutilización y las instalaciones de tratamiento de acuerdo con la Ley 22/2011, de 28 de julio, y con los anexos IX y XIII de este real decreto;

f) la información suministrada por los gestores y por los sistemas de responsabilidad ampliada del productor según lo previsto en este real decreto;

....

Si al efectuar las inspecciones a las instalaciones de almacenamiento, recogida y tratamiento de RAEE, la autoridad competente descubre el incumplimiento de las condiciones por las que se concedió la autorización o la vulneración de las disposiciones establecidas en materia de información, sin perjuicio de que se haya establecido previa advertencia, se prohibirá el inicio o la realización de la actividad de la instalación relacionada, a menos que el operador de la instalación logre el cumplimiento de las disposiciones establecidas en este real decreto dentro de los plazos establecidos.

OBLIGACIONES EMPRESA MANIPULADORA REFRIGERANTES (RESIDUOS)

- ALTA COMO PRODUCTOR DE RESIDUOS EN LA COMUNIDAD AUTONOMA
- CONTRATO EN VIGOR CON GESTOR DE RESIDUOS
- RECOGIDA SEMESTRAL COMO MÍNIMO
- CONTABILIDAD DE RESIDUOS GENERADOS (LIBRO DE GESTIÓN DE REFRIGERANTES)
- VEHÍCULOS PARA TRANSPORTE DE RESIDUOS (SEGÚN CC. AA.)

15. Disposiciones del Reglamento UE 2024/590

En el capítulo 4 de este manual se ha expuesto una breve historia del protocolo de Montreal, que incluye la participación de la Unión Europea (Comunidad Económica Europea por aquel entonces) en el mismo, lo cual obligaba a la elaboración de una normativa que diera cumplimiento a las obligaciones y objetivos enunciados en el protocolo.

Desde el Reglamento CEE 3322/88, esta normativa ha ido variando en función de la evolución de los compromisos del protocolo y de los cambios tecnológicos que propiciaban el uso de nuevas sustancias. En la actualidad, el reglamento en vigor en la Unión Europea relacionado con el Protocolo de Montreal es el Reglamento UE 2024/590, que a continuación se expone. Desde el punto de vista de los operadores, los artículos más destacados son los siguientes:

- Artículo 1. Objeto
- Artículo 2. Ámbito de aplicación
- Artículo 4. Prohibiciones relativas a sustancias que agotan la capa de ozono
- Artículo 5. Prohibiciones relativas a productos y aparatos
- Artículo 11. Exenciones relacionadas con productos y aparatos
- Artículo 12. Destrucción y regeneración
- Artículo 20. Recuperación y destrucción de sustancias usadas
- Artículo 21. Liberación de sustancias y controles de fugas

REGLAMENTO (UE) n.° 2024/590 DEL PARLAMENTO EUROPEO Y DEL CONSEJO de 16 de septiembre del 2009 sobre las sustancias que agotan la capa de ozono (versión refundida).

Se omiten tanto la exposición de motivos como las consideraciones iniciales, por estar suficientemente expuestas y desarrolladas en anteriores capítulos.

CAPÍTULO I. DISPOSICIONES GENERALES

Artículo 1

Objeto

El presente Reglamento establece normas sobre la producción, importación, exportación, introducción en el mercado, almacenamiento y posterior suministro de sustancias que agotan la capa de ozono, así como sobre su uso, recuperación, reciclado, regeneración y destrucción, y sobre la notificación de información acerca de dichas sustancias y sobre la importación exportación, introducción en el mercado, posterior suministro y uso de los productos y aparatos que contienen sustancias que agotan la capa de ozono o cuyo funcionamiento depende de ellas.

Artículo 2

Ámbito de aplicación

El presente Reglamento se aplica a:

a) las sustancias que agotan la capa de ozono enumeradas en los anexos I y II y a sus isómeros, solos o presentes en una mezcla, y

b) los productos y aparatos, y sus partes, que contengan sustancias que agotan la capa de ozono o cuyo funcionamiento dependa de ellas.

Artículo 3

Definiciones

A los efectos del presente Reglamento, se entenderá por:

1) «materia prima»: toda sustancia que agota la capa de ozono que experimente una transformación química en un proceso en el que cambie completamente su composición original y cuyas emisiones son insignificantes;

2) «agente de transformación»: toda sustancia que agota la capa de ozono usada como agente de transformación química en las aplicaciones enumeradas en el anexo III;

3) «importación»: la entrada de sustancias, productos y aparatos en el territorio aduanero de la Unión en la medida en que dicho territorio esté cubierto por una ratificación del Protocolo de Montreal de 1987 relativo a las sustancias que agotan la capa de ozono (en lo sucesivo, «Protocolo») e incluya el depósito temporal y los regímenes aduaneros a que se refieren los artículos 201 y 210 del Reglamento (UE) nº 952/2013;

4) «exportación»: la salida del territorio aduanero de la Unión de sustancias, productos y aparatos, en la medida en que dicho territorio esté cubierto por una ratificación del Protocolo;

5) «introducción en el mercado»: el despacho a libre práctica en la Unión o el suministro o puesta a disposición de otra persona en la Unión, por primera vez, previo pago o a título gratuito, o el uso de sustancias producidas o de productos o aparatos fabricados para el propio uso;

6) «uso»: en relación con las sustancias que agotan la capa de ozono, su utilización en la producción, el mantenimiento o la revisión de productos y aparatos, incluido su relleno, o en otras actividades y procesos a que se hace referencia en el presente Reglamento;

7) «productor»: cualquier persona física o jurídica que produzca sustancias que agotan la capa de ozono dentro de la Unión;

8) «recuperación»: la recogida y el almacenamiento de sustancias que agotan la capa de ozono procedentes de recipientes, productos y aparatos durante el mantenimiento o la revisión o antes de la eliminación de los recipientes, productos o aparatos;

9) «reciclado»: el nuevo uso de una sustancia que agota la capa de ozono tras un procedimiento básico de limpieza, incluido su filtrado y secado;

10) «regeneración»: el nuevo tratamiento de una sustancia que agota la capa de ozono recuperada para que presente un comportamiento equivalente al de una sustancia virgen, teniendo en cuenta su uso previsto, en centros de regeneración autorizados que cuenten con los equipos y procedimientos adecuados para hacer posible la regeneración de dichas sustancias y que puedan evaluar y acreditar el nivel de calidad exigido;

11) «empresa»: toda persona física o jurídica que realice una de las actividades contempladas en el presente Reglamento;

12) «recipiente»: un receptáculo diseñado principalmente para transportar o almacenar sustancias que agotan la capa de ozono;

13) «productos y aparatos»: todos los productos y aparatos, incluidas sus partes, excepto los recipientes, utilizados para transportar o almacenar sustancias que agotan la capa de ozono;

14) «sustancia virgen»: una sustancia que no ha sido usada previamente;

15) «desmantelamiento»: la retirada permanente del funcionamiento o de la utilización de un producto o aparato que contenga sustancias que agotan la capa de ozono, incluido el cierre definitivo de una instalación;

16) «destrucción»: el proceso de transformación o descomposición, permanentemente y de la forma más completa posible, de una sustancia que agota la capa de ozono en una o más sustancias estables que no agoten la capa de ozono;

17) «establecimiento en la Unión»: en relación con una persona física, el hecho de que dicha persona tenga su residencia habitual en la Unión y, en relación con una persona jurídica, el hecho de que dicha persona tenga en la Unión un establecimiento comercial permanente, a que se refiere el artículo 5, punto 32, del Reglamento (UE) n.º 952/2013;

18) «panel de espuma»: una estructura compuesta por capas que contienen una espuma y un material rígido, como madera o metal, unidos a una o a las dos caras;

19) «placa laminada»: una placa de espuma recubierta por una capa fina de un material no rígido, como el plástico.

CAPÍTULO II. PROHIBICIONES

Artículo 4

Prohibiciones relativas a sustancias que agotan la capa de ozono

1. Se prohibirá la producción, introducción en el mercado, cualquier suministro posterior o puesta a disposición de otra persona en la Unión, previo pago o a título gratuito, y el uso de las sustancias que agotan la capa de ozono enumeradas en el anexo I.

2. Se prohibirá la importación y exportación de las sustancias que agotan la capa de ozono enumeradas en el anexo I.

Artículo 5

Prohibiciones relativas a productos y aparatos que contienen sustancias que agotan la capa de ozono o cuyo funcionamiento depende de ellas

1. Se prohibirá la introducción en el mercado y cualquier suministro posterior o puesta a disposición de otra persona en la Unión, previo pago o a título gratuito, de productos y aparatos que contengan sustancias que agotan la capa de ozono enumeradas en el anexo I o cuyo funcionamiento dependa de ellas.

2. Se prohibirá la importación o exportación de productos y aparatos que contengan sustancias que agotan la capa de ozono enumeradas en el anexo I o cuyo funcionamiento dependa de ellas. Dicha prohibición no se aplicará a los efectos personales.

CAPÍTULO III. EXENCIONES A LAS PROHIBICIONES

...

Artículo 11

Exenciones relacionadas con los productos y aparatos que contienen sustancias que agotan la capa de ozono o cuyo funcionamiento depende de ellas

1. Como excepción a lo dispuesto en el artículo 5, apartado 1, los productos y aparatos para los que se autorice el uso de la sustancia que agota la capa de ozono de conformidad con los artículos 8 o 9 podrán introducirse en el mercado, suministrarse posteriormente o ponerse a disposición de otra persona en la Unión previo pago o a título gratuito.

2. Salvo para los usos críticos indicados en el artículo 9, apartado 1, se prohibirán y se decomisarán los sistemas de protección contra incendios y los extintores de incendios que contengan halones.

3. Los productos y aparatos que contengan sustancias que agotan la capa de ozono o cuyo funcionamiento dependa de ellas se desmantelarán cuando lleguen al final de su ciclo de vida útil.

Artículo 12

Destrucción y regeneración

Como excepción a lo dispuesto en el artículo 4, apartado 1, y el artículo 5, apartado 1, las sustancias que agotan la capa de ozono enumeradas en el anexo I y los productos y aparatos que contengan las sustancias que agotan la capa de ozono enumeradas en el anexo I o cuyo funcionamiento dependa de ellas podrán introducirse en el mercado y posteriormente suministrarse o ponerse a disposición de otra persona en la Unión previo pago o a título gratuito para su destrucción en la Unión de conformidad con el artículo 20, apartado 6. Las sustancias que agotan la capa de ozono enumeradas en el anexo I también podrán introducirse en el mercado para su regeneración dentro de la Unión.

CAPÍTULO IV. COMERCIO

...

Artículo 18

Medidas de seguimiento del comercio ilegal

1. Sobre la base del seguimiento periódico del comercio de sustancias que agotan la capa de ozono y de la evaluación delos riesgos potenciales de comercio ilegal vinculados a los movimientos de sustancias que agotan la capa de ozono y de productos y aparatos que contengan dichas sustancias o cuyo funcionamiento dependa de ellas, la Comisión estará facultada para adoptar actos delegados con arreglo al artículo 29 a fin de:

   a) completar el presente Reglamento especificando los criterios que deben tener en cuenta las autoridades competentes de los Estados miembros al efectuar los controles, de conformidad con el artículo 26, para determinar si las empresas cumplen las obligaciones que les incumben en virtud del presente Reglamento;

   b) completar el presente Reglamento especificando los requisitos que deben controlarse al realizar un seguimiento, de conformidad con el artículo 17, de las sustancias que agotan la capa de ozono y de los productos y aparatos que contengan dichas sustancias, o cuyo funcionamiento dependa de ellas, colocados en régimen de depósito temporal o en un régimen aduanero, incluidos el depósito aduanero o el régimen de zona franca, o en tránsito por el territorio aduanero de la Unión;

   c) modificar el presente Reglamento añadiendo metodologías de rastreo de las sustancias que agotan la capa de ozono introducidas en el mercado para el seguimiento, de conformidad con los artículos 13 y 14, de las importaciones y exportaciones de sustancias que agotan la capa de ozono y de los productos y aparatos que contengan dichas sustancias, o cuyo funcionamiento dependa de ellas, colocados en régimen de depósito temporal o en un régimen aduanero.

2. Al adoptar un acto delegado con arreglo al apartado 1, la Comisión tendrá en cuenta los beneficios medioambientales y las repercusiones socioeconómicas de la metodología que se establezca con arreglo a las letras a), b) y c) de dicho apartado.

...

CAPÍTULO V. CONTROL DE EMISIONES

Artículo 20

Recuperación y destrucción de sustancias que agotan la capa de ozono usadas

1. Las sustancias que agotan la capa de ozono contenidas en aparatos de refrigeración y aparatos de aire acondicionado, y en bombas de calor, aparatos que contengan disolventes o sistemas de protección contra incendios y extintores, se recuperarán, durante las operaciones de mantenimiento o revisión de los aparatos o antes de su desmontaje o eliminación, para su destrucción, reciclado o regeneración, salvo si dicha recuperación está regulada en virtud de otros actos jurídicos de la Unión.

2. A partir del 1 de enero de 2025, los propietarios y contratistas de edificios garantizarán que durante las actividades de renovación, reforma o demolición que impliquen la eliminación de paneles de espuma que contengan espumas consustancias que agotan la capa de ozono enumeradas en el anexo I, se eviten las emisiones en la medida de lo posible, mediante la manipulación de las espumas o las sustancias contenidas en ellas de manera que se garantice la destrucción de dichas sustancias. En caso de recuperación de dichas sustancias, la realizarán únicamente personas físicas debidamente cualificadas.

3. A partir del 1 de enero de 2025, los propietarios y contratistas de edificios garantizarán que durante las actividades de renovación, reforma o demolición que impliquen la eliminación de espumas en placas laminadas instaladas en cavidades o estructuras construidas que contengan sustancias que agotan la capa de ozono enumeradas en el anexo I, se eviten las emisiones en la medida de lo posible, mediante la manipulación de las espumas o las sustancias contenidas en ellas de manera que

se garantice la destrucción de dichas sustancias. En caso de recuperación de dichas sustancias, la realizarán únicamente personas físicas debidamente cualificadas.

Cuando la eliminación de las espumas a que se refiere el párrafo primero no sea técnicamente viable, el propietario o contratista del edificio elaborará documentación que demuestre la inviabilidad de la eliminación en el caso concreto. Dicha documentación se conservará durante cinco años y se pondrá a disposición de la autoridad competente del Estado miembro interesado o de la Comisión, previa solicitud.

4. Los halones contenidos en sistemas de protección contra incendios y extintores se recuperarán, durante las operaciones de mantenimiento o revisión de los aparatos o antes de su desmontaje o eliminación, para su reciclado o regeneración.

Se prohibirá la destrucción de halones a menos que existan pruebas documentadas de que la pureza de la sustancia recuperada o reciclada no permite técnicamente su regeneración y posterior nuevo uso. Las empresas que destruyan halones en tales casos conservarán esa documentación durante un período mínimo de cinco años. Dicha documentación se pondrá a disposición de la autoridad competente del Estado miembro interesado o de la Comisión, previa solicitud.

5. Las sustancias que agotan la capa de ozono contenidas en productos y aparatos distintos de los mencionados en los apartados 1 a 4 se recuperarán para su destrucción, reciclado o regeneración, si es viable desde el punto de vista técnico y económico, o se destruirán sin recuperación previa, salvo si dicha recuperación está regulada en virtud de otros actos jurídicos de la Unión.

6. Las sustancias que agotan la capa de ozono enumeradas en el anexo I y los productos y aparatos que contengan dichas sustancias únicamente se destruirán mediante tecnología de destrucción que haya sido aprobada por las Partes en el Protocolo.

Otras sustancias que agotan la capa de ozono para las que no se haya aprobado la tecnología de destrucción únicamente se destruirán mediante una tecnología de destrucción que cumpla el Derecho de la Unión y nacional en materia de residuos y cuando se cumplan los requisitos adicionales establecidos en dicho Derecho.

7. La Comisión estará facultada para adoptar actos delegados con arreglo al artículo 29 por los que se complete el presente Reglamento con el establecimiento de una lista de los productos y aparatos para los cuales se considerará técnica y económicamente viable la recuperación de sustancias controladas o la destrucción de productos y aparatos sin recuperación previa de sustancias que agotan la capa de ozono, especificando, en su caso, la tecnología que deberá aplicarse.

8. Los Estados miembros fomentarán la recuperación, el reciclado, la regeneración y la destrucción de las sustancias que agotan la capa de ozono enumeradas en el anexo I y establecerán los requisitos mínimos de cualificación del personal implicado.

Artículo 21

Liberación de sustancias que agotan la capa de ozono y controles de fugas

1. Se prohibirá la liberación intencionada de sustancias que agotan la capa de ozono a la atmósfera, también cuando estén contenidas en productos y aparatos, cuando dicha liberación no sea técnicamente necesaria para los usos previstos permitidos por el presente Reglamento.

2. Las empresas tomarán todas las precauciones necesarias para evitar y reducir al mínimo toda liberación involuntaria de las sustancias que agotan la capa de ozono durante la producción, incluida la liberación producida inadvertidamente durante la producción de otros productos químicos, el proceso de fabricación de aparatos, el uso, el almacenamiento y el traslado de un recipiente o sistema a otro o el transporte.

3. Los operadores de aparatos de refrigeración y de aire acondicionado, o de bombas de calor o de sistemas de protección contra incendios, incluidos sus circuitos, que contengan sustancias que agotan la capa de ozono enumeradas en el anexo I garantizarán que los aparatos o sistemas fijos:

a) cuya carga de fluido sea igual o superior a 3 kg pero inferior a 30 kg de sustancias que agotan la capa de ozono enumeradas en el anexo I, se controlen al menos una vez cada doce meses para comprobar que no presentan fugas, a excepción de los aparatos con sistemas sellados herméticamente etiquetados como tales y que contengan menos de 6kg de sustancias que agotan la capa de ozono enumeradas en el anexo I;

b) cuya carga de fluido sea igual o superior a 30 kg pero inferior a 300 kg de sustancias que agotan la capa de ozono enumeradas en el anexo I, se controlen al menos una vez cada seis meses para comprobar que no presentan fugas;

c) cuya carga de fluido sea igual o superior a 300 kg de sustancias que agotan la capa de ozono enumeradas en el anexo I, se controlen al menos una vez cada tres meses para comprobar que no presentan fugas.

4. Los operadores de aparatos o sistemas que contengan sustancias que agotan la capa de ozono se asegurarán de que se repare sin demora toda fuga detectada, sin perjuicio de la prohibición de usar dichas sustancias que agotan la capa de ozono, salvo si dicha recuperación está regulada en virtud de otros actos jurídicos de la Unión.

5. Los operadores a que se refiere el apartado 4 llevarán registros de las cantidades y de los tipos de halones añadidos y sustancias que agotan la capa de ozono enumeradas en el anexo I recuperadas durante el mantenimiento o revisión y la eliminación definitiva del aparato o sistemas a que se refiere dicho apartado. También llevarán registros de otros datos pertinentes, como la identificación de la empresa que efectuó el control de fugas, la revisión o el mantenimiento, así como las fechas y resultados de los controles de fugas efectuados. Dichos registros se conservarán durante un período mínimo de cinco años y se pondrán a disposición de la autoridad competente del Estado miembro interesado o de la Comisión, previa solicitud.

6. Los Estados miembros establecerán los requisitos mínimos de cualificación del personal que realice las actividades mencionadas en los apartados 3 y 4.

...

CAPÍTULO VII

...

Artículo 26
Obligación de efectuar controles

1. Las autoridades competentes de los Estados miembros efectuarán controles para determinar si las empresas cumplen las obligaciones que les incumben en virtud del presente Reglamento.

2. Los controles se efectuarán siguiendo un enfoque basado en el riesgo, que tenga en cuenta, en particular, el historial de cumplimiento de las empresas, el riesgo de incumplimiento del presente Reglamento por parte de un producto concreto y cualquier otra información pertinente recibida de la Comisión, las autoridades aduaneras, las autoridades de vigilancia del mercado, las autoridades medioambientales y otras autoridades con funciones de inspección de los Estados miembros, o de las autoridades competentes de terceros países.

Las autoridades competentes de los Estados miembros también efectuarán controles cuando estén en posesión de pruebas u otra información pertinente, incluida la basada en preocupaciones justificadas expresadas por terceros o por la Comisión, en relación con un posible incumplimiento del presente Reglamento.

3. Los controles a que se refieren los apartados 1 y 2 incluirán:

a) visitas in situ a establecimientos con la frecuencia adecuada, así como la verificación de la documentación y el equipo pertinentes, y

b) controles de las plataformas en línea con arreglo al presente apartado.

Sin perjuicio de lo dispuesto en el Reglamento (UE) 2022/2065 del Parlamento Europeo y del Consejo (24), cuando una plataforma en línea que entre en el ámbito de aplicación del capítulo III, sección 4, de dicho Reglamento permita que se celebren contratos a distancia con empresas que ofrezcan sustancias que agotan la capa de ozono y productos y aparatos que contengan dichas sustancias, las autoridades competentes de los Estados miembros verificarán si la empresa, las sustancias que agotan la capa de ozono, los productos o los aparatos ofrecidos cumplen los requisitos establecidos en el presente Reglamento. Las autoridades competentes informarán y cooperarán con la Comisión y con las autoridades competentes pertinentes a que se refiere el artículo 49 del Reglamento (UE) 2022/2065 con el fin de garantizar el cumplimiento de dicho Reglamento.

Los controles se efectuarán sin previo aviso a la empresa, excepto cuando sea necesaria la notificación previa a fin de garantizar la eficacia de los controles. Los Estados miembros se asegurarán de que las empresas presten a las autoridades competentes toda la asistencia necesaria para que dichas autoridades puedan efectuar los controles previstos en el presente artículo.

(23) Reglamento (CE) n.º 515/97 del Consejo, de 13 de marzo de 1997, relativo a la asistencia mutua entre las autoridades administrativas de los Estados miembros y a la colaboración entre estas y la Comisión con objeto de asegurar la correcta aplicación de las reglamentaciones aduanera y agraria (DO L 82 de 22.3.1997, p. 1).

(24) Reglamento (UE) 2022/2065 del Parlamento Europeo y del Consejo, de 19 de octubre de 2022, relativo a un mercado único de servicios digitales y por el que se modifica la Directiva 2000/31/CE (Reglamento de Servicios Digitales) (DO L 277 de 27.10.2022,p. 1).

4. Las autoridades competentes de los Estados miembros llevarán registros de los controles en los que se indicarán, en particular, su naturaleza y sus resultados, así como las medidas adoptadas en caso de no conformidad. Los registros de todos los controles se conservarán durante al menos cinco años.

5. A instancias de otro Estado miembro, un Estado miembro podrá efectuar controles u otra investigación oficial de cualquier empresa sospechosa de llevar a cabo un tráfico ilegal de sustancias, productos o aparatos incluidos en el ámbito de aplicación del presente Reglamento y que operen en su territorio. Se informará al Estado miembro solicitante del resultado de los controles o de la investigación.

6. En el desempeño de las funciones que le asigna el presente Reglamento, la Comisión podrá solicitar toda la información necesaria a las autoridades competentes de los Estados miembros, así como a las empresas. Cuando envíe una solicitud de información a una empresa, la Comisión remitirá al mismo tiempo copia de la solicitud a la autoridad competente del Estado miembro en cuyo territorio se encuentre la sede de la empresa.

7. La Comisión adoptará las medidas adecuadas con vistas a promover un intercambio de información y una cooperación adecuados entre las autoridades competentes de los Estados miembros, así como entre dichas autoridades competentes y la Comisión. La Comisión adoptará las medidas oportunas para garantizar el carácter confidencial de la información obtenida en virtud del presente artículo.

CAPÍTULO VIII. SANCIONES, PROCEDIMIENTO DE COMITÉ Y EJERCICIO DE LA DELEGACIÓN

Artículo 27

Sanciones

1. Sin perjuicio de las obligaciones de los Estados miembros en virtud de la Directiva 2008/99/CE del Parlamento Europeo y del Consejo (25), los Estados miembros establecerán el régimen de sanciones aplicables a cualquier infracción del presente Reglamento y adoptarán todas las medidas necesarias para garantizar la ejecución de dichas sanciones. Antes del 1 de enero de 2026, los Estados miembros comunicarán a la Comisión el régimen establecido y las medidas adoptadas, y le notificarán sin demora toda modificación posterior.

2. Las sanciones serán efectivas, proporcionadas y disuasorias, y se determinarán tendiendo debidamente en cuenta lo siguiente, según proceda:

    a) la naturaleza y la gravedad de la infracción;

    b) la población humana o el medio ambiente afectado por la infracción, teniendo en cuenta la necesidad de garantizar un nivel elevado de protección de la salud humana y del medio ambiente;

    c) cualquier infracción anterior del presente Reglamento por parte de la empresa considerada responsable;

    d) la situación financiera de la empresa considerada responsable.

3. Las sanciones incluirán:

a) sanciones pecuniarias administrativas de conformidad con el apartado 4; no obstante, los Estados miembros podrán también, o como alternativa, aplicar sanciones penales, siempre que sean efectivas, proporcionadas y disuasorias de un modo equivalente a las sanciones pecuniarias administrativas;

b) la confiscación o el decomiso, o la retirada del mercado, o la toma de posesión por parte de las autoridades competentes de los Estados miembros de mercancías obtenidas ilegalmente;

c) la prohibición temporal de usar, producir, importar, exportar o introducir en el mercado las sustancias que agotan la capa de ozono o productos y aparatos que contengan sustancias que agotan la capa de ozono o cuyo funcionamiento dependa de ellos, en caso de infracciones graves o reiteradas.

(25) Directiva 2008/99/CE del Parlamento Europeo y del Consejo, de 19 de noviembre de 2008, relativa a la protección del medioambiente mediante el Derecho penal (DO L 328 de 6.12.2008, p. 28).

4. Las sanciones pecuniarias administrativas a que se refiere el apartado 3, letra a), serán proporcionadas al daño medioambiental, cuando proceda, y privarán efectivamente a los responsables de los beneficios económicos derivados de sus infracciones. El nivel de las sanciones pecuniarias administrativas aumentará gradualmente en caso de reincidencia.

En los casos de producción, importación, exportación, introducción en el mercado o uso ilícitos de sustancias que agotan la capa de ozono y de productos y aparatos que contengan dichas sustancias o cuyo funcionamiento dependa de ellas, el importe máximo de las sanciones pecuniarias administrativas será al menos cinco veces el valor de mercado de las sustancias o los productos y aparatos de que se trate. En caso de reincidencia en un período de cinco años, el importe máximo de las sanciones pecuniarias administrativas será al menos ocho veces superior al valor de las sustancias que agotan la capa de ozono o los productos y aparatos de que se trate.

...

CAPÍTULO IX. DISPOSICIONES TRANSITORIAS Y FINALES

Artículo 31

Derogación y disposiciones transitorias

1. Queda derogado el Reglamento (CE) n.º 1005/2009.

2. El artículo 18 del Reglamento (CE) n.º 1005/2009 aplicable el 10 de marzo de 2024 seguirá aplicándose hasta el 2 de marzo de 2025.

3. El artículo 27 del Reglamento (CE) n.º 1005/2009 aplicable el 10 de marzo de 2024 seguirá aplicándose con respecto al período a que se refiere al período de referencia desde el 1 de enero de 2023 hasta el 31 de diciembre de 2023.

4. Las referencias al Reglamento derogado se entenderán hechas al presente Reglamento con arreglo a la tabla de correspondencias que figura en el anexo VIII.

Artículo 32

Entrada en vigor y aplicación

El presente Reglamento entrará en vigor a los veinte días de su publicación en el Diario Oficial de la Unión Europea.

El artículo 16, apartados 1, 2 y 4 a 15, el artículo 17, apartado 5, y el anexo VII, punto 2, del presente Reglamento, se aplicarán a partir del 3 de marzo de 2025 en lo que respecta al régimen aduanero de despacho a libre práctica a que se refiere el artículo 201 del Reglamento (UE) nº 952/2013, a todos los regímenes de importación y a la exportación.

El presente Reglamento será obligatorio en todos sus elementos y directamente aplicable en cada Estado miembro.

ANEXO I. SUSTANCIAS REGULADAS

Grupo	Sustancia			PAO (^{1})
Grupo I	$CFCl_3$	CFC-11	Triclorofluorometano	1,0
	CF_2Cl_2	CFC-12	Diclorodifluorometano	1,0
	$C_2F_3Cl_3$	CFC-113	Triclorotrifluoroetano	0,8
	$C_2F_4Cl_2$	CFC-114	Diclorotetrafluoroetano	1,0
	C_2F_5Cl	CFC-115	Cloropentafluoroetano	0,6
Grupo II	CF_3Cl	CFC-13	Clorotrifluorometano	1,0
	C_2FCl_5	CFC-111	Pentaclorofluoroetano	1,0
	$C_2F_2Cl_4$	CFC-112	Tetraclorodifluoroetano	1,0
	C_3FCl_7	CFC-211	Heptaclorofluoropropano	1,0
	$C_3F_2Cl_6$	CFC-212	Hexaclorodifluoropropano	1,0
	$C_3F_3Cl_5$	CFC-213	Pentaclorotrifluoropropano	1,0
	$C_3F_4Cl_4$	CFC-214	Tetraclorotetrafluoropropano	1,0
	$C_3F_5Cl_3$	CFC-215	Tricloropentafluoropropano	1,0
	$C_3F_6Cl_2$	CFC-216	Diclorohexafluoropropano	1,0
	C_3F_7Cl	CFC-217	Cloroheptafluoropropano	1,0
Grupo III	CBr_2F_2	halón-1202	Dibromodifluorometano	1,25
	CF_2BrCl	halón-1211	Bromoclorodifluorometano	3,0
	CF_3Br	halón-1301	Bromotrifluorometano	10,0
	$C_2F_4Br_2$	halón-2402	Dibromotetrafluoroetano	6,0
Grupo IV	CCl_4	CTC	Tetraclorometano	1,1
Grupo V	$C_2H_3Cl_3$(^{2})	1,1,1-TCA	1,1,1-Tricloroetano	0,1
Grupo VI	CH_3Br	Bromuro de metilo	Bromometano	0,6
Grupo VII	$CHFBr_2$	HBFC-21 B2	Dibromofluorometano	1,00
	CHF_2Br	HBFC-22 B1	Bromodifluorometano	0,74
	CH_2FBr	HBFC-31 B1	Bromofluorometano	0,73
	C_2HFBr_4	HBFC-121 B4	Tetrabromofluoroetano	0,8

Grupo	Sustancia			PAO (^{1})
	$C_2HF_2Br_3$	HBFC-122 B3	Tribromodifluoroetano	1,8
	$C_2HF_3Br_2$	HBFC-123 B2	Dibromotrifluoroetano	1,6
	C_2HF_4Br	HBFC-124 B1	Bromotetrafluoroetano	1,2
	$C_2H_2FBr_3$	HBFC-131 B3	Tribromofluoroetano	1,1
	$C_2H_2F_2Br_2$	HBFC-132 B2	Dibromodifluoroetano	1,5
	$C_2H_2F_3Br$	HBFC-133 B1	Bromotrifluoroetano	1,6
	$C_2H_3FBr_2$	HBFC-141 B2	Dibromofluoroetano	1,7
	$C_2H_3F_2Br$	HBFC-142 B1	Bromodifluoroetano	1,1
	C_2H_4FBr	HBFC-151 B1	Bromofluoroetano	0,1
	C_3HFBr_6	HBFC-221 B6	Hexabromofluoropropano	1,5
	$C_3HF_2Br_5$	HBFC-222 B5	Pentabromodifluoropropano	1,9
	$C_3HF_3Br_4$	HBFC-223 B4	Tetrabromotrifluoropropano	1,8
	$C_3HF_4Br_3$	HBFC-224 B3	Tribromotetrafluoropropano	2,2
Grupo VII	$C_3HF_5Br_2$	HBFC-225 B2	Dibromopentafluoropropano	2,0
	C_3HF_6Br	HBFC-226 B1	Bromohexafluoropropano	3,3
	$C_3H_2FBr_5$	HBFC-231 B5	Pentabromofluoropropano	1,9
	$C_3H_2F_2Br_4$	HBFC-232 B4	Tetrabromodifluoropropano	2,1
	$C_3H_2F_3Br_3$	HBFC-233 B3	Tribromotrifluoropropano	5,6
	$C_3H_2F_4Br_2$	HBFC-234 B2	Dibromotetrafluoropropano	7,5
	$C_3H_2F_5Br$	HBFC-235 B1	Bromopentafluoropropano	1,4
	$C_3H_3FBr_4$	HBFC-241 B4	Tetrabromofluoropropano	1,9
	$C_3H_3F_2Br_3$	HBFC-242 B3	Tribromodifluoropropano	3,1
	$C_3H_3F_3Br_2$	HBFC-243 B2	Dibromotrifluoropropano	2,5
	$C_3H_3F_4Br$	HBFC-244 B1	Bromotetrafluoropropano	4,4
	$C_3H_4FBr_3$	HBFC-251 B1	Tribromofluoropropano	0,3
	$C_3H_4F_2Br_2$	HBFC-252 B2	Dibromodifluoropropano	1,0
	$C_3H_4F_3Br$	HBFC-253 B1	Bromotrifluoropropano	0,8

Grupo	Sustancia			PAO (^{1})
	$C_3H_5FBr_2$	HBFC-261 B2	Dibromofluoropropano	0,4
Grupo VII	$C_3H_5F_2Br$	HBFC-262 B1	Bromodifluoropropano	0,8
	C3H6FBr	HBFC-271 B1	Bromodifluoropropano	0,7
	$CHFCl_2$	HCFC-21 (^{3})	Diclorofluorometano	0,040
	CHF_2Cl	HCFC-22 (^{3})	Clorodifluorometano	0,055
	CH_2FCl	HCFC-31	Clorofluorometano	0,020
	C_2HFCl_4	HCFC-121	Tetraclorofluoroetano	0,040
	$C_2HF_2Cl_3$	HCFC-122	Triclorodifluoroetano	0,080
	$C_2HF_3Cl_2$	HCFC-123 (^{3})	Diclorotrifluoroetano	0,020
	C_2HF_4Cl	HCFC-124U (^{3})	Clorotetrafluoroetano	0,022
	$C_2H_2FCl_3$	HCFC-131	Triclorofluoroetano	0,050
	$C_2H_2F_2Cl_2$	HCFC-132	Diclorodifluoroetano	0,050
	$C_2H_2F_3Cl$	HCFC-133	Clorotrifluoroetano	0,060
	$C_2H_3FCl_2$	HCFC-141	Diclorofluoroetano	0,070
Grupo VIII	CH_3CFCl_2	HCFC-141b(^{3})	1,1-Dicloro-1-fluoroetano	0,110
	$C_2H_3F_2Cl$	HCFC-142	Clorodifluoroetano	0,070
	CH_3CF_2Cl	HCFC-142b(^{3})	1-Cloro-1,1-difluoroetano	0,065
	C_2H_4FCl	HCFC-151	Clorofluoroetano	0,005
	C_3HFCl_6	HCFC-221	Hexaclorofluoropropano	0,070
	$C_3HF_2Cl_5$	HCFC-222	Pentaclorodifluoropropano	0,090
	$C_3HF_3Cl_4$	HCFC-223	Tetraclorotrifluoropropano	0,080
	$C_3HF_4Cl_3$	HCFC-224	Triclorotetrafluoropropano	0,090
	$C_3HF_5Cl_2$	HCFC-225	Dicloropentafluoropropano	0,070
	$CF_3CF_2CHCl_2$	HCFC-225ca (^{3})	3,3-Dicloro-1,1,1,2,2-pfpropano	0,025
	CF_2ClCF_2CHClF	HCFC-225cb (^{3})	1,3-Dicloro-1,1,2,2,3-pfpropano	0,033
	C_3HF_6Cl	HCFC-226	Clorohexafluoropropano	0,100
	$C_3H_2FCl_5$	HCFC-231	Pentaclorofluoropropano	0,090

Grupo	Sustancia			PAO (^{1})
Grupo VIII	$C_3H_2F_2Cl_4$	HCFC-232	Tetraclorodifluoropropano	0,100
	$C_3H_2F_3Cl_3$	HCFC-233	Triclorotrifluoropropano	0,230
	$C_3H_2F_4Cl_2$	HCFC-234	Diclorotetrafluoropropano	0,280
	$C_3H_2F_5Cl$	HCFC-235	Cloropentafluoropropano	0,520
	$C_3H_3FCl_4$	HCFC-241	Tetraclorofluoropropano	0,090
	$C_3H_3F_2Cl_3$	HCFC-242	Triclorodifluoropropano	0,130
	$C_3H_3F_3Cl_2$	HCFC-243	Diclorotrifluoropropano	0,120
	$C_3H_3F_4Cl$	HCFC-244	Clorotetrafluoropropano	0,140
	$C_3H_4FCl_3$	HCFC-251	Triclorofluoropropano	0,010
	$C_3H_4F_2Cl_2$	HCFC-252	Diclorodifluoropropano	0,040
	$C_3H_4F_3Cl$	HCFC-253	Clorotrifluoropropano	0,030
	$C_3H_5FCl_2$	HCFC-261	Diclorofluoropropano	0,020
	$C_3H_5F_2Cl$	HCFC-262	Clorodifluoropropano	0,020
	C_3H_6FCl	HCFC-271	Clorofluoropropano	0,030
Grupo IX	CH_2BrCl	BCM	Bromoclorometano	0,12

(1) Estas cifras relativas al potencial de agotamiento del ozono se han calculado conforme a la información científica existente y se revisarán y modificarán periódicamente según las decisiones que tomen las Partes.
(2) Esta fórmula no corresponde al 1,1,2-tricloroetano.
(3) Define la sustancia de mayor posibilidad de comercialización según se indica en el Protocolo.

ANEXO II. SUSTANCIAS NUEVAS

Parte A: Sustancias restringidas en virtud del artículo 24, ap. 1

	Sustancia	PAO ([1])
CBr_2F_2	Dibromodifluorometano (halón-1202)	1,25

Parte B: Sustancias de las que debe informarse según el art. 27

	Sustancia	PAO ([1])
C_3H_7Br	1-Bromopropano (bromuro de n-propilo)	0,02–0,10
C_2H_5Br	Bromoetano (bromuro de etilo)	0,1–0,2
CF_3I	Trifluoroyodometano (yoduro de trifluorometilo)	0,01–0,02
CH_3Cl	Clorometano (cloruro de metilo)	0,02
$C_3H_2BrF_3$	2-Bromo-3,3,3, trifluoroprop-1 en (2-BTP)	< 0,05
CH_2Cl_2	Diclorometano(DCM)	Distinto de 0
C_2Cl_4	Trifluoroyodometano (yodurode trifluorometilo)	0,006–0,007

([1]) Estas cifras relativas al potencial de agotamiento del ozono se han calculado conforme a la información científica existente y se revisarán y modificarán periódicamente según las decisiones que tomen las Partes.

16. Disposiciones del RCE 2024/573

El 1 de enero del 2015 entraba en vigor este RCE 2024/573, derogando al anterior reglamento, el RCE 842/2006, con importantes novedades en cuanto a la ponderación de los límites para las distintas actuaciones sobre sistemas que contengan refrigerantes fluorados y, sobre todo, en cuanto a las limitaciones y prohibiciones de utilización y producción de los mismos.

Para las personas involucradas en la instalación, mantenimiento o revisión de sistemas de acondicionamiento de aire resultan especialmente interesantes los siguientes artículos:

- Artículo 1. Objeto
- Artículo 2. Ámbito de aplicación
- Artículo 4. Prevención de emisiones
- Artículo 5. Control de fugas
- Artículo 6. Sistemas de detección de fugas
- Artículo 7. Conservación de registros
- Artículo 8. Recuperación y destrucción
- Artículo 11. Restricciones de introducción en el mercado y venta
- Artículo 12. Etiquetado e información
- Artículo 13. Control de uso

A continuación se reproduce el texto de este Reglamento.

REGLAMENTO (UE) N.° 2024/573 DEL PARLAMENTO EUROPEO Y DEL CONSEJO de 16 de abril del 2014 sobre los gases fluorados de efecto invernadero y por el que se deroga el Reglamento (CE) n.° 842/2006 Se omiten tanto la exposición de motivos como las consideraciones iniciales, por estar suficientemente expuestas y desarrolladas en anteriores capítulos.

CAPÍTULO I. DISPOSICIONES GENERALES

Artículo 1

Objeto

El presente Reglamento:

a) establece normas sobre la contención, el uso, la recuperación, el reciclado, la regeneración y la destrucción de los gases fluorados de efecto invernadero y sobre las medidas de acompañamiento conexas, como la certificación y la formación, que incluye la manipulación segura de los gases fluorados de efecto invernadero y de sustancias alternativas que no son fluoradas;

b) impone condiciones a la producción, la importación, la exportación, la introducción en el mercado, el suministro y el uso posteriores de los gases fluorados de efecto invernadero y de determinados productos y aparatos que contienen gases fluorados de efecto invernadero o cuyo funcionamiento depende de dichos gases;

c) establece condiciones a determinados usos de gases fluorados de efecto invernadero;

d) establece límites cuantitativos para la introducción en el mercado de hidrofluorocarburos;

e) establece normas sobre notificación.

Artículo 2

Ámbito de aplicación

El presente Reglamento se aplica a:

a) los gases fluorados de efecto invernadero enumerados en los anexos I, II y III, solos o en mezcla, y

b) a los productos y aparatos, y sus partes, que contengan gases fluorados de efecto invernadero o cuyo funcionamiento dependa de ellos.

Artículo 3

Definiciones

A los efectos del presente Reglamento, se entenderá por:

1) «potencial de calentamiento global» o «PCG»: el potencial de calentamiento climático de un gas de efecto invernadero respecto al del dióxido de carbono (CO_2), calculado en términos de potencial de calentamiento mundial a lo largo de 100 años, a menos que se especifique lo contrario, de un kilogramo de gas de efecto invernadero respecto al de un kilogramo de CO_2, según lo dispuesto en los anexos I, II, III y VI, o, por lo que respecta a las mezclas, calculado según lo dispuesto en el anexo VI;

2) «mezcla»: una sustancia compuesta de dos o más sustancias, de las cuales al menos una es una sustancia enumerada en los anexos I, II o III;

3) «tonelada equivalente de CO_2»: la cantidad de gases de efecto invernadero, expresada como el producto del peso de los gases de efecto invernadero en toneladas métricas por su potencial de calentamiento global;

4) «hidrofluorocarburos» o «HFC»: las sustancias enumeradas en el anexo I, sección 1, o las mezclas que contengan alguna de esas sustancias;

5) «operador»: la empresa que ejerce un poder real sobre el funcionamiento técnico de los productos, aparatos o instalaciones regulados por el presente Reglamento o el propietario, cuando un Estado miembro lo haya designado como responsable de las obligaciones del operador en determinados casos;

6) «introducción en el mercado»: el despacho a libre práctica en la Unión o el suministro o puesta a disposición de otra persona en la Unión, por primera vez, previo pago o a título gratuito, o el uso de sustancias producidas o de productos o aparatos fabricados para el propio uso;

7) «importación»: la entrada de sustancias, productos y aparatos en el territorio aduanero de la Unión en la medida en que dicho territorio está cubierto por una ratificación del Protocolo de Montreal de 1987 relativo a las sustancias que agotan la capa de ozono (en lo sucesivo, «Protocolo»), e incluya el depósito temporal y los regímenes aduaneros a que se refieren los artículos 201 y 210 del Reglamento (UE) n.º 952/2013;

8) «exportación»: la salida de sustancias, productos y aparatos del territorio aduanero de la Unión, en la medida en que dicho territorio esté cubierto por una ratificación del Protocolo;

9) «aparato sellado herméticamente»: un aparato en el que todas las partes que contienen gases fluorados de efecto invernadero se hacen estancas durante su proceso de fabricación en las instalaciones del fabricante mediante soldaduras, abrazaderas o una conexión permanente similar, que puede incluir válvulas tapadas o puertos de servicio con tapón que permitan una reparación o eliminación adecuadas, y cuyas juntas del sistema sellado tienen un índice de fugas, determinado mediante ensayo, inferior a 3 gramos al año bajo una presión equivalente al menos a una cuarta parte de la presión máxima admisible;

10) «recipiente»: un receptáculo diseñado principalmente para transportar o almacenar gases fluorados de efecto invernadero;

11) «recuperación»: la recogida y el almacenamiento de gases fluorados de efecto invernadero procedentes de recipientes, productos y aparatos durante el mantenimiento o la revisión o antes de la eliminación de los recipientes, productos o aparatos;

12) «reciclado»: el nuevo uso de gases fluorados de efecto invernadero tras un procedimiento básico de limpieza, incluidos el filtrado y el secado;

13) «regeneración»: el nuevo tratamiento de un gas fluorado de efecto invernadero recuperado para que presente un comportamiento equivalente al de una sustancia virgen, teniendo en cuenta su uso previsto, en centros de regeneración autorizados que cuenten con los equipos y procedimientos adecuados para hacer posible la regeneración de dichos gases y que puedan evaluar y acreditar el nivel de calidad exigido;

14) «destrucción»: el proceso de transformación o descomposición, permanentemente y de la forma más completa posible, de un gas fluorado de efecto invernadero en una o más sustancias estables que no sean gases fluorados de efecto invernadero;

15) «desmantelamiento»: la retirada permanente del funcionamiento o de la utilización de un producto o aparato que contenga gases fluorados de efecto invernadero, incluido el cierre definitivo de una instalación;

16) «reparación»: la restauración de productos o aparatos dañados o con fugas que contengan gases fluorados de efecto invernadero o cuyo funcionamiento dependa de ellos, que incluyan una parte que contenga o se haya diseñado para contener dichos gases;

17) «instalación»: el proceso de unión de al menos dos partes de aparato o de circuitos que contengan o se hayan diseñad o para contener gases fluorados de efecto invernadero con el fin de montar un sistema en su lugar de funcionamiento, que implique unir conductos de gas de un sistema a fin de completar un circuito, independientemente de que sea necesario o no cargar el sistema tras el montaje;

18) «mantenimiento o revisión»: todas las actividades, excepto la recuperación con arreglo al artículo 8 y el control de fugas con arreglo al artículo 4 y al artículo 10, apartado 1, párrafo primero, letra b), que supongan acceder a los circuitos u otras partes que contengan, o se hayan diseñado para contener, gases fluorados de efecto invernadero, suministrar al sistema gases fluorados de efecto invernadero, retirar una o varias partes del circuito o aparato, volver amontar dos o más partes del circuito o aparato, así como reparar fugas, o añadir gases fluorados de efecto invernadero;

19) «sustancia virgen»: la sustancia que no ha sido usada previamente;

20) «fijo»: que normalmente no se encuentra en tránsito durante su funcionamiento, incluidos los aparatos de aire acondicionado para espacios cerrados que pueden ser desplazados de una habitación a otra;

21) «móvil»: que se encuentra normalmente en tránsito durante su funcionamiento;

22) «espuma mono componente»: una composición espumosa contenida en un único difusor de aerosol, en estado líquido, sin reaccionar o habiendo reaccionado solo parcialmente, y que se expande y endurece cuando sale del difusor;

23) «camión frigorífico»: el vehículo de motor con una masa superior a 3,5 toneladas, diseñado y construido principalmente para el transporte de mercancías y equipado con una unidad refrigeradora;

24) «remolque frigorífico»: el vehículo diseñado y construido para ser remolcado por un vehículo de carretera o un tractor, destinado principalmente al transporte de mercancías y equipado con una unidad refrigeradora;

25) «vehículo ligero frigorífico»: el vehículo de motor con una masa igual o inferior a 3,5 toneladas, diseñado y construido principalmente para el transporte de mercancías y equipado con una unidad refrigeradora;

26) «sistema de detección de fugas»: el dispositivo calibrado mecánico, eléctrico o electrónico para la detección de fugas de gases fluorados de efecto invernadero que, en caso de detección, alerte al operador;

27) «empresa»: toda persona física o jurídica que realice una de las actividades contempladas en el presente Reglamento;

28) «materia prima»: todo gas fluorado de efecto invernadero enumerado en los anexos I o II que experimente una transformación química en un proceso que cambie completamente su composición original y cuyas emisiones sean insignificantes;

29) «uso comercial»: el uso a efectos de almacenamiento, exposición o distribución de productos, para su venta a usuarios finales, en venta al por menor y servicios alimentarios;

30) «aparato de protección contra incendios»: los aparatos y sistemas utilizados en dispositivos de prevención o extinción de incendios, incluidos los extintores;

31) «ciclo Rankine con fluido orgánico»: un ciclo que contiene sustancias condensables que convierten el calor de una fuente de calor en potencia para la generación de energía eléctrica o mecánica;

32) «equipo militar»: las armas, municiones y material destinados específicamente a fines militares que resulten necesarios para la protección de intereses fundamentales de seguridad de los Estados miembros;

33) «aparamenta eléctrica»: los dispositivos de conexión y la combinación de dichos dispositivos con los aparatos asociados de mando, medida, protección y regulación, así como conjuntos de dichos dispositivos y aparatos con las conexiones, accesorios, envolventes y soportes correspondientes, destinados a su uso en la generación, el transporte, la distribución y la conversión de energía eléctrica;

34) «centrales frigoríficas multicompresor compactas»: los sistemas con dos o más compresores que funcionan en paralelo y están conectados a uno o varios condensadores comunes y a un cierto número de dispositivos de refrigeración, como expositores, muebles frigoríficos o congeladores, o a cámaras frigoríficas de conservación;

35) «circuito refrigerante primario de sistemas en cascada»: el circuito primario de sistemas indirectos de temperatura media en los que la combinación de dos o más circuitos separados de refrigeración se conecta en series de modo que el circuito primario absorbe el calor del condensador del circuito secundario para la temperatura media;

36) «uso»: en relación con los gases fluorados de efecto invernadero, su utilización en la producción, el mantenimiento o la revisión de productos y aparatos, incluido su relleno, o en otras actividades y procesos a que se hace referencia en el presente Reglamento;

37) «establecimiento en la Unión»: en relación con una persona física, el hecho de que dicha persona tenga su residencia habitual en la Unión, y en relación con una persona jurídica, el hecho de que dicha persona tenga en la Unión un establecimiento comercial permanente a que se refiere el artículo 5, punto 32, del Reglamento (UE) n.º 952/2013;

38) «autónomo»: un sistema de fábrica completo que se encuentra en un armazón o caja adecuados, se fabrica y transporta completo, o en dos o más secciones, puede contener válvulas de aislamiento, y en el que no se conecta in situ ninguna parte que contenga gas;

39) «sistema partido»: un sistema que consiste en varias unidades con conductos de refrigerante que constituyen una unidad separada, pero interconectada, que requiere la instalación y la conexión de componentes del circuito de refrigerante en el lugar de uso;

40) «aire acondicionado»: el proceso de tratamiento del aire para cumplir los requisitos de un espacio acondicionado controlando su temperatura, humedad, limpieza o distribución;

41) «bomba de calor»: una parte de aparato capaz de utilizar el calor ambiente o el calor residual de fuentes de la atmósfera, del agua o del suelo para producir calor o frío, y que se basa en la interconexión de uno o varios componentes que forman un circuito de refrigeración cerrado en el que un refrigerante circula para extraer y liberar calor;

42) «requisitos de seguridad»: los requisitos relativos a la seguridad del uso de gases fluorados de efecto invernadero y refrigerantes naturales o de productos y aparatos que los contengan o dependan de ellos, por los que se prohíbe el uso de determinados gases fluorados de efecto invernadero o sus alternativas, incluido cuando estén contenidos en un producto o aparato en un lugar específico de utilización prevista debido a las especificidades del emplazamiento y dela aplicación que se establecen en:

   a) el Derecho de la Unión o nacional, o

   b) un acto jurídicamente no vinculante que contenga documentación técnica o normas que deban aplicarse para garantizar la seguridad en el lugar específico, siempre que sean conformes con el Derecho de la Unión o nacional pertinente;

43) «refrigeración»: el proceso de mantenimiento o disminución de la temperatura de un producto, sustancia, sistema u otro elemento;

44) «enfriador»: un sistema único cuya función principal es enfriar un fluido transmisor térmico, como agua, glicol, salmuera o CO_2, con fines de refrigeración, tratamiento, conservación o confort;

45) «panel de espuma»: una estructura compuesta por capas que contienen una espuma y un material rígido, como madera o metal, unidos a una o a las dos caras;

46) «placa laminada»: una placa de espuma recubierta por una capa fina de un material no rígido, como el plástico.

CAPÍTULO II. CONTENCIÓN

Artículo 4

Prevención de emisiones

1. Se prohibirá la liberación intencionada de los gases fluorados de efecto invernadero a la atmósfera cuando la liberación no sea técnicamente necesaria para el uso previsto.

   Si la liberación intencionada es técnicamente necesaria para el uso previsto, los operadores de aparatos que contengan gases fluorados de efecto invernadero o de instalaciones en las que se usen gases fluorados de efecto invernadero adoptarán todas las medidas técnica y económicamente viables para evitar, en la medida de lo posible, su liberación a la atmósfera, incluida la recuperación de los gases emitidos.

2. En el caso de la fumigación con fluoruro de sulfurilo, los operadores documentarán el uso de las medidas de captura y recogida o especificarán las razones por las que las medidas de captura y recogida no eran técnica o económicamente viables. Los operadores conservarán las pruebas justificativas durante cinco años y las pondrán a disposición de las autoridades competentes del Estado miembro interesado o de la Comisión, previa solicitud.

3. Los operadores y fabricantes de aparatos que contengan gases fluorados de efecto invernadero o los operadores de instalaciones en las que se usen gases fluorados de efecto invernadero, así como las empresas que se hallen en posesión de dichos aparatos durante su transporte o almacenamiento, tomarán todas las precauciones necesarias para evitar la liberación involuntaria de tales gases. Adoptarán todas las medidas técnica y económicamente viables para minimizar las fugas de los gases.

4. Durante la producción, el almacenamiento, el transporte y la transferencia de gases fluorados de efecto invernadero de un recipiente o sistema a otro o a un aparato o instalación, la empresa de que se trate tomará todas las precauciones necesarias para limitar en la mayor medida posible la liberación de gases fluorados de efecto invernadero. El presente apartado también se aplicará cuando los gases fluorados de efecto invernadero se produzcan como subproductos.

5. Cuando se detecte una fuga de gases fluorados de efecto invernadero, los operadores y los fabricantes de aparatos y los operadores de instalaciones en los que se usen gases fluorados de efecto invernadero y las empresas que se hallen en posesión de dichos aparatos durante su transporte o almacenamiento se asegurarán de que el aparato o instalación en el que se usen gases fluorados de efecto invernadero se repare sin demora indebida.

   Cuando un aparato esté sujeto a control de fugas según lo dispuesto en el artículo 5, apartado 1, y se haya reparado una fuga en el aparato, los operadores del aparato garantizarán que una persona física que esté certificada de conformidad al artículo 10 revise el aparato lo antes posible después de que haya transcurrido un tiempo de funcionamiento de veinticuatro horas y a más tardar un mes tras la reparación, a fin de verificar que esta ha sido efectiva. En el caso de los equipos móviles enumerados en el artículo 5, apartado 3, letras a), b) y c), podrá efectuarse un control de fugas inmediatamente después de una reparación.

6. Sin perjuicio de lo dispuesto en el artículo 11, apartado 1, párrafo primero, se prohibirá la introducción en el mercado de gases fluorados de efecto invernadero, a menos que los productores o importadores aporten pruebas a la autoridad competente de un Estado miembro, en el momento de dicha introducción en el mercado, de que todo trifluorometano producido como subproducto durante el proceso de producción de los gases fluorados de efecto invernadero, incluido durante la producción de materias primas para la producción de dichos gases, ha sido destruido o recuperado para su uso posterior, utilizando las mejores técnicas disponibles.

   A efectos de aportar tales pruebas, los productores e importadores elaborarán una declaración de conformidad que irá acompañada de documentación justificativa que:

   a) establezca el origen de los gases fluorados de efecto invernadero que vayan a introducirse en el mercado;

b) identifique la instalación de producción de origen de los gases fluorados de efecto invernadero que vayan a introducirse en el mercado, incluida la identificación de las instalaciones de origen de toda sustancia precursora que conlleve la generación de clorodifluorometano (R-22) como parte del proceso de producción de los gases fluorados de efecto invernadero que vayan a introducirse en el mercado;

c) demuestre la disponibilidad y el funcionamiento de una tecnología de reducción de la contaminación en las instalaciones de origen equivalente a la metodología de referencia AM0001 aprobada por la CMNUCC para la incineración de los flujos de residuos de trifluorometano o demuestre una metodología de captura y destrucción que garantice que las emisiones de trifluorometano se destruyen de conformidad con los requisitos que establece el Protocolo;

d) aporte cualquier información adicional que facilite el seguimiento de los gases fluorados de efecto invernadero antes de su importación.

Los productores e importadores conservarán la declaración de conformidad y la documentación justificativa durante un período mínimo de cinco años a partir de la introducción en el mercado y las pondrán, previa solicitud, a disposición de la autoridad competente del Estado miembro interesado o de la Comisión.

La Comisión podrá determinar, mediante actos de ejecución, las medidas pormenorizadas sobre la declaración de conformidad y la documentación justificativa a que se refiere el párrafo segundo. Dichos actos de ejecución se adoptarán de conformidad con el procedimiento de examen a que se refiere el artículo 34, apartado 2.

7. Las personas físicas que realicen las actividades mencionadas en el artículo 10, apartado 1, párrafo primero, letras a),b) y c), estarán certificadas de conformidad con el artículo 10 y adoptarán medidas preventivas para evitar la fuga de los gases fluorados de efecto invernadero enumerados en los anexos I y II y, cuando se usen gases fluorados de efecto invernadero en aparamenta eléctrica, también en el anexo III.

Las personas jurídicas que realicen la instalación, el mantenimiento o revisión, la reparación o el desmantelamiento de los aparatos enumerados en el artículo 5, apartado 2, letras a) a e), y el artículo 5, apartado 3, letras a) y b), estarán certificadas de conformidad con el artículo 10 y adoptarán medidas preventivas para evitar la fuga de los gases fluorados de efecto invernadero enumerados en el anexo I y el anexo II, sección 1.

Las personas físicas que realicen el mantenimiento o revisión y la reparación de aparatos de aire acondicionado que contienen gases fluorados de efecto invernadero en vehículos de motor que entren en el ámbito de aplicación de la Directiva 2006/40/CE del Parlamento Europeo y del Consejo (25) y de los equipos móviles enumerados en el artículo 5,apartado 3, letra c), del presente Reglamento deberán estar en posesión, como mínimo, de una acreditación de formación de conformidad con el artículo 10, apartado 1, párrafo segundo, del presente Reglamento.

Artículo 5

Control de fugas

1. Los operadores y los fabricantes de aparatos que contengan al menos 5 toneladas equivalentes de CO_2 de gases fluorados de efecto invernadero enumerados en el anexo I o al menos 1 kilogramo de gases fluorados de efecto invernadero enumerados en el anexo II, sección 1, no contenidos en espumas, garantizarán que dichos aparatos se sometan a controles de fugas.

Los aparatos sellados herméticamente no estarán sujetos a control de fugas, siempre que estén etiquetados como aparatos sellados herméticamente y cumplan una de las condiciones siguientes:

a) que contengan menos de 10 toneladas equivalentes de CO_2 de gases fluorados de efecto invernadero enumerados en el anexo I, o

b) que contengan menos de 2 kilogramos de gases fluorados de efecto invernadero enumerados en el anexo II, sección 1.

Como excepción a lo dispuesto en el párrafo segundo, cuando se instalen aparatos sellados herméticamente en edificios residenciales, dichos aparatos no estarán sujetos a control de fugas cuando contengan menos de 3 kilogramos de gases fluorados de efecto invernadero, siempre que estén etiquetados como sellados herméticamente.

La aparamenta eléctrica no estará sujeta a control de fugas, siempre que cumpla una de las condiciones siguientes:

a) que presente un índice de fugas, determinado mediante ensayo, inferior a un 0,1 % al año, según la especificación técnica del fabricante, y esté etiquetada en consecuencia;

b) que esté equipada de un dispositivo de control de la presión o la densidad con un sistema de alerta automática durante su funcionamiento;

c) que contenga menos de 6 kilogramos de gases fluorados de efecto invernadero enumerados en el anexo I.

2. El apartado 1 se aplicará a los operadores y a los fabricantes de los siguientes aparatos fijos que contengan gases fluorados de efecto invernadero enumerados en el anexo I o en el anexo II, sección 1:

a) aparatos de refrigeración;

b) aparatos de aire acondicionado;

c) bombas de calor;

d) aparatos de protección contra incendios;

e) ciclos Rankine con fluido orgánico;

f) aparamenta eléctrica.

3. El apartado 1 se aplicará a los operadores y a los fabricantes de los siguientes equipos móviles que contengan gases fluorados de efecto invernadero enumerados en el anexo I o en el anexo II, sección 1:

a) unidades de refrigeración de camiones frigoríficos y remolques frigoríficos;

b) unidades de refrigeración de los vehículos ligeros frigoríficos y los recipientes intermodales, incluidos los buques frigoríficos y los vagones de tren;

c) aparatos de aire acondicionado y bombas de calor en vehículos pesados, furgonetas, maquinaria móvil no de carretera utilizada en la agricultura, actividades mineras y de construcción, trenes, metros, tranvías y aeronaves.

(25) Directiva 2006/40/CE del Parlamento Europeo y del Consejo, de 17 de mayo de 2006, relativa a las emisiones procedentes de sistemas de aire acondicionado en vehículos de motor y por la que se modifica la Directiva 70/156/CEE del Consejo (DO L 161 de 14.6.2006, p. 12).

Por lo que respecta a los aparatos a que se refiere el apartado 2, letras a) a e), y las letras a) y b) del presente apartado, los controles los efectuarán personas físicas certificadas con arreglo al artículo 10.

4. Por lo que respecta a los equipos móviles a que se refiere el apartado 3, letra c), los controles los efectuarán personas físicas que estén en posesión, como mínimo, de una acreditación de formación de conformidad con el artículo 10, apartado 1, párrafo segundo.

5. Los apartados 1 y 6 no se aplicarán a los operadores de equipos móviles a que se refiere el apartado 3, letras b) y c), hasta el 12 de marzo de 2027.

6. Los controles de fugas contemplados en el apartado 1 se efectuarán con las frecuencias siguientes:

a) en el caso de los aparatos que contengan menos de 50 toneladas equivalentes de CO_2 de gases fluorados de efecto invernadero enumerados en el anexo I o menos de 10 kilogramos de gases fluorados de efecto invernadero enumerados en el anexo II, sección 1: al menos cada doce meses; o, cuando se instale un sistema de detección de fugas en dichos aparatos, al menos cada veinticuatro meses;

b) en el caso de los aparatos que contengan al menos 50 toneladas equivalentes de CO_2, pero menos de 500 toneladas equivalentes de CO_2 de gases fluorados de efecto invernadero enumerados en el anexo I o al menos 10 kilogramos, pero menos de 100 kilogramos de gases fluorados de efecto invernadero enumerados en el anexo II, sección 1: al menos cada seis meses o, si se instala un sistema de detección de fugas en dichos aparatos, al menos cada doce meses;

c) en el caso de los aparatos que contengan al menos 500 toneladas equivalentes de CO_2 de gases fluorados de efecto invernadero enumerados en el anexo I o al menos 100 kilogramos de gases fluorados de efecto invernadero enumerados en el anexo II, sección 1: al menos cada tres meses o, si se instala un sistema de detección de fugas en dichos aparatos, al menos cada seis meses.

7. Se considerará que se cumplen las obligaciones establecidas en el apartado 1, en relación con los aparatos de protección contra incendios a que se refiere el apartado 2, letra d), siempre que se satisfagan las condiciones siguientes:

   a) que el régimen de inspecciones implantado cumpla la norma ISO 14520 o la norma EN 15004, así como

   b) que el aparato de protección contra incendios se inspeccione con la frecuencia requerida en el apartado 6.

   Se considerará que se cumplen las obligaciones establecidas en el apartado 1 para los equipos móviles de aire acondicionado y las bombas de calor a que se refiere el apartado 3, letra c), siempre que los equipos móviles de aire acondicionado y las bombas de calor estén sujetos a un régimen de inspección periódica que incluya controles de fugas.

8. La Comisión podrá especificar, mediante actos de ejecución, los requisitos de los controles de fugas que deben efectuarse de conformidad con el apartado 1 para cada tipo de aparato mencionado en los apartados 2 y 3 e identificar las partes del aparato con mayor probabilidad de fuga. Dichos actos de ejecución se adoptarán de conformidad con el procedimiento de examen a que se refiere el artículo 34, apartado 2.

Artículo 6

Sistemas de detección de fugas

1. Los operadores de los aparatos fijos enumerados en el artículo 5, apartado 2, letras a) a d), que contengan gases fluorados de efecto invernadero enumerados en el anexo I en cantidad igual o superior a 500 toneladas equivalentes de CO_2 o gases enumerados en el anexo II, sección 1, en cantidad igual o superior a 100 kilogramos, garantizarán que el aparato cuente con un sistema de detección de fugas que alerte al operador o a una empresa de mantenimiento de toda fuga.

2. Los operadores de los aparatos fijos enumerados en el artículo 5, apartado 2, letras e) y f), y que contengan gases fluorados de efecto invernadero enumerados en el anexo I en cantidad igual o superior a 500 toneladas equivalentes de CO_2 y hayan sido instalados a partir del 1 de enero de 2017, garantizarán que el aparato cuente con un sistema de detección de fugas que alerte al operador o a una empresa de mantenimiento de toda fuga.

3. Los operadores de los aparatos fijos enumerados en el artículo 5, apartado 2, letras a) a e), que estén sujetos a los apartados 1 o 2 del presente artículo garantizarán que dichos sistemas de detección de fugas sean objeto de control al menos cada doce meses para garantizar su funcionamiento adecuado.

4. Los operadores de los aparatos fijos enumerados en el artículo 5, apartado 2, letra f), que estén sujetos al apartado 2del presente artículo garantizarán que dichos sistemas de detección de fugas sean objeto de control al menos cada seis años para garantizar su funcionamiento adecuado.

Artículo 7

Conservación de registros

1. Los operadores de aquellos aparatos que estén sujetos a control de fugas con arreglo al artículo 5, apartado 1, establecerán y conservarán respecto a cada parte de dichos aparatos un registro que especifique los datos siguientes:

   a) la cantidad y el tipo de los gases contenidos en los aparatos, indicando por separado, en su caso, la cantidad añadida durante la instalación;

   b) las cantidades de gases que se hayan añadido durante el mantenimiento o la revisión o que se deban a fugas, incluida la fecha de tal adición;

   c) la cantidad de gases recuperados;

   d) cuando se hayan añadido gases, las cantidades y el tipo de dichos gases y si estos han sido reciclados o regenerados, así como el nombre y la dirección en la Unión del centro de reciclado o regeneración y, en su caso, el número de certificado;

e) la identidad de la empresa que haya instalado, revisado, efectuado el mantenimiento y, en su caso, las recuperaciones, las reparaciones, el control de fugas o el desmantelamiento de los aparatos, incluyendo, en su caso, el número de su certificado y, si la empresa encargada de realizar esas operaciones es una persona jurídica, también tanto los datos identificativos de la empresa como de la persona física que realice las operaciones;

f) las fechas y los resultados de los controles efectuados en virtud del artículo 5, apartado 1, así como las fechas y los resultados de cualquier reparación de fugas;

g) si los aparatos se han desmantelado, las medidas tomadas para recuperar y eliminar los gases.

2. A menos que los registros a que se refiere el apartado 1 se almacenen en una base de datos creada por las autoridades competentes de los Estados miembros, se aplicará lo siguiente:

a) los operadores a que se refiere el apartado 1 conservarán los registros a que se refiere dicho apartado durante al menos cinco años;

b) las empresas que realicen las actividades mencionadas en el apartado 1, letra e), por cuenta de los operadores conservarán copia de los registros a que se refiere el apartado 1 durante al menos cinco años.

La autoridad competente del Estado miembro interesado o la Comisión podrán acceder, previa solicitud, a los registros a que se refiere el apartado 1.

3. A efectos de lo dispuesto en el artículo 11, apartado 6, las empresas que suministren gases fluorados de efecto invernadero enumerados en el anexo I o en el anexo II, sección 1, establecerán registros con la información pertinente sobre los compradores de esos gases fluorados de efecto invernadero, en la que se incluirán los datos siguientes:

a) el número de certificado de cada comprador;

b) las respectivas cantidades compradas de los gases.

Las empresas que suministren los gases conservarán dichos registros durante al menos cinco años y pondrán dichos registros a disposición de la autoridad competente del Estado miembro interesada o de la Comisión, previa solicitud.

4. A efectos del artículo 11, apartado 7, las empresas que vendan aparatos no sellados herméticamente cargados con gases fluorados de efecto invernadero enumerados en el anexo I y en el anexo II, sección 1, conservarán registros de los aparatos vendidos y de las empresas certificadas que realicen la instalación. Las empresas que vendan los aparatos a que se refiere el artículo 11, apartado 7, conservarán los registros durante un mínimo de cinco años y los pondrán a disposición de la autoridad competente del Estado miembro interesado, previa solicitud.

5. Las empresas que produzcan, también como subproductos, introduzcan en el mercado, suministren o reciban sustancias enumeradas en el anexo I, sección 1, destinadas a los usos exentos a que se refiere el artículo 16, apartado 2, llevarán registros que contengan, como mínimo, la siguiente información, según proceda:

a) nombre de la de sustancia o mezcla que contiene dicha sustancia;

b) la cantidad producida, importada, exportada, regenerada o destruida durante el año natural de que se trate;

c) la cantidad suministrada y recibida durante el año natural de que se trate, por suministrador o receptor individual;

d) nombres y datos de contacto de los suministradores o receptores;

e) cantidad usada durante el año natural de que se trate, especificando su uso real, y

f) la cantidad almacenada el 1 de enero y el 31 de diciembre del año natural de que se trate.

Las empresas conservarán los registros a que se refiere el párrafo primero durante al menos los cinco años posteriores a la producción, la introducción en el mercado, el suministro o la recepción, y los pondrán a disposición de las autoridades competentes del Estado miembro interesado o de la Comisión, previa solicitud. Dichas autoridades competentes y la Comisión garantizarán la confidencialidad de la información contenida en dichos registros.

6. La Comisión podrá determinar, mediante un acto de ejecución, el formato de los registros a que se refieren los apartados 1, 3, 4 y 5 y especificar cómo deben establecerse y conservarse. Dicho acto de ejecución se adoptará de conformidad con el procedimiento de examen a que se refiere el artículo 34, apartado 2.

Artículo 8

Recuperación y destrucción

1. Los operadores de aparatos que contengan gases fluorados de efecto invernadero no contenidos en espumas garantizarán que dichas sustancias se recuperen y, tras el desmantelamiento de los aparatos, se reciclen, regeneren o destruyan.

   La recuperación de dichas sustancias será realizada por personas físicas que estén en posesión de los certificados pertinentes previstos en el artículo 10.

2. La obligación establecida en el apartado 1 se aplicará a los operadores de cualquiera de los aparatos fijos siguientes:

   a) circuitos de refrigeración de los aparatos de refrigeración, aire acondicionado y bombas de calor;

   b) aparatos que contengan disolventes a base de gases fluorados de efecto invernadero;

   c) aparatos de protección contra incendios;

   d) aparamenta eléctrica.

3. La obligación establecida en el apartado 1 se aplicará a los operadores de cualquiera de los equipos móviles siguientes:

   a) circuitos de refrigeración de las unidades de refrigeración de camiones y remolques frigoríficos;

   b) los circuitos de refrigeración de las unidades de refrigeración de los vehículos ligeros frigoríficos y los recipientes intermodales, incluidos los buques frigoríficos y los vagones de tren;

   c) circuitos de refrigeración de aparatos de aire acondicionado y bombas de calor en vehículos pesados, furgonetas, maquinaria móvil no de carretera utilizada en la agricultura, actividades mineras y de construcción, trenes, metros, tranvías y aeronaves.

4. Para la recuperación de gases fluorados de efecto invernadero procedentes de aparatos de aire acondicionado en vehículos de motor que entren en el ámbito de aplicación de la Directiva 2006/40/CE y procedentes de los equipos móviles a que se refiere el apartado 3, letras b) y c), únicamente se considerarán debidamente cualificadas las personas físicas que posean al menos una acreditación de formación de conformidad con el artículo 10, apartado 1, párrafo segundo, del presente Reglamento.

5. La obligación establecida en el apartado 1 se aplicará a los operadores de equipos móviles en virtud del apartado 3, letras b) y c), a partir del 12 de marzo de 2027.

6. Los gases fluorados de efecto invernadero enumerados en el anexo I y en el anexo II, sección 1, recuperados no se usarán para la carga o el rellenado de aparatos a menos que el gas haya sido reciclado o regenerado.

7. La empresa que utilice un recipiente que contenga gases fluorados de efecto invernadero enumerados en el anexo I y en el anexo II, sección 1, dispondrá, justo antes de eliminar dicho recipiente, lo necesario para la recuperación de los eventuales gases residuales con el fin de garantizar su reciclado, regeneración o destrucción.

8. A partir del 1 de enero de 2025, los propietarios y contratistas de edificios garantizarán que, durante las actividades de renovación, reforma o demolición que impliquen la eliminación de paneles de espuma que contengan espumas con gases fluorados de efecto invernadero enumerados en el anexo I y en el anexo II, sección 1, se eviten las emisiones en la medida de lo posible mediante la manipulación de las espumas o los gases contenidos en ellas de manera que se garantice la destrucción de dichos gases. En caso de recuperación de dichos gases, la realizarán únicamente personas físicas debidamente cualificadas.

9. A partir del 1 de enero de 2025, los propietarios y contratistas de edificios garantizarán que, durante las actividades de renovación, reforma o demolición que impliquen la eliminación de espumas de los tableros laminados instalados en cavidades o estructuras edificadas que contengan gases fluorados

de efecto invernadero enumerados en el anexo I y en el anexo II, sección 1, se eviten las emisiones en la medida de lo posible, mediante la manipulación de las espumas o los gases contenidos en ellas de manera que se garantice la destrucción de dichos gases. En caso de recuperación de dichos gases, la realizarán únicamente personas físicas debidamente cualificadas.

Cuando la eliminación de las espumas a que se refiere el párrafo primero no sea técnicamente viable, el propietario o contratista del edificio elaborará documentación que demuestre la inviabilidad de la eliminación en el caso concreto. Dicha documentación se conservará durante cinco años y se pondrá a disposición de la autoridad competente del Estado miembro interesado o de la Comisión, previa solicitud.

10. Los operadores de productos y aparatos no enumerados en los apartados 2, 3, 8 o 9 que contengan gases fluorados de efecto invernadero enumerados en el anexo I y en el anexo II, sección 1, dispondrán la recuperación de los gases, a menos que pueda demostrarse que no es técnicamente viable o que conlleva costes desproporcionados. Los operadores garantizarán que la recuperación la realicen personas físicas debidamente cualificadas, de modo que los gases se reciclen, regeneren o destruyan, o dispondrán su destrucción sin recuperación previa.

La recuperación de los gases fluorados de efecto invernadero enumerados en el anexo I y en el anexo II, sección 1, de aparatos de aire acondicionado en vehículos de carretera no incluidos en el ámbito de aplicación de la Directiva 2006/40/CE la realizarán únicamente personas físicas que posean al menos una acreditación de formación con arreglo al artículo 10, apartado 1, párrafo segundo, del presente Reglamento.

11. Los gases fluorados de efecto invernadero enumerados en el anexo I, sección 1, y los productos y aparatos que contengan dichos gases únicamente se destruirán mediante tecnologías de destrucción aprobadas por las Partes en el Protocolo.

Otros gases fluorados de efecto invernadero para los que no se hayan aprobado tecnologías de destrucción únicamente se destruirán mediante una tecnología de destrucción que cumpla el Derecho de la Unión y nacional en materia de residuos y cuando se cumplan los requisitos adicionales establecidos en dicho Derecho.

12. La Comisión estará facultada para adoptar actos delegados con arreglo al artículo 32 por los que se complete el presente Reglamento con el establecimiento de una lista de productos y aparatos para los que la recuperación de los gases fluorados de efecto invernadero enumerados en el anexo I y en el anexo II, sección 1, o la destrucción de los productos y aparatos que contengan dichos gases sin recuperación previa de dichos gases, se considerará técnica y económicamente viable, especificando, si procede, la tecnología que deberá aplicarse.

13. Los Estados miembros fomentarán la recuperación, el reciclado, la regeneración y la destrucción de los gases fluorados de efecto invernadero enumerados en los anexos I y II.

...

CAPÍTULO III. RESTRICCIONES Y CONTROL DEL USO

Artículo 11

Restricciones de introducción en el mercado y venta

1. Se prohibirá la introducción en el mercado de productos y aparatos, incluidas sus partes, enumerados en el anexo IV, a excepción del equipo militar, a partir de la fecha especificada en dicho anexo, diferenciando, cuando proceda, según el tipo o el potencial de calentamiento global de los gases que contengan.

Como excepción a lo dispuesto en el párrafo primero, se permitirá la introducción en el mercado de partes de productos y aparatos necesarias para la reparación y la revisión de los aparatos existentes enumerados en el anexo IV, siempre que la reparación o la revisión no den lugar a:

a) un aumento de la capacidad del producto o el aparato;

b) un aumento de la cantidad de gases fluorados de efecto invernadero contenidos en el producto o el aparato, o

c) cambios en el tipo de gases fluorados de efecto invernadero usados que podrían dar lugar a un aumento del potencial de calentamiento global de los gases fluorados de efecto invernadero usados.

Los productos y aparatos, incluidas sus partes, introducidos ilícitamente en el mercado después de la fecha a que se refiere el párrafo primero no se utilizarán ni suministrarán posteriormente, ni se pondrán a disposición de otras personas en la Unión a título oneroso o gratuito, ni se exportarán. Se permitirá la reexportación de dichos productos y aparatos cuando el incumplimiento del presente Reglamento se haya constatado antes del despacho a libre práctica de mercancías a efectos de importación, de conformidad con las medidas a que se refiere el artículo 23, apartado 12. Dichos productos y aparatos únicamente podrán almacenarse o transportarse para su posterior eliminación y para la recuperación del gas antes de la eliminación de conformidad con el artículo 8 o para su reexportación.

Se permite la reexportación de productos y aparatos respecto de los cuales se haya constatado el incumplimiento del presente Reglamento antes de su despacho a libre práctica. En tales casos, no será aplicable el artículo 22, apartado 3.

Un año después de las fechas individuales enumeradas en el anexo IV, el posterior suministro o puesta a disposición a otra persona en la Unión, a título oneroso o gratuito, de productos o aparatos introducidos en el mercado de manera lícita antes de la fecha mencionada en el párrafo primero únicamente se permitirá si se aportan pruebas de que el producto o aparato se introdujo en el mercado lícitamente antes de dicha fecha.

2. La prohibición establecida en el apartado 1, párrafo primero, no se aplicará a los aparatos respecto de los cuales se haya establecido, con arreglo a los requisitos de diseño ecológico adoptados en virtud de la Directiva 2009/125/CE, que las emisiones equivalentes de CO_2 durante su ciclo de vida serían inferiores a las derivadas de aparatos equivalentes que cumplen dichos requisitos pertinentes de diseño ecológico.

3. Además de las prohibiciones de introducción en el mercado establecida en el anexo IV, punto 1, se prohibirá la importación, cualquier suministro posterior o la puesta a disposición a otras personas en la Unión, a título oneroso o gratuito, el uso o la exportación de recipientes no rellenables para gases fluorados de efecto invernadero enumerados en el anexo I y en el anexo II, sección 1, vacíos o llenos total o parcialmente. Tales recipientes únicamente podrán almacenarse o transportarse para su posterior eliminación. El presente apartado no se aplicará a los recipientes para usos de laboratorio o análisis de gases fluorados de efecto invernadero.

El párrafo primero se aplicará a los recipientes no rellenables, a saber:

a) recipientes que no puedan rellenarse sin sufrir una adaptación para tal fin, y

b) recipientes que podrían rellenarse pero que se importan o introducen en el mercado sin que se haya previsto su devolución para su rellenado.

4. Las empresas que introduzcan en el mercado recipientes rellenables para gases fluorados de efecto invernadero prepararán una declaración de conformidad que incluya pruebas que confirmen la existencia de medidas vinculantes vigentes para la devolución de dichos recipientes a efectos del rellenado, en particular identificando los agentes pertinentes, sus compromisos obligatorios y las medidas logísticas pertinentes. Esas medidas serán vinculantes para los distribuidores de los recipientes rellenables de gases fluorados de efecto invernadero al usuario final.

Las empresas a que se refiere el párrafo primero conservarán la declaración de conformidad durante un período mínimo de cinco años a partir de la introducción en el mercado de los recipientes rellenables para gases fluorados de efecto invernadero, y, previa petición, la pondrán a disposición de la autoridad competente del Estado miembro interesado o de la Comisión. Los suministradores de los recipientes rellenables para gases fluorados de efecto invernadero a los usuarios finales conservarán pruebas del cumplimiento de las medidas vinculantes a que se refiere el párrafo primero durante un período mínimo de cinco años a partir del suministro al usuario final y, previa petición, pondrán dichas pruebas a disposición de la autoridad competente del Estado miembro interesado o de la Comisión.

La Comisión podrá determinar, mediante actos de ejecución, los requisitos para incluir en la declaración de conformidad los elementos esenciales para las medidas vinculantes a que se refiere el párrafo primero del presente apartado. Dichos actos de ejecución se adoptarán de conformidad con el procedimiento de examen a que se refiere el artículo 34, apartado 2.

5. Previa solicitud motivada de una autoridad competente de un Estado miembro y teniendo en cuenta los objetivos del presente Reglamento, la Comisión podrá autorizar de modo excepcional, mediante actos de ejecución, una exención de hasta cuatro años para permitir la introducción en el mercado de los productos y aparatos enumerados en el anexo IV, o, como excepción a lo dispuesto en el artículo 13, apartado 9, la puesta en funcionamiento de aparamenta eléctrica nueva o ampliada, incluidas sus partes, que contengan gases fluorados de efecto invernadero o cuyo funcionamiento dependa de ellos, en caso de que se haya demostrado que:

a) para un producto concreto o una parte de un aparato, o para una categoría concreta de productos o aparatos, no se dispone de alternativas o no se puede recurrir a ellas por motivos técnicos o de seguridad, o

b) el uso de alternativas técnicamente viables y seguras generaría costes desproporcionados.

Dichos actos de ejecución se adoptarán de conformidad con el procedimiento de examen a que se refiere el artículo 34, apartado 2.

6. Únicamente las personas físicas que posean un certificado exigido en virtud del artículo 10, apartado 1, párrafo primero, letra a), o las empresas que empleen a personas físicas que sean titulares de un certificado exigido en virtud del artículo 10, apartado 1, párrafo primero, letra a), o una acreditación de formación exigida en virtud del artículo 10, apartado 1, párrafo segundo, estarán autorizadas a adquirir los gases fluorados de efecto invernadero enumerados en el anexo I o en el anexo II, sección 1, a efectos de realizar la instalación, el mantenimiento o revisión, o la reparación de los aparatos que contengan dichos gases, o cuyo funcionamiento dependa de ellos, mencionados en el artículo 5, apartado 2, letras a) a f), y en el artículo 5, apartado 3, letras a) y b), y regulados por el artículo 10, apartado 1, párrafo segundo. Los vendedores venderán u ofrecerán a la venta, directa o indirectamente, dichos gases exclusivamente a las empresas mencionadas en el presente apartado.

El presente apartado no impedirá que las empresas no certificadas que no realicen las actividades a que se refiere el párrafo primero, recojan, transporten o entreguen los gases fluorados de efecto invernadero enumerados en el anexo I y en el anexo II, sección 1.

7. Los aparatos que no estén herméticamente sellados y que estén cargados con gases fluorados de efecto invernadero enumerados en el anexo I y en el anexo II, sección 1, únicamente podrán venderse al usuario final cuando se aporten pruebas de que la instalación será realizada por una empresa certificada con arreglo a lo dispuesto en el artículo 10.

8. Únicamente las empresas con un establecimiento en la Unión, o que hayan nombrado a un representante exclusivo con un establecimiento en la Unión que asuma la plena responsabilidad del cumplimiento del presente Reglamento, podrán introducir en el mercado y suministrar posteriormente gases fluorados de efecto invernadero a granel. Dicho representante exclusivo podrá ser el mismo que el nombrado en virtud del artículo 8 del Reglamento (CE) n.º 1907/2006.Artículo 12Etiquetado e información sobre los productos y aparatos

1. Los siguientes productos y aparatos que contengan gases fluorados de efecto invernadero o cuyo funcionamiento dependa de dichos gases, únicamente se introducirán en el mercado, se suministrarán posteriormente o se pondrán a disposición de cualquier otra persona, si están etiquetados como:

a) aparatos de refrigeración;

b) aparatos de aire acondicionado;

c) bombas de calor;

d) aparatos de protección contra incendios;

e) aparamenta eléctrica;

f) difusores de aerosoles que contengan gases fluorados de efecto invernadero, incluidos los inhaladores dosificadores;

g) todos los recipientes de gases fluorados de efecto invernadero;

h) disolventes a base de gases fluorados de efecto invernadero, o

i) ciclos Rankine con fluido orgánico.

2. Los productos o aparatos sujetos a una exención a que se refiere el artículo 11, apartado 5, así como los productos o aparatos que contengan gases fluorados de efecto invernadero enumerados en el anexo I, sección 1, sujetos a una exención a que se refiere el artículo 16, apartado 4, llevarán etiquetas que lo indiquen, especificando el período de validez de la exención, y que informen de que únicamente pueden utilizarse para los fines para los cuales se ha obtenido la exención en virtud de dicho artículo.

3. La etiqueta exigida con arreglo al apartado 1 contendrá la información siguiente:

   a) una indicación de que el producto o aparato contiene gases fluorados de efecto invernadero o de que su funcionamiento depende de ellos;

   b) la designación industrial aceptada de los gases fluorados de efecto invernadero o, si no se dispone de tal designación, la denominación química;

   c) a partir del 1 de enero de 2017, la cantidad expresada en peso y en equivalente de CO_2 de los gases fluorados de efecto invernadero presentes en el producto o aparato, o la cantidad de gases fluorados de efecto invernadero para los que está diseñado el aparato, y el potencial de calentamiento global de dichos gases.

   La etiqueta contendrá la información siguiente, según proceda:

   a) una referencia a que los gases fluorados de efecto invernadero están contenidos en un aparato sellado herméticamente;

   b) una referencia a que la aparamenta eléctrica presenta un índice de fugas, determinado mediante ensayo, inferior a un 0,1 % al año, según lo indicado en la especificación técnica del fabricante.

   Cuando se hayan reacondicionado productos o aparatos y se hayan sustituido los gases fluorados de efecto invernadero, dichos productos o aparatos se etiquetarán de nuevo con la información actualizada a que se refiere el presente apartado.

4. La etiqueta exigida conforme al apartado 1 será claramente legible e indeleble y deberá colocarse:

   a) junto a los orificios de salida para recarga o recuperación de los gases fluorados de efecto invernadero, o bien

   b) sobre la parte de los productos o aparatos que contenga los gases fluorados de efecto invernadero.

   La etiqueta estará escrita en las lenguas oficiales del Estado miembro en que el producto vaya a introducirse en el mercado, ponerse a disposición o suministrarse.

5. No se introducirán en el mercado, pondrán a disposición ni se suministrarán espumas ni polioles premezclados que contengan los gases fluorados de efecto invernadero enumerados en los anexos I y II a menos que esos gases estén identificados con una etiqueta que utilice la designación industrial aceptada o, si no se dispone de tal designación, la denominación química. La etiqueta indicará con claridad que la espuma o los polioles premezclados contienen gases fluorados de efecto invernadero. En el caso de los paneles y placas laminados de espuma, dicha información figurará de forma clara e indeleble en la superficie de estos.

6. Cuando proceda, los recipientes rellenados que contengan gases fluorados de efecto invernadero se etiquetarán de nuevo con la información actualizada a que se refiere el apartado 3, párrafo primero.

7. Los recipientes que contengan gases fluorados de efecto invernadero enumerados en los anexos I y II regenerados o reciclados se etiquetarán con la indicación de que la sustancia ha sido regenerada o reciclada. En caso de regeneración, se incluirá información sobre el número de lote y el nombre y la dirección del centro de regeneración en la Unión.

8. Los recipientes que contengan gases fluorados de efecto invernadero enumerados en el anexo I e introducidos en el mercado, puestos a disposición o suministrados para su destrucción se etiquetarán con la indicación de que el contenido del recipiente está exclusivamente destinado a su destrucción.

9. Los recipientes que contengan gases fluorados de efecto invernadero enumerados en el anexo I y destinados a su exportación directa se etiquetarán con la indicación de que el contenido del recipiente está exclusivamente destinado a la exportación directa.

10. Los recipientes que contengan gases fluorados de efecto invernadero enumerados en el anexo I e introducidos en elmercado, puestos a disposición o suministrados para ser usados en equipo militar se etiquetarán con la indicación de que el contenido del recipiente está exclusivamente destinado a ese fin.

11. Los recipientes que contengan gases fluorados de efecto invernadero enumerados en el anexo I y en el anexo II e introducidos en el mercado, puestos a disposición o suministrados para mordentado de material semiconductor o para limpieza de cámaras de deposición química en fase de vapor en el sector de fabricación de semiconductores se etiquetarán con la indicación de que el contenido del recipiente está exclusivamente destinado a ese fin.

12. Los recipientes que contengan gases fluorados de efecto invernadero enumerados en el anexo I e introducidos en el mercado, puestos a disposición o suministrados para ser usados como materia prima se etiquetarán con la indicación de que el contenido del recipiente está exclusivamente destinado a ser usado como materia prima.

13. Los recipientes que contengan gases fluorados de efecto invernadero enumerados en el anexo I, sección 1, e introducidos en el mercado, puestos a disposición o suministrados para producir inhaladores dosificadores para la administración de ingredientes farmacéuticos, se etiquetarán con la indicación de que el contenido del recipiente está exclusivamente destinado a ese fin.

14. En el caso de recipientes que contengan gases fluorados de efecto invernadero enumerados en el anexo I, sección 1,la etiqueta a que se refieren los apartados 8 a 12 incluirá la indicación «exento de cuota en virtud del Reglamento(UE) 2024/573 del Parlamento Europeo y del Consejo».

En ausencia de los requisitos de etiquetado a que se refieren el párrafo primero del presente aparado y los apartados 8 a 12,los hidrofluorocarburos estarán sujetos a los requisitos de cuota con arreglo al artículo 16, apartado 1.

15. En los casos contemplados en el anexo IV, punto 2, letra b), punto 4, punto 5, letra c), punto 7, letras b), c) y d),punto 8, letras b) a e), punto 9, letras b) a f), punto 11, letra c), punto 16, punto 17, letras a), b) y c), y punto 19, letras a)y b), el producto o aparato se etiquetará con la indicación de que únicamente podrá utilizarse cuando así lo exijan los requisitos o normas nacionales de seguridad, según proceda. Dichos requisitos o normas se especificarán en la etiqueta. En los casos contemplados en el anexo IV, puntos 19 y 21, el producto o aparato se etiquetará con la indicación de que únicamente puede utilizarse cuando lo requiera la aplicación médica que se especifique en la etiqueta.

16. 16. La información mencionada en los apartados 3 y 5 se incluirá en los manuales de instrucciones de los productos y aparatos de que se trate.

En el caso de los productos y aparatos que contengan gases fluorados de efecto invernadero enumerados en los anexos I y II con un potencial de calentamiento global igual o superior a 150, esa información también deberá incluirse en las descripciones utilizadas para la publicidad.

17. La Comisión podrá determinar, mediante actos de ejecución, el formato de las etiquetas a que se refieren el apartado 1 y los apartados 4 a 15 del presente artículo. Dichos actos de ejecución se adoptarán de conformidad con el procedimiento de examen a que se refiere el artículo 34, apartado 2.

18. La Comisión estará facultada para adoptar actos delegados con arreglo al artículo 32 para modificar los requisitos de etiquetado establecidos en los apartados 4 a 15 del presente artículo, cuando proceda a la vista de la evolución comercial o tecnológica.

Artículo 13

Control del uso

1. Se prohibirá el uso de SF6 en la fundición de magnesio y en el reciclado de aleaciones de fundición de magnesio.

2. Se prohibirá el uso de SF6 para llenar los neumáticos de los vehículos.

3. Se prohibirá el uso de gases fluorados de efecto invernadero con un potencial de calentamiento global igual o superior a 2 500, para el mantenimiento o revisión de aparatos de refrigeración con un tamaño de carga de al menos 40 toneladas equivalentes de CO_2. A partir del 1 de enero de 2025, se prohibirá el uso de los gases fluorados de efecto invernadero, con un potencial de calentamiento global igual o superior a 2 500, para el mantenimiento o revisión de cualquier aparato de refrigeración.

Las prohibiciones a que se refiere el párrafo primero no se aplicarán a equipos militares ni a aparatos destinados a aplicaciones diseñadas para enfriar productos a temperaturas por debajo de -50 °C.

Hasta el 1 de enero de 2030, las prohibiciones a que se refiere el párrafo primero no se aplicarán a las categorías de gases fluorados de efecto invernadero siguientes:

a) los gases fluorados de efecto invernadero enumerados en el anexo I regenerados, con un potencial de calentamiento global igual o superior a 2 500, usados para el mantenimiento o revisión de aparatos de refrigeración existentes, siempre que los recipientes que contengan esos gases hayan sido etiquetados de conformidad con lo dispuesto en el artículo 12, apartado 7;

b) los gases fluorados de efecto invernadero enumerados en el anexo I reciclados, con un potencial de calentamiento global igual o superior a 2 500, usados para el mantenimiento o revisión de aparatos de refrigeración existentes, siempre que dichos gases se hayan recuperado de tales aparatos. Tales gases reciclados únicamente podrán ser usados por la empresa que haya realizado la recuperación como parte del mantenimiento o revisión, o por la empresa para la que se haya realizado la recuperación como parte del mantenimiento o revisión.

Las prohibiciones a que se refiere el párrafo primero no se aplicarán a los aparatos de refrigeración para los cuales se haya autorizado una exención con arreglo a lo dispuesto en el artículo 11, apartado 5.

4. A partir del 1 de enero de 2026, se prohibirá el uso de los gases fluorados de efecto invernadero enumerados en el anexo I, con un potencial de calentamiento global igual o superior a 2 500, para el mantenimiento o revisión de aparatos de aire acondicionado y bombas de calor.

La prohibición a que se refiere el párrafo primero no se aplicará hasta el 1 de enero de 2032 a las categorías de gases fluorados de efecto invernadero siguientes:

a) los gases fluorados de efecto invernadero enumerados en el anexo I regenerados, con un potencial de calentamiento global igual o superior a 2 500, usados para el mantenimiento o revisión de aparatos de aire acondicionado o bombas de calor existentes, siempre que los recipientes que contengan esos gases hayan sido etiquetados de conformidad con lo dispuesto en el artículo 12, apartado 7;

b) los gases fluorados de efecto invernadero reciclados enumerados en el anexo I reciclados, con un potencial de calentamiento global igual o superior a 2 500, usados para el mantenimiento o revisión de aparatos de aire acondicionado y bombas de calor existentes, siempre que esos gases se hayan recuperado de tales aparatos. Tales gases reciclados únicamente podrán ser usados por la empresa que haya realizado la recuperación como parte del mantenimiento o revisión, o por la empresa para la que se haya realizado la recuperación como parte del mantenimiento o revisión.

5. A partir del 1 de enero de 2032, se prohibirá el uso de los gases fluorados de efecto invernadero enumerados en el anexo I, con un potencial de calentamiento global igual o superior a 750, para el mantenimiento o revisión de aparatos fijos de refrigeración, con excepción de los enfriadores.

La prohibición a que se refiere el párrafo primero no se aplicará al equipo militar ni a los aparatos destinados a aplicaciones diseñadas para enfriar medicamentos a temperaturas por debajo de −50 °C ni a los aparatos destinados a aplicaciones diseñadas para enfriar centrales nucleares.

La prohibición a que se refiere el párrafo primero no se aplicará a las categorías de gases fluorados de efecto invernadero siguientes:

a) los gases fluorados de efecto invernadero enumerados en el anexo I regenerados, con un potencial de calentamiento global igual o superior a 750, usados para el mantenimiento o revisión de aparatos fijos de refrigeración existentes, con la excepción de enfriadores, siempre que los recipientes que contengan esos gases hayan sido etiquetados de conformidad con lo dispuesto en el artículo 12, apartado 7;

b) los gases fluorados de efecto invernadero reciclados enumerados en el anexo I reciclados, con un potencial de calentamiento global igual o superior a 750, usados para el mantenimiento o revisión de aparatos fijos de refrigeración existentes, con excepción de los enfriadores, siempre que esos gases se hayan recuperado de tales aparatos; tales gases reciclados únicamente podrán ser usados por la empresa que haya realizado la recuperación como parte del mantenimiento o revisión, o por la empresa para la que se haya realizado la recuperación como parte del mantenimiento o revisión.

6. Previa solicitud motivada de una autoridad competente de un Estado miembro y teniendo en cuenta los objetivos del presente Reglamento, la Comisión evaluará la disponibilidad de gases fluorados de efecto invernadero regenerados y reciclados que entren en el ámbito de aplicación de los apartados 4 y 5. Cuando la evaluación de la Comisión apunte a una escasez verificada de gases fluorados de efecto invernadero regenerados y reciclados, la Comisión podrá autorizar excepcionalmente, mediante actos de ejecución, una exención de las prohibiciones establecidas en los apartados 4 o 5, por un máximo de cuatro años, en la medida necesaria para hacer frente a la escasez detectada.

7. A partir del 1 de enero de 2035, se prohibirá el uso del SF6 para el mantenimiento o revisión de aparamenta eléctrica a menos que se regenere o recicle, excepto si se demuestra que el SF6 regenerado o reciclado:

a) no puede usarse por razones técnicas, o

b) no está disponible en caso de una situación de reparación de emergencia.

En tales casos, el usuario aportará a la autoridad competente del Estado miembro interesado o a la Comisión, previa solicitud, pruebas en las que exponga la justificación del uso.

El presente apartado no se aplicará al equipo militar.

8. A partir del 1 de enero de 2026, se prohibirá el uso de desflurano como un anestésico por inhalación, excepto cuando dicho uso sea estrictamente necesario y no pueda utilizarse ningún otro anestésico por motivos médicos. El centro de salud conservará las pruebas de la justificación médica y las proporcionará, previa solicitud, a la autoridad competente del Estado miembro interesado o a la Comisión.

9. Se prohibirá la puesta en funcionamiento de la siguiente aparamenta eléctrica que use gases fluorados de efecto invernadero, o cuyo funcionamiento dependa de ellos, en un medio aislante o de ruptura:

a) a partir del 1 de enero de 2026, aparamenta eléctrica de media tensión para distribución primaria y secundaria de hasta 24 kV;

b) a partir del 1 de enero de 2030, aparamenta eléctrica de media tensión para distribución primaria y secundaria de más de 24 kV hasta 52 kV, inclusive;

c) a partir del 1 de enero de 2028, aparamenta eléctrica de alta tensión a partir de 52 kV hasta 145 kV, inclusive, y hasta 50 kA, inclusive, de corriente de cortocircuito, con un potencial de calentamiento global igual o superior a 1;

d) a partir del 1 de enero de 2032, aparamenta eléctrica de alta tensión de más de 145 kV o más de 50 kA de corriente de cortocircuito, con un potencial de calentamiento global igual o superior a 1.

10. No se considerará puesta en funcionamiento a efectos del presente artículo la desactivación de aparamenta eléctrica que esté en funcionamiento en la Unión y la posterior puesta en funcionamiento de esa aparamenta eléctrica en un lugar diferente de la Unión.

11. Como excepción a lo dispuesto en el apartado 9, se permitirá la puesta en funcionamiento de aparamenta eléctrica que utilice o cuyo funcionamiento dependa de medios aislantes o de rupturas con un potencial de calentamiento global inferior a 1 000 si, tras un procedimiento de contratación pública que tenga en cuenta las especificidades técnicas del equipo necesario para el uso específico de que se trate, se aplica una de las situaciones siguientes:

a) durante los primeros dos años después de las fechas pertinentes a que se refiere el apartado 9, letras a) y b), no se han recibido ofertas o solo ofertas en las que un fabricante de aparamenta eléctrica con medio aislante o de ruptura que no use gases fluorados de efecto invernadero ofrezca aparatos;

b) durante los primeros dos años después de las fechas pertinentes a que se refiere el apartado 9, letras c) y d), no se han recibido ofertas o solo ofertas en las que un fabricante de aparamenta eléctrica con medio aislante o de ruptura con un potencial de calentamiento global inferior a uno ofrezca aparatos;c) después del período de dos años a que se refiere la letra a), no se han recibido ofertas en las que un fabricante de aparamenta eléctrica con medio aislante o de ruptura que no use gases fluorados de efecto invernadero ofrezca aparatos, o d) después del período de dos años a que se refiere la letra b), no se hayan recibido ofertas en las que un fabricante de aparamenta eléctrica con medio aislante o de ruptura con un potencial de calentamiento global inferior a uno ofrezca aparatos.

12. Como excepción a lo dispuesto en el apartado 11, se permitirá la puesta en funcionamiento de la aparamenta eléctrica con medio aislante o de ruptura con un potencial de calentamiento global igual o superior a 1 000 si, tras un procedimiento de contratación pública que tenga en cuenta las especificidades técnicas de los aparatos necesarios para el uso específico de que se trate, no se ha recibido ninguna oferta para aparamenta eléctrica con medio aislante o de ruptura con un potencial de calentamiento global inferior a 1 000.

13. El apartado 9 no se aplicará a la aparamenta eléctrica respecto de la cual se haya establecido, con arreglo a los requisitos de diseño ecológico adoptados en virtud de la Directiva 2009/125/CE, que las emisiones equivalentes de CO_2 durante su ciclo de vida serían inferiores a las derivadas de aparatos equivalentes que cumplan los requisitos pertinentes de diseño ecológico y que cumplan los límites de potencial de calentamiento global establecidos en el apartado 9.

14. El apartado 9 no se aplicará cuando el operador pueda aportar pruebas de que el pedido de la aparamenta eléctrica es anterior a 11 de marzo de 2024.

15. El apartado 9 no se aplicará cuando los dispositivos para ampliar la aparamenta eléctrica existente que usen gases fluorados de efecto invernadero con un potencial de calentamiento global inferior al de los gases fluorados de efecto invernadero usados en aparamenta eléctrica existente no sean compatibles con la aparamenta eléctrica existente, y el uso de esos dispositivos requiera la sustitución de toda la aparamenta eléctrica existente.

16. Cuando se aplique alguna de las excepciones enumeradas en los apartados 10, 11, 12, 13, 14 o 15, el operador conservará la documentación acreditativa de la excepción durante al menos cinco años y la pondrá a disposición de la autoridad competente del Estado miembro interesado o de la Comisión, previa solicitud.

17. El operador notificará a la autoridad competente en el Estado miembro el lugar de puesta en funcionamiento de la aparamenta eléctrica cuando aplique una de las excepciones enumeradas en los apartados 11, 12, 14 o 15.

18. Podrán instalarse partes de los aparatos para su reparación o revisión de la aparamenta eléctrica existente, siempre que no se produzca ningún cambio en el tipo de gases fluorados de efecto invernadero usados que dé lugar a un aumento del potencial de calentamiento atmosférico de los gases fluorados de efecto invernadero usados o a un aumento de la cantidad de gases fluorados de efecto invernadero contenidos en los aparatos.

19. Se prohibirá la puesta en servicio de cualquiera de los equipos, o el uso de cualquiera de los productos, enumerados en el anexo IV, punto 2, letra b), punto 4, punto 5, letra c), punto 7, letras b), c) y d), punto 8, letras b) a e), punto 9, letra b)a f), punto 11, letra c), punto 17, letra c), y punto 19, letra b), después de la fecha de prohibición respectiva especificada en dichos puntos, a menos que el operador pueda aportar pruebas de que:

a) los requisitos de seguridad pertinentes en el lugar de que se trate no permitan la instalación de aparatos que usen gases fluorados de efecto invernadero por debajo del valor potencial de calentamiento global especificado en las prohibiciones respectivas, o

b) los aparatos se hayan introducido en el mercado antes de la fecha de prohibición pertinente establecida en el anexo IV.

20. El operador conservará la documentación que establezca las pruebas a que se refiere el apartado 19 durante al menos cinco años y la pondrá a disposición de la autoridad competente del Estado miembro interesado o de la Comisión, previa solicitud.

CAPÍTULO IV. CALENDARIO DE PRODUCCIÓN Y REDUCCIÓN DE LA CANTIDAD DE HIDROFLUOROCARBUROS INTRODUCIDOS EN EL MERCADO

Artículo 14

Producción de hidrofluorocarburos

1. A efectos del presente artículo, el artículo 15 y el anexo V, se entenderá por producción de hidrofluorocarburos la cantidad de hidrofluorocarburos producidos menos la cantidad destruida por la tecnología aprobada por las Partes en el Protocolo, y menos la cantidad usada en su totalidad como materia prima en la fabricación de otros productos químicos, pero incluidos los hidrofluorocarburos generados como subproducto, a menos que no se hayan capturado o que ese subproducto sea destruido como parte o después del proceso de producción por el productor o se entregue a otra empresa para su destrucción. No se tendrá en cuenta ninguna cantidad de hidrofluorocarburos regenerados en el cálculo de la producción de hidrofluorocarburos.

2. Se permitirá la producción de hidrofluorocarburos en la medida en que la Comisión haya asignado a los productores derechos de producción de conformidad con el presente artículo.

3. Antes del 1 de enero de 2025, la Comisión asignará, mediante actos de ejecución, derechos de producción sobre la base del anexo V a los productores que hayan producido hidrofluorocarburos en 2022, sobre la base de los datos notificados con arreglo al artículo 19 del Reglamento (UE) n.º 517/2014. Dichos actos de ejecución se adoptarán de conformidad con el procedimiento de examen a que se refiere el artículo 34, apartado 2.

4. La Comisión podrá modificar, mediante actos de ejecución y a petición de la autoridad competente de un Estado miembro, los actos de ejecución a que se refiere el apartado 3 con el fin de asignar derechos de producción adicionales a los productores a que se refiere el apartado 3 o a cualquier otra empresa establecida en la Unión, salvo que se superen los límites de producción del Estado miembro en virtud del Protocolo. Dichos actos de ejecución se adoptarán de conformidad con el procedimiento de examen a que se refiere el artículo 34, apartado 2.

5. En ausencia de un acto de ejecución efectivo antes del 1 de enero de 2025, los productores podrán seguir produciendo hidrofluorocarburos sin asignación de derechos de producción. Los hidrofluorocarburos producidos durante dicho período se contabilizarán a efectos de la asignación de derechos de producción una vez expedidos de conformidad con el acto de ejecución a que se refiere el apartado 3.

6. Tres años después de la adopción de los actos de ejecución a que se refiere el apartado 3, y posteriormente cada tres años, la Comisión revisará y, en caso necesario, modificará esos actos de ejecución, teniendo en cuenta los cambios en los derechos de producción con arreglo al artículo 15 durante los tres años anteriores. Dichos actos de ejecución se adoptarán de conformidad con el procedimiento de examen a que se refiere el artículo 34, apartado 2.

...

Artículo 16

Reducción de la cantidad de hidrofluorocarburos introducidos en el mercado

1. La introducción en el mercado de hidrofluorocarburos estará permitida únicamente en la medida en que la Comisión haya asignado cuota a los productores e importadores con arreglo a lo dispuesto en el artículo 17.

   Los productores e importadores que introduzcan en el mercado hidrofluorocarburos no excederán la cuota a su disposición en el momento de la introducción en el mercado.

2. El apartado 1 no se aplicará a los hidrofluorocarburos:

   a) importados en la Unión para su destrucción;

   b) usados por un productor como materia prima o directamente suministrados por un productor o un importador a empresas para su uso como materia prima;

c) directamente suministrados por un productor o un importador a empresas para ser exportados fuera de la Unión, que no estén contenidos en productos o aparatos, cuando tales hidrofluorocarburos no sean puestos después a disposición de otra persona dentro de la Unión, antes de la exportación;

d) directamente suministrados por un productor o un importador para su uso en equipo militar;

e) directamente suministrados por un productor o un importador a una empresa que los use para el mordentado de material semiconductor o la limpieza de cámaras de deposición química en fase de vapor en el sector de la fabricación de semiconductores.

3. La Comisión estará facultada para adoptar actos delegados con arreglo al artículo 32 para modificar el apartado 2 y excluir del requisito de cuota establecido en el apartado 1 a los hidrofluorocarburos de conformidad con las decisiones delas Partes en el Protocolo.

4. Previa solicitud motivada de una autoridad competente de un Estado miembro y teniendo en cuenta los objetivos del presente Reglamento, y a la luz de los datos proporcionados por la Agencia Europea de Medicamentos, la Comisión podrá, con carácter excepcional y mediante actos de ejecución, autorizar una exención de hasta cuatro años para excluir del requisito de cuota establecido en el apartado 1 a los hidrofluorocarburos que vayan a ser usados en aplicaciones concretas, o a categorías concretas de productos o aparatos, cuando en la solicitud quede demostrado que:

a) para esas aplicaciones, productos o aparatos en particular no se dispone de alternativas o no puedan usarse por motivos técnicos o de seguridad o riesgos para la salud pública, y

b) no puede asegurarse un suministro suficiente de hidrofluorocarburos sin que ello genere costes desproporcionados.

Dichos actos de ejecución se adoptarán de conformidad con el procedimiento de examen a que se refiere el artículo 34,apartado 2.

5. La emisión de hidrofluorocarburos durante la producción se considerará introducida en el mercado el año en que suceda.

6. El presente artículo y los artículos 17, 20 a 29 y 31 se aplicarán también a los hidrofluorocarburos contenidos en polioles premezclados.

Artículo 17

Determinación de los valores de referencia y asignación de cuota para la introducción de hidrofluorocarburos enel mercado

1. A más tardar el 31 de octubre de 2024 y posteriormente al menos cada tres años, la Comisión determinará los valores de referencia para los productores e importadores de conformidad con el anexo VII para la introducción en el mercado de hidrofluorocarburos.

   La Comisión determinará esos valores de referencia para todos los productores e importadores que hayan introducido en el mercado hidrofluorocarburos durante los tres años anteriores, mediante un acto de ejecución que determine los valores de referencia para todos los productores e importadores. Dichos actos de ejecución se adoptarán de conformidad con el procedimiento de examen a que se refiere el artículo 34, apartado 2.

2. Un productor o importador podrá notificar a la Comisión una sucesión o adquisición permanente de la parte de su actividad económica relacionada con el presente artículo que dé lugar a un cambio en la atribución de sus valores de referencia y los de su sucesor legal.

   La Comisión podrá solicitar la documentación pertinente a tal efecto. Los valores de referencia ajustados serán accesibles en el portal de gases fluorados.

3. A más tardar el 1 de junio de 2024 y a más tardar el 1 de abril de 2027 y posteriormente como mínimo cada tres años, los productores e importadores podrán hacer una declaración para recibir una cuota de la reserva mencionada en el anexo VIII a través del portal de gases fluorados.

4. A más tardar el 31 de diciembre de 2024 y posteriormente cada año, la Comisión asignará una cuota a cada productor e importador para la introducción en el mercado de hidrofluorocarburos, de conformidad con el anexo VIII. La cuota se notificará a los productores e importadores a través del portal de gases fluorados.

5. La asignación de cuota estará supeditada al pago de la cantidad adeudada, que equivale a tres euros por cada tonelada equivalente de CO_2 que se asigne. Se notificará a los productores e importadores, a través del portal de gases fluorados, el importe total adeudado por su asignación máxima de cuotas calculada para el año natural siguiente y el plazo para completar el pago. La Comisión podrá determinar, mediante actos de ejecución, los mecanismos pormenorizados de pago del importe adeudado. Dichos actos de ejecución se adoptarán de conformidad con el procedimiento de examen a que se refiere el artículo 34, apartado 2.

Los productores e importadores podrán pagar solamente una parte de la asignación de cuota máxima calculada que se les haya ofrecido. En tal caso, se asignará a esos productores e importadores la cuota correspondiente al pago efectuado en el plazo a que se refiere el párrafo primero.

Hasta el 31 de diciembre de 2027, la Comisión redistribuirá gratuitamente la cuota por la que no se haya efectuado ningún pago en el plazo fijado, únicamente a los productores e importadores que hayan pagado el importe total adeudado por su asignación máxima de cuotas calculada a que se refiere el párrafo primero y que hayan efectuado la declaración a que se refiere el apartado 3. Esa redistribución se efectuará sobre la base de la participación de cada productor o importador en la suma de toda la cuota máxima calculada ofrecida y pagada íntegramente por dichos productores e importadores. Desde el 1 de enero de 2028, se cancelará la cuota para la que no se haya efectuado el pago en el plazo establecido.

La Comisión estará autorizada a no asignar en su totalidad la cantidad máxima mencionada en el anexo VII o a asignar cuota adicional, como contingencia para problemas de ejecución durante el período de asignación.

6. La Comisión estará facultada para adoptar actos delegados con arreglo al artículo 32 a fin de modificar el apartado 5 del presente artículo en lo que respecta a las cantidades adeudadas para la asignación de cuotas y al mecanismo de asignación de la cuota restante, a fin de compensar la inflación.

7. Cada año, o con mayor frecuencia tras una solicitud motivada de una autoridad competente de un Estado miembro, la Comisión, previa consulta a las partes interesadas pertinentes, evaluará el impacto del sistema de reducción gradual de cuotas establecido en el anexo VII en el mercado de bombas de calor de la Unión, teniendo en cuenta los factores pertinentes, en particular, la evolución de los precios de los gases fluorados de efecto invernadero enumerados en el anexo I, sección 1, la tasa de crecimiento de las bombas de calo que aún requieren dichos gases, la adopción por el mercado de tecnología alternativa y el estado del objetivo de la tasa de despliegue de bombas de calor previsto en el plan REPowerEU. La Comisión incluirá las conclusiones de dichas evaluaciones en el informe anual de actividades pertinente sobre la acción por el clima.

Cuando la evaluación demuestre una grave escasez de gases fluorados de efecto invernadero enumerados en el anexo I, sección 1, para el despliegue de bombas de calor que pueda poner en peligro la consecución de los objetivos de despliegue de bombas de calor de REPowerEU, la Comisión adoptará actos delegados con arreglo al artículo 32 para modificar el anexo VII a fin de permitir la introducción en el mercado de una cantidad de gases fluorados de efecto invernadero enumerados en el anexo I, además de la cuota prevista en el anexo VII, de hasta 4 410 247 toneladas equivalentes de CO_2 al año para el período 2025-2026 y hasta 1 425 536 toneladas equivalentes de CO_2 al año para el período 2027-2029.

Cuando la Comisión adopte el acto delegado a que se refiere el párrafo segundo del presente artículo, la cuota adicional se distribuirá a los productores e importadores que hayan informado, con arreglo al artículo 26, el año anterior, sobre el uso de bombas de calor como una de las principales categorías de aplicaciones en las que se usa la sustancia, previa solicitud presentada a través del portal de gases fluorados.

8. Los ingresos procedentes del importe de asignación de cuotas constituirán ingresos afectados externos de conformidad con el artículo 21, apartado 5, del Reglamento (UE, Euratom) 2018/1046 del Parlamento Europeo y del Consejo (26). Esos ingresos se asignarán al Programa LIFE y a la rúbrica 7 del marco financiero plurianual (Administración Pública Europea), para cubrir los costes del personal externo que trabaje en la gestión de la asignación de cuotas, los servicios informáticos y los sistemas de concesión de licencias a efectos de la aplicación del presente Reglamento y para garantizar el cumplimiento del Protocolo. Los ingresos utilizados para cubrir dichos costes no superarán el impor-

te máximo anual de 3 000 000 EUR. Los ingresos restantes después de la cobertura de estos costes se consignarán en el presupuesto general de la Unión.

...

Artículo 19

Productos o aparatos precargados con hidrofluorocarburos

1. Los aparatos de refrigeración y aire acondicionado, las bombas de calor y los inhaladores dosificadores precargados con sustancias enumeradas en el anexo I, sección 1, no se introducirán en el mercado salvo que esas sustancias con las que los productos o aparatos han sido precargados se computen dentro del sistema de cuotas a que hace referencia este capítulo.

    La prohibición establecida en el párrafo primero se aplicará a los inhaladores dosificadores a partir del 1 de enero de 2025.

2. Al introducir en el mercado los productos o aparatos precargados a que se refiere el apartado 1, los fabricantes e importadores de productos o aparatos se asegurarán de que el cumplimiento de lo dispuesto en el apartado 1 esté plenamente documentado y elaborarán una declaración de conformidad a este respecto.

    Al elaborar la declaración de conformidad, los fabricantes e importadores de los productos o aparatos asumirán la responsabilidad del cumplimiento de lo dispuesto en el presente apartado y el apartado 1.

    Los fabricantes e importadores de productos o aparatos conservarán la documentación y la declaración de conformidad durante un período mínimo de cinco años a partir de la introducción en el mercado de dichos productos o aparatos y las pondrán, previa solicitud, a disposición de la autoridad competente del Estado miembro interesado o de la Comisión.

3. Cuando los hidrofluorocarburos contenidos en los productos o aparatos mencionados en el apartado 1 no se hayan introducido en el mercado antes de la carga del producto o aparato, los importadores de dichos productos o aparatos se asegurarán de que, a más tardar el 30 de abril de 2025 y posteriormente cada año, un auditor independiente registrado en el portal de gases fluorados confirme, para el año natural anterior, la exactitud de la documentación, la declaración de conformidad y la veracidad de su notificación con arreglo al artículo 26, apartado 7.

    Dicho auditor independiente estará:

    a) acreditado con arreglo a la Directiva 2003/87/CE del Parlamento Europeo y del Consejo (27), o

    b) acreditado para verificar estados financieros de acuerdo con la legislación del Estado miembro de que se trate.

4. La Comisión determinará, mediante actos de ejecución, las medidas pormenorizadas relativas a la declaración de conformidad a que se refiere el apartado 2, la verificación por parte del auditor independiente y la acreditación de los auditores. Dichos actos de ejecución se adoptarán de conformidad con el procedimiento de examen a que se refiere el artículo 34, apartado 2.

5. Un importador de productos o aparatos a los que se refiere el apartado 1 que no tenga ningún establecimiento en la Unión nombrará a un representante exclusivo con un establecimiento en la Unión que asuma la plena responsabilidad del cumplimiento del presente Reglamento. Dicho representante exclusivo podrá ser el mismo que el nombrado en virtud del artículo 8 del Reglamento (CE) n.º 1907/2006.

    (27) Directiva 2003/87/CE del Parlamento Europeo y del Consejo, de 13 de octubre de 2003, por la que se establece un régimen para el comercio de derechos de emisión de gases de efecto invernadero en la Comunidad y por la que se modifica la Directiva 96/61/CE del Consejo (DO L 275 de 25.10.2003, p. 32).

6. El presente artículo no será aplicable a las empresas que hayan introducido en el mercado menos de 10 toneladas equivalentes de CO_2 de hidrofluorocarburos al año contenidas en los productos o aparatos a que se refiere el apartado 1.

...

Artículo 20

Recopilación de datos sobre emisiones

Los Estados miembros establecerán sistemas de presentación de informes para los sectores pertinentes contemplados en el presente Reglamento, con el objetivo de obtener, en la medida de lo posible, datos sobre emisiones.

Artículo 24

Medidas de seguimiento del comercio ilegal

1. Sobre la base del seguimiento periódico del comercio de gases fluorados de efecto invernadero y de la evaluación delos riesgos potenciales de comercio ilegal vinculados a los movimientos de gases fluorados de efecto invernadero y de productos y aparatos que contengan dichos gases o cuyo funcionamiento dependa de ellos, la Comisión estará facultada para adoptar actos delegados con arreglo al artículo 32 a fin de:

   a) completar el presente Reglamento especificando los criterios que deben tener en cuenta las autoridades competentes delos Estados miembros al efectuar los controles, de conformidad con el artículo 29, para determinar si las empresas cumplen las obligaciones que les incumben en virtud del presente Reglamento;

   b) completar el presente Reglamento especificando los requisitos que deben controlarse al realizar un seguimiento, de conformidad con el artículo 23, de los gases fluorados de efecto invernadero y de los productos y aparatos que contengan dichos gases o cuyo funcionamiento dependa de ellos, colocados en régimen de depósito temporal o en un régimen aduanero, incluidos el depósito aduanero o el régimen de zona franca, o en tránsito por el territorio aduanero de la Unión;

   c) modificar el presente Reglamento añadiendo metodologías de rastreo de los gases fluorados de efecto invernadero introducidos en el mercado para el seguimiento, de conformidad con el artículo 22, de las importaciones y exportaciones de gases fluorados de efecto invernadero y los productos y aparatos que contengan dichos gases, o cuyo funcionamiento dependa de ellos, colocados en régimen de depósito temporal o en un régimen aduanero.

2. Al adoptar un acto delegado con arreglo al apartado 1, la Comisión tendrá en cuenta los beneficios medioambientales y las repercusiones socioeconómicas de la metodología que se establezca con arreglo a las letras a), b) y c) de dicho apartado.

Artículo 25

Comercio con Estados u organizaciones regionales de integración económica y territorios no incluidos en el Protocolo

1. A partir del 1 de enero de 2028, se prohibirá la importación y exportación de hidrofluorocarburos y de productos y aparatos que contengan hidrofluorocarburos o cuyo funcionamiento dependa de dichos gases desde y hacia cualquier Estado u organización de integración económica regional que no haya aceptado quedar vinculado por las disposiciones del Protocolo aplicables a esos gases.

2. La Comisión estará facultada para adoptar actos delegados con arreglo al artículo 32 por los que se complete el presente Reglamento estableciendo las normas aplicables al despacho a libre práctica y a la exportación de productos y aparatos importados y exportados desde y hacia cualquier Estado u organización regional de integración económica en el sentido del apartado 1, que hayan sido producidos usando hidrofluorocarburos pero que no contengan gases que puedan identificarse positivamente como hidrofluorocarburos, así como normas sobre la identificación de dichos productos y aparatos. Al adoptar dichos actos delegados, la Comisión tendrá en cuenta las decisiones pertinentes adoptadas por las Partes en el Protocolo y, por lo que se refiere a las normas sobre la identificación de dichos productos y aparatos, todo asesoramiento técnico periódico prestado a las Partes en el Protocolo.

3. Como excepción a lo dispuesto en el apartado 1, la Comisión podrá autorizar, mediante actos de ejecución, el comercio con cualquier Estado u organización regional de integración económica en el sentido del apartado 1 de hidrofluorocarburos y de productos y aparatos que contengan hidrofluorocarburos o cuyo funcionamiento dependa de ellos o que se produzcan mediante uno o varios de dichos gases, en la medida en que en una reunión de las Partes en el Protocolo con arreglo al artículo 4, apartado 8, de dicho Protocolo se determine que el Estado o la organización regional de

integración económica cumple plenamente el Protocolo y haya presentado a tal fin los datos especificados en el artículo 7 del Protocolo. Dichos actos de ejecución se adoptarán de conformidad con el procedimiento de examen a que se refiere el artículo 34, apartado 2.

4. Sin perjuicio de cualquier decisión adoptada por las Partes en el Protocolo a que se refiere el apartado 2, se aplicará lo dispuesto en el apartado 1 a todo territorio no incluido en el Protocolo en las mismas condiciones en que tales decisiones se apliquen a cualquier Estado u organización de integración económica regional en el sentido del apartado 1.

5. En el caso de que las autoridades de un territorio no incluido en el Protocolo cumplan plenamente lo dispuesto en el Protocolo y hayan proporcionado a tal fin los datos especificados en el artículo 7 de dicho Protocolo, la Comisión podrá decidir, mediante actos de ejecución, que no sean aplicables respecto de ese territorio alguna o ninguna de las disposiciones del apartado 1 del presente artículo. Dichos actos de ejecución se adoptarán de conformidad con el procedimiento de examen a que se refiere el artículo 34, apartado 2.

...

CAPÍTULO VIII. SANCIONES, FORO CONSULTIVO, PROCEDIMIENTO DE COMITÉ Y EJERCICIO DE LA DELEGACIÓN

Artículo 31

Sanciones

1. Sin perjuicio de las obligaciones de los Estados miembros en virtud de la Directiva 2008/99/CE del Parlamento Europeo y del Consejo (30), los Estados miembros establecerán el régimen de sanciones aplicables a cualquier infracción del presente Reglamento y adoptarán todas las medidas necesarias para garantizar la ejecución de dichas sanciones. Antes del 1 de enero de 2026, los Estados miembros comunicarán a la Comisión el régimen establecido y las medidas adoptadas, y le notificarán sin demora toda modificación posterior.

2. Las sanciones serán efectivas, proporcionadas y disuasorias, y se determinarán tendiendo debidamente en cuenta lo siguiente, según proceda:

   a) la naturaleza y la gravedad de la infracción;

   b) la población humana o el medio ambiente afectado por la infracción, teniendo en cuenta la necesidad de garantizar un nivel elevado de protección de la salud humana y del medio ambiente;

   c) cualquier infracción anterior del presente Reglamento por parte de la empresa considerada responsable;

   d) la situación financiera de la empresa considerada responsable.

3. Las sanciones incluirán:

   a) sanciones pecuniarias administrativas de conformidad con el apartado 4; no obstante, los Estados miembros podrán también, o como alternativa, aplicar sanciones penales, siempre que sean efectivas, proporcionadas y disuasorias de un modo equivalente a las sanciones pecuniarias administrativas;

   b) la confiscación o el decomiso, o la retirada del mercado, o la toma de posesión por parte de las autoridades competentes de los Estados miembros de mercancías obtenidas ilegalmente;

   c) la prohibición temporal de usar, producir, importar, exportar o introducir en el mercado los gases fluorados de efecto invernadero o productos y aparatos que contengan gases fluorados de efecto invernadero o cuyo funcionamiento dependa de ellos, en caso de infracciones graves o reiteradas.

4. Las sanciones pecuniarias administrativas a que se refiere el apartado 3, letra a), serán proporcionadas al daño medioambiental, cuando proceda, y privarán efectivamente a los responsables de los beneficios económicos derivados de sus infracciones. El nivel de las sanciones pecuniarias administrativas aumentará gradualmente en caso de reincidencia.

En los casos de producción, importación, exportación, introducción en el mercado o uso ilícitos de gases fluorados de efecto invernadero o de productos y aparatos que contengan dichos gases o cuyo funcionamiento dependa de ellos, el importe máximo de las sanciones pecuniarias administrativas será al menos cinco veces el valor de mercado de los gases o productos y aparatos de que se trate. En caso de reincidencia en un período de cinco años, el importe máximo de las sanciones pecuniarias administrativas será al menos ocho veces superior al valor de mercado de los gases o productos y aparatos de que se trate.

5. Además de las sanciones a que se refiere el apartado 1, las empresas que hayan introducido en el mercado hidrofluorocarburos excediendo su cuota, asignada de conformidad con el artículo 17, apartado 4, o transferida de conformidad con el artículo 21, apartado 1, únicamente podrán recibir la asignación de una cuota reducida para el período de asignación siguiente a aquel en que se haya detectado el exceso.

La cuantía de la reducción se calculará como el 200 % de la cuantía en la que se haya excedido la cuota. Si la cuantía de lar educción es superior a la cuantía que se debería asignar con arreglo al artículo 17, apartado 4, como una cuota para el período de asignación siguiente a aquel en que se haya detectado el exceso, no se asignará ninguna cuota para ese período de asignación y las cuotas de los siguientes períodos de asignación se reducirán análogamente hasta que se haya deducido la cuantía total. Las reducciones se registrarán en el portal de gases fluorados.

(30) Directiva 2008/99/CE del Parlamento Europeo y del Consejo, de 19 de noviembre de 2008, relativa a la protección del medioambiente mediante el Derecho penal (DO L 328 de 6.12.2008, p. 28).

...

Artículo 38

Entrada en vigor y aplicación

El presente Reglamento entrará en vigor a los veinte días de su publicación en el Diario Oficial de la Unión Europea.

El artículo 12 y el artículo 17, apartado 5, serán aplicables a partir del 1 de enero de 2025.

El artículo 20, apartados 2 y 3, y el artículo 23, apartado 5, serán aplicables a partir del 3 de marzo de 2025 en lo que respecta al despacho a libre práctica a que se refiere el artículo 201 del Reglamento (UE) n.º 952/2013 y a todos los regímenes de importación y a la exportación.

El presente Reglamento será obligatorio en todos sus elementos y directamente aplicable en cada Estado miembro.

ANEXO I

GASES FLUORADOS DE EFECTO INVERNADERO A QUE SE REFIERE EL ARTÍCULO 2, PUNTO 1

Sustancia			PCG (1)
Designación industrial	Denominación química (denominación común)	Fórmula química	
Sección 1: Hidrofluorocarburos (HFC)			
HFC-23	Trifluorometano (fluoroformo)	CHF_3	14.800
HFC-32	Difluorometano	$CH2F_2$	675
HFC-41	Fluorometano (fluoruro de metilo)	CH_3F	92
HFC-125	Pentafluoretano	CH_2CF_3	3.500
HFC-134	1,1,2,2-Tetrafluoroetano	CHF_2CHF_2	1.100
HFC-134a	1,1,1,2-Tetrafluoroetano	CH_2FCF_3	1.430
HFC-143	1,1,2-Trifluoroetano	CH_2FCHF_2	353
HFC-143a	1,1,1-Trifluoroetano	CH_3CF_3	4.470
HFC-152	1,2-Difluoroetano	CH_2FCH_2F	53
HFC-152a	1,1-Difluoroetano	CH_3CHF_2	124
HFC-161	Fluoroetano (fluoruro de etilo)	CH_3CH_2F	12
HFC-227ea	1,1,1,2,3,3,3-Heptafluoropropano	CF_3CHFCF_3	3.220
HFC-236cb	1,1,1,2,2,3-Hexafluoropropano	$CH_2FCF_2CF_3$	1.340
HFC-236ea	1,1,1,2,3,3-Hexafluoropropano	CHF_2CHFCF_3	1.370
HFC-236fa	1,1,1,3,3,3-Hexafluoropropano	$CF_3CH_2CF_3$	9.810
HFC-245ca	1,1,2,2,3-Pentafluoropropano	$CH_2FCF_2CHF_2$	693
HFC-245fa	1,1,1,3,3-Pentafluoropropano	$CHF_2CH_2CF_3$	1.030
HFC-365mfc	1,1,1,3,3-Pentafluorobutano	$CF_3CH_2CF_2CH_3$	794
HFC-43-10mee	1,1,1,2,2,3,4,5,5,5-Decafluoropentano	$CF_3CHFCHFCF_2CF_3$	1.640
Sección 2: Perfluorocarburos (PFC)			
PFC-14	Tetrafluorurometano perfluorometano tetrafluoruro carbono	CF_4	7.380
PFC-116	Hexafluoroetano (perfluoroetano)	C_2F_6	12.400
PFC-218	Octafluoropropano (perfluoropropano)	C_3F_8	9.290
PFC-3-1-10 (R-31-10)	Decafluorobutano (perfluorobutano)	C_4F_{10}	10.000
PFC-4-1-12 (R-41-12)	Dodecafluoropentano (perfluoropentano)	C_5F_{12}	9.220
PFC-5-1-14 (R-51-14)	Tetradecafluorohexano (perfluorohexano)	C_6F_{14}	8.620
PFC-c-318	Octafluorociclobutano (perfluorociclobutano)	$c-C_4F_8$	10.200
PFC-9-1-18	Perfluorodecalina	$C_{10}F_{18}$	7.480
PFC-4-1-14	Perfluoro-2-metilpentano	$i-C_6F_{14}$	7.370

Sustancia			PCG (1)
Designación industrial	**Denominación química (denominación común)**	**Fórmula química**	
Sección 3: Otros compuestos perfluorados			
	Hexafluoruro de azufre	SF_6	24.300
	Heptafluoroisobutironitrilo	$Iso-C_3F_7CN$	2.750

(1) Basado en el cuarto informe de evaluación adoptado por el Grupo Intergubernamental de Expertos sobre el Cambio Climático (IFCC), salvo que se indique de otro modo.

ANEXO II

GASES FLUORADOS DE EFECTO INVERNADERO A QUE SE REFIERE EL ARTÍCULO 2, LETRA A) HIDRO(CLORO) FLUOROCARBUROS INSATURADOS

Sustancia		PCG (1)
Designación industrial o denominación común	**Fórmula química**	
Hidro(cloro)fluorocarburos insaturados		
HCFC-1224yd	$CF_3CF=CHCl$	0,06
Trans– 1,2-difluoroetileno (HFC-1132) e isómeros	$CHF=CHF$	>1
1,1-difluoroetano (HFC-1132a)	$CH_2=CF_2$	0,052
1,1,1,2,3,4,5,5,5 (or1,1,1,3,4,4,5,5,5)-nonafluoro-4 (or2)-(trifluorometil)pent-2-eno	$CF_3CF=CFCFCF_3CF_3$ o $CF_3CF3C=CFCF_2CF_3$	1[Fn] (3)
HFC-1234yf	$CF_3CF = CH_2$	0,501
HFC-1234ze e isómeros	trans — $CHF = CHCF_3$	1,37
HFC-1336mzz (E)	$(E)-CF_3CH = CHCF_3$	17,9
HFC-1336mzz (Z)	$(Z)-CF_3CH = CHCF_3$	2,08
HCFC-1233zd e isómeros	$C_3H_2ClF_3$	3,88
HCFC-1233xf	$C_3H_2ClF_3$	1[Fn] (3)

(1) Basado en el cuarto informe de evaluación adoptado por el Grupo Intergubernamental de Expertos sobre el Cambio Climático (IFCC), salvo que se indique de otro modo.

ANEXO IV

PROHIBICIONES DE INTRODUCCIÓN EN EL MERCADO A LAS QUE SE REFIERE EL ARTÍCULO 11, APARTADO 1

Productos y aparatos		Fecha de la prohibición
1. Recipientes no rellenables para gases fluorados de efecto invernadero enumerados en el anexo I, vacíos, llenos parcial o completamente, usados para revisar, mantener o llenar aparatos de refrigeración, aire acondicionado o bombas de calor, sistemas de protección contra incendios o aparamenta eléctrica, o para usarlos como disolventes.		4 de julio de 2007
Refrigeración fija		
2. Frigoríficos y congeladores domésticos:	a) que contienen HFC con un PCG igual o superior a150;	1 de enero de 2015
	b) que contienen gases fluorados de efecto invernadero, excepto si son necesarios para cumplir requisitos de seguridad en la zona de operación.	1 de enero de 2026
3. Frigoríficos y congeladores para uso comercial (aparatos autónomos):	a) que contienen HFC con un PCG igual o superior a 2.500;	1 de enero de 2020
	b) que contienen HFC con un PCG igual o superior a 150;	1 de enero de 2022
	c) que contienen otros gases fluorados de efecto invernadero con un PCG igual o superior a 150.	1 de enero de 2025
4. Cualquier aparato de refrigeración autónomo, excepto los enfriadores, que contenga gases fluorados de efecto invernadero con un PCG igual o superior a 150, excepto si son necesarios para cumplir los requisitos de seguridad en la zona de operación.		1 de enero de 2025
5. Aparatos de refrigeración, excepto los enfriadores y los equipos con templados en los puntos 4 y 6,quecontengano-cuyofuncionamiento depende de:	a) HFC con un PCG igual o superior a 2500, excepto los aparatos destinados para aplicaciones diseñadas a refrigerar productos a temperaturas inferiores a −50°C;	1 de enero de 2020
	b) gases fluorados de efecto invernadero con un PCG igual o superior a 2500, excepto los aparatos destinados para aplicaciones diseñadas a refrigerar productos a temperaturas inferiores a −50°C;	1 de enero de 2025
	c) gases fluorados de efecto invernadero, con un PCG igual o superior a 150, excepto si son necesarios para cumplir los requisitos de seguridad en la zona de operación.	1 de enero de 2030
6. Sistemas de refrigeración centralizada multicompresor compactos, para uso comercial, con una capacidad nominal igual o superior a 40kW, que contengan gases fluorados de efecto invernadero enumerados en el anexo I, o cuyo funcionamiento dependa de ellos, con un PCG igual o superior a150,excepto en los circuitos refrigerantes primarios de los sistemas en cascada, en que pueden emplearse gases fluorados de efecto invernadero con un PCG inferior a1500.		1 de enero de 2022

Productos y aparatos		Fecha de la prohibición
7. Enfriadores que contengan o cuyo funcionamiento dependa de:	a) HFC con un PCG igual o superior a 2500, excepto los aparatos destinados para aplicaciones diseñadas a refrigerar productos a temperaturas inferiores a –50°C;	1 de enero de 2020
	b) gases fluorados de efecto invernadero con un PCG igual o superior a 150 para enfriadores con una capacidad nominal de hasta 12kW, excepto si son necesarios para cumplir los requisitos de seguridad en la zona de operación.	1 de enero de 2027
	a) gases fluorados de efecto invernadero para enfriado res con una capacidad nominal de hasta 12kW, excepto si son necesarios para cumplir los requisitos de seguridad en la zona de operación.	1 de enero de 2032
	b) gases fluorados de efecto invernadero con un PCG de 750 para enfriadores con una capacidad nominal de más de 12 kW, excepto si son necesarios para cumplir los requisitos de seguridad en la zona de operación.	1 de enero de 2027
8. Aparatos de aire acondicionado y bombas de calor autónomos, ex cepto enfriadores:	a) aparatos enchufables de aire acondicionado para es pacios cerrados que el usuario final puede cambiar de una habitación a otra, que contienen HFC con un PCG igual o superior a 150;	1 de enero de 2020
	b) aparatos de aire acondicionado, aparatos monobloque de aire acondicionado, otros aparatos autónomos de aire acondicionado y bombas de calor autónomas, enchufables para espacios cerrados, con una capacidad nominal de hasta 12 kW, que contienen gases fluorados de efecto invernadero con un PCG igual o superior a 150, excepto si son necesarios para cumplir los requisitos de seguridad. Si los requisitos de seguridad en la zona de operación no permitirían utilizar gases fluorados de efecto invernadero con un PCG inferior a150, el límite de PCG será de 750;	1 de enero de 2027
	c) aparatos de aire acondicionado, aparatos monobloque de aire acondicionado, otros aparatos autónomos de aire acondicionado y bombas de calor autónomas, enchufables para espacios cerrados, con una capacidad nominal de hasta 12 kW, que contienen gases fluorados de efecto invernadero, excepto si son necesarios para cumplir los requisitos de seguridad. Si los requisitos de seguridad en la zona de operación no permitirían utilizar gases fluorados de efecto invernadero con un PCG inferior a150, el límite de PCG será de 750;	1 de enero de 2032

Productos y aparatos		Fecha de la prohibición
8. Aparatos de aire acondicionado y bombas de calor autónomos, ex cepto enfriadores:	a) aparatos de aire acondicionado, aparatos monobloque de aire acondicionado, otros aparatos autónomos de aire acondicionado y bombas de calor autónomas, enchufables para espacios cerrados, con una capacidad nominal de hasta 12 kW pero igual o inferior a 50kW, que contienen gases fluorados de efecto invernadero con un PCG igual o superior a 150, excepto si son necesarios para cumplir los requisitos de seguridad. Si los requisitos de seguridad en la zona de operación no permitirían utilizar gases fluorados de efecto invernadero con un PCG inferior a150, el límite de PCG será de 750;	1 de enero de 2027
	b) otros aparatos autónomos de aire acondicionado y bomba de calor que contienen gases fluorados de efecto invernadero con un PCG igual o superior a 150, excepto si son necesarios para cumplir los requisitos de seguridad. Si los requisitos de seguridad en la zona de operación no permitirían utilizar gases fluorados de efecto invernadero con un PCG inferior a150, el límite de PCG será de 750;	1 de enero de 2030
9. Aparatos de aire acondicionado partidos y bombas de calor(¹):	a) sistemas partidos simples que contengan menos de 3 kg de gases fluorados de efecto invernadero enumerados en el anexo I o cuyo funcionamiento dependa de ellos, con un PCG igual o superior a 750;	1 de enero de 2025
	b) sistemas partidos aire-agua con una capacidad nominal de hasta12 kW que contienen gases fluorados de efecto invernadero, o cuyo funcionamiento depende de ellos, con un PCG igual o superior a150, excepto si son necesarios para cumplir los requisitos de seguridad en la zona de operación;	1 de enero de 2027
	c) sistemas partidos aire-aire con una capacidad nominal de hasta 12 kW que contienen gases fluorados de efecto invernadero, o cuyo funcionamiento depende de ellos, con un PCG igual o superior a150, excepto si son necesarios para cumplir los requisitos de seguridad en la zona de operación;	1 de enero de 2029
	d) sistemas partidos con una capacidad nominal de hasta 12 kW que contienen gases fluorados de efecto invernadero, o cuyo funcionamiento depende de ellos, excepto si son necesarios para cumplir los requisitos de seguridad en la zona de operación;	1 de enero de 2035

Productos y aparatos		Fecha de la prohibición
9. Aparatos de aire acondicionado partidos y bombas de calor(^{1}):	e) sistemas partidos con una capacidad nominal superior a 12 kW que contienen gases fluorados de efecto invernadero, o cuyo funcionamiento depende de ellos ,con un PCG igual o superior a 750, excepto si son necesarios para cumplir los requisitos de seguridad en la zona de operación;	1 de enero de 2029
	f) sistemas partidos con una capacidad nominal superior a 12 kW que contienen gases fluorados de efecto invernadero, o cuyo funcionamiento depende de ellos, con un PCG igual o superior a150, excepto si son necesarios para cumplir los requisitos de seguridad en la zona de operación;	1 de enero de 2033
Otros productos y aparatos		
10. Sistemas no confinados de evaporación directa que contienen HFC y PFC como refrigerantes.		4 de julio de 2007
11. Aparatos de protección contra incendios:	a) que contienen PFC;	4 de julio de 2007
	b) que contienen HFC-23;	1 de enero de 2016
	c) que contienen otros gases fluorados de efecto inver nadero enumerados en el anexo I o dependen de ellos, excepto si son necesarios para cumplir los requisitos de seguridad en la zona de operación;	1 de enero de 2025
12. Ventanas para uso doméstico que contienen gases fluorados de efecto invernadero enumerados en el anexo I.		4 de julio de 2007
13. Otras ventanas que contienen gases fluorados de efecto invernadero enumerados en el anexo I.		4 de julio de 2008
14. Calzado que contiene gases fluorados de efecto invernadero enumerados en el anexo I.		4 de julio de 2006
15. Neumáticos que contienen gases fluorados de efecto invernadero enumerados en el anexo I.		4 de julio de 2007
16. Espumas monocomponente, salvo si su utilización es necesaria para cumplir las normas de seguridad nacionales, que contienen gases fluorados de efecto invernadero enumerados en el anexo I con un PCG igual o superior a150.		4 de julio de 2008
17. Espumas:	a) poliestireno extruido (XPS) que contiene HFC con un PCG igual o superior a150, excepto si es necesario para cumplir normas de seguridad nacionales;	1 de enero de 2020
	b) espumas distintas del poliestireno extruido (XPS) que contienen HFC con un PCG igual o superior a150, excepto si son necesarias para cumplir normas de seguridad nacionales;	1 de enero de 2023
	c) espumas que contienen gases fluorados de efecto invernadero, excepto si son necesarias para cumplir requisitos de seguridad.	1 de enero de 2033

Productos y aparatos		Fecha de la prohibición
18. Generadores de aerosoles introducidos en el mercado y destinados a la venta al público en general con fines recreativos y decorativos, como se indica en el punto 40 del anexo XVII del Reglamento (CE) n.º 1907/2006, y bocinas que contienen HFC con un PCG igual o superiora 150.		4 de julio de 2009
19. Aerosoles técnicos:	a) que contengan HFC con un PCG igual o superior a150, excepto si son necesarios para cumplir las normas nacionales de seguridad o cuando se utilicen para aplicaciones médicas;	1 de enero de 2018
	b) que contengan gases fluorados de efecto invernadero, excepto si son necesarios para cumplir las normas nacionales de seguridad o cuando se utilicen para aplicaciones médicas;	1 de enero de 2030
20. Productos de cuidado personal (por ejemplo, mousse, cremas, espumas, líquidos o pulverizadores) que contienen gases fluorados de efecto invernadero.		1 de enero de 2025
21. Aparatos utilizados para enfriar la piel que contengan gases fluorados de efecto invernadero, o cuyo funcionamiento dependa de ellos, con un PCG igual o superior a150, excepto si se utilizan para aplicaciones médicas.		1 de enero de 2025

(1) A efectos del presente Reglamento, las bombas de calor y los aparatos de aire acondicionado fijos de doble tubo se considerarán partidos (categoría 9) y estarán sujetos a los mismos requisitos.

ANEXO V

DERECHOS DE PRODUCCIÓN PARA LA INTRODUCCIÓN EN EL MERCADO DE HIDROFLUOROCARBUROS

Los derechos de producción de hidrofluorocarburos, expresados en toneladas equivalentes de CO_2, mencionados en el artículo 14, apartado 3, para cada productor, se calculan del modo siguiente:

a) para el período comprendido entre el 1 de enero de 2025 y el 31 de diciembre de 2028, el 60 % de la media anual de su producción en 2011-2013;

b) para el período comprendido entre el 1 de enero de 2029 y el 31 de diciembre de 2033, el 30 % de la media anual de su producción en 2011-2013;

c) para el período comprendido entre el 1 de enero de 2034 y el 31 de diciembre de 2035, el 20 % de la media anual de su producción en 2011-2013;

d) para el período que se inicia el 1 de enero de 2036, el 15 % de la media anual de su producción en 2011-2013.

ANEXO VII

CÁLCULO DE LA CANTIDAD MÁXIMA, LOS VALORES DE REFERENCIA Y LAS CUOTAS DE COMERCIALIZACIÓN DE HIDROFLUOROCARBUROS

La cantidad máxima a que se refiere el artículo 15, apartado 1, se calculará mediante la aplicación de los porcentajes siguientes a la media anual de la cantidad total comercializada en la Unión durante el periodo comprendido entre 2009 y 2012. De 2018 en adelante, la cantidad máxima a que se refiere el artículo 15, apartado 1, se calculará mediante la aplicación de los porcentajes siguientes a la media anual de la cantidad total comercializada en la Unión durante el periodo comprendido entre 2009 y 2012, y posteriormente mediante la sustracción de las cantidades previstas para usos exentos, con arreglo al artículo 15, apartado 2, a tenor de los datos disponibles.

Años	Cantidad máxima en toneladas equivalentes de CO_2
2025–2026	42874410
2027–2029	21665691
2030–2032	9132097
2033–2035	8445713
2036–2038	6782265
2039–2041	6136732
2042–2044	5491199
2045–2047	4845666
2048–2049	4200133
a partir de 2050	0

La cantidad máxima, los valores de referencia y las cuotas de comercialización de hidrofluorocarburos, a que se refieren en los artículos 15 y 16, se calcularán como la suma de las cantidades de todos los tipos de hidrofluorocarburos, expresadas en toneladas equivalentes de CO_2.

El cálculo de los valores de referencia y de las cuotas de comercialización de hidrofluorocarburos, a que se refieren los artículos 15 y 16, se basará en las cantidades de hidrofluorocarburos que los productores e importadores hayan comercializado en la Unión durante un periodo de referencia o de asignación, pero excluyendo las cantidades de hidrofluorocarburos para el uso a que se refiere el artículo 15, apartado 2, durante el mismo periodo, a tenor de los datos disponibles.

Las transacciones a que se refiere el artículo 15, apartado 2, letra c), se verificarán con arreglo al artículo 19, apartado 6, independientemente de las cantidades implicadas.

....

Los anexos III y VI se han omitido por considerarlos irrelevantes para este programa formativo.

RCE 573/2024 PARA REFRIGERACIÓN/CLIMATIZACIÓN

- PROHIBICIONES EN ANEXO IV

- LIMITACIÓN DE COMERCIALIZACIÓN REFRIGERANTES EN TONELADAS EQUIVALENTES DE CO_2

- PROHIBICIÓN TOTAL DESCARGA HFC A LA ATMÓSFERA: RECUPERACIÓN

- CONTROL DE FUGAS POR TONELADAS EQUIVALENTES DE CO_2:

  – 1 AÑO PARA 5 TONELADAS O MAS (10 SI HERMÉTICAMENTE SELLADO) (2 AÑOS CON SISTEMA DE DETECCIÓN DE FUGAS)

  – 6 MESES PARA 50 TONELADAS O MÁS Y MENOS DE 500 (1 AÑO CON SISTEMA DE DETECCIÓN DE FUGAS)

  – 3 MESES PARA 500 TONELADAS O MÁS (6 MESES CON SISTEMA DE DETECCIÓN DE FUGAS)

- CONTROL DE FUGAS POR kg DE REFRIGERANNTE PARA HFO

  – 1 AÑO PARA 10 kg O MENOS (2 AÑOS CON SISTEMA DE DETECCIÓN DE FUGAS)

  – 6 MESES PARA 10 kg O MÁS Y MENOS DE 100 kg (1 AÑO CON SISTEMA DE DETECCIÓN DE FUGAS)

  – 3 MESES PARA 100 kg O MÁS (6 MESES CON SISTEMA DE DETECCIÓN DE FUGAS)

- CONTROL DE FUGAS ADICIONAL 1 MES TRAS REPARAR FUGAS

17. Disposiciones del RCE 1516/2007

El artículo 3, apartado 7 del RCE 842/2006, establecía que «A más tardar el 4 de julio del 2007, la Comisión establecerá, por el procedimiento a que se refiere el artículo 12, apartado 2, los requisitos de control de fugas estándar para cada una de las aplicaciones mencionadas en el presente artículo, apartado 1».

Así, la Comisión publicó el Reglamento de la Comunidad Europea 1516/2007, para determinar los procedimientos aceptables para la realización de los controles de fuga necesarios en los sistemas con refrigerantes fluorados, que se reproduce a continuación:

REGLAMENTO (CE) N.° 1516/2007 DE LA COMISIÓN de 19 de diciembre del 2007, por el que se establecen, de conformidad con el Reglamento (CE) n.° 842/2006 del Parlamento Europeo y del Consejo, requisitos de control de fugas estándar para los equipos fijos de refrigeración, aires acondicionados y bombas de calor que contengan determinados gases fluorados de efecto invernadero.

LA COMISIÓN DE LAS COMUNIDADES EUROPEAS,

Visto el Tratado constitutivo de la Comunidad Europea,

Visto el Reglamento (CE) n.° 842/2006 del Parlamento Europeo y del Consejo, de 17 de mayo del 2006, sobre determinados gases fluorados de efecto invernadero, y, en particular, su artículo 3, apartado 7,

Considerando lo siguiente:

(1) De conformidad con lo dispuesto en el Reglamento (CE) n.° 842/2006, los registros de los equipos de refrigeración, aire acondicionado y bombas de calor deben contener determinados datos. Al objeto de garantizar la aplicación efectiva del Reglamento (CE) n.° 842/2006, es conveniente prever la inclusión de nuevos datos en los registros de los equipos.

(2) Procede incluir información sobre la carga de gases fluorados de efecto invernadero en los registros de los equipos. Cuando se desconozca la carga de dichos gases, el operador del equipo de que se trate debe cerciorarse de que el personal acreditado determine dicha carga a fin de facilitar el control de fugas.

(3) Es conveniente que, antes de proceder al control de fugas, el personal acreditado examine cuidadosamente la información recogida en los registros del equipo para determinar si han existido problemas con anterioridad y consultar los informes previos.

(4) Al objeto de garantizar un control de fugas eficaz, las verificaciones han de centrarse en las partes del equipo que más probablemente puedan sufrir fugas.

(5) Los controles de fugas deben efectuarse empleando métodos de medición directa o indirecta. Los métodos de medición directa identifican las fugas mediante dispositivos de detección que pueden determinar si el sistema sufre un escape de la carga de gas fluorado de efecto invernadero. Los métodos de medición indirecta se basan en la identificación de características de funcionamiento anormales en el sistema y en el análisis de los parámetros pertinentes.

(6) Es conveniente recurrir a los métodos de medición indirecta en caso de que la fuga se desarrolle muy lentamente y el equipo esté instalado en un entorno bien ventilado que dificulte la detección de los gases fluorados de efecto invernadero que pasan del sistema al aire ambiente. Los métodos de medición directa son necesarios para determinar el punto exacto en que se produce la fuga. El método de medición que debe usarse ha de ser decidido por el personal acreditado, que cuenta con la formación y experiencia necesarias para determinar el método más adecuado según los casos.

(7) Cuando se sospeche que se ha producido una fuga, debe procederse al control oportuno para determinar su origen y repararla.

(8) Con objeto de garantizar la seguridad de sistema reparado, el control de supervisión previsto en el Reglamento (CE) n.° 842/2006 debe centrarse en las partes del sistema en las que se hayan detectado fugas, así como en las partes adyacentes.

(9) Una instalación defectuosa de los nuevos sistemas constituye un riesgo importante de fuga. Por tanto, es necesario proceder a un control de fugas en los sistemas recién instalados en cuanto estos empiecen a funcionar.

(10) Las medidas previstas en el presente Reglamento se ajustan al dictamen del Comité creado por el artículo 18, apartado 1, del Reglamento (CE) n.° 2037/2000 del Parlamento Europeo y del Consejo.

HA ADOPTADO EL PRESENTE REGLAMENTO:

Artículo 1

Objeto y ámbito de aplicación

El presente Reglamento establece, de conformidad con el Reglamento (CE) n.° 842/2006, los requisitos de control de fugas estándar aplicables a los equipos fijos de refrigeración, aire acondicionado y bombas de calor que contengan una cantidad igual o superior a 3 kg de gases fluorados de efecto invernadero.

El presente Reglamento no será aplicable a los equipos con sistemas herméticamente sellados que estén etiquetados como tales y contengan una cantidad de gases fluorados de efecto invernadero inferior a 6 kg.

Artículo 2

Registros del equipo

1. El operador indicará su nombre y apellidos, dirección postal y número de teléfono en los registros a que hace referencia el artículo 3, apartado 6, del Reglamento (CE) n.° 842/2006, denominados en lo sucesivo «los registros del equipo».

2. La carga de gases fluorados de efecto invernadero de los equipos de refrigeración, aire acondicionado o bombas de calor se indicará en los registros del equipo.

3. En caso de que la carga de gases fluorados de efecto invernadero de los equipos de refrigeración, aire acondicionado o bombas de calor no se indique en las especificaciones técnicas del fabricante o en la etiqueta de dicho sistema, el operador velará por que el personal acreditado la determine.

4. Una vez esclarecida, la causa de la fuga se indicará en los registros del equipo.

Artículo 3

Comprobación de los registros del equipo

1. Antes de proceder al control de fugas, el personal acreditado comprobará los registros del equipo.

2. Se prestará especial atención a la información pertinente sobre problemas que se planteen reiteradamente y zonas difíciles.

Artículo 4

Controles sistemáticos

Se controlarán sistemáticamente las siguientes partes de los equipos de refrigeración, aire acondicionado o bombas de calor:

   a) juntas;

   b) válvulas, incluidos los vástagos;

   c) sellos, incluidos los colocados en secadores y filtros desmontables;

   d) partes del sistema que pueden sufrir vibraciones;

   e) conexiones a dispositivos de seguridad o de funcionamiento.

Artículo 5

Elección del método de medición

1. El personal acreditado utilizará un método de medición directa con arreglo al artículo 6 o un método de medición indirecta con arreglo al artículo 7 para proceder al control de fugas de equipos de refrigeración, aire acondicionado o bombas de calor.

2. Los métodos de medición directa podrán emplearse en todos los casos.

3. Los métodos de medición indirecta solo se emplearán cuando los parámetros del equipo por analizar a que se refiere el artículo 7, apartado 1, ofrezcan información fidedigna sobre la carga de gases fluorados de efecto invernadero indicada en los registros del equipo y la probabilidad de que se produzcan fugas.

Artículo 6

Métodos de medición directa

1. Al objeto de detectar la fuga, el personal acreditado utilizará uno o varios de los siguientes métodos de medición directa:

   a) control de los circuitos y componentes que presenten riesgo de fuga con dispositivos de detección de gases adaptados al fluido refrigerante del sistema;

   b) aplicación de un fluido ultravioleta (UV) de detección o un tinte adecuado en el circuito;

   c) soluciones de burbujas o espumas patentadas.

2. Los dispositivos de detección de gases mencionados en el apartado 1, letra a), se controlarán cada doce meses a fin de garantizar su correcto funcionamiento. Los dispositivos de detección de gases portátiles tendrán una sensibilidad de al menos 5 gramos por año.

3. Solamente se introducirán fluidos ultravioletas de detección o tintes adecuados en el circuito de refrigeración cuando el fabricante del equipo haya confirmado que tales métodos de detección son técnicamente posibles. El método únicamente podrá ser aplicado por personal acreditado para realizar actividades que entrañen la apertura de circuitos de refrigeración que contengan gases fluorados de efecto invernadero.

4. Cuando los métodos mencionados en el apartado 1 del presente artículo no detecten fuga alguna y las partes a que hace referencia el artículo 4 no muestren indicios de fuga, pero el personal acreditado considere que sí hay una fuga, dicho personal inspeccionará las demás partes del equipo.

5. Antes de procederse al ensayo de presión con nitrógeno sin oxígeno u otro gas idóneo para los ensayos de presión destinados a controlar fugas, los gases fluorados de efecto invernadero serán recuperados del sistema en su conjunto por personal acreditado para recuperar gases fluorados de efecto invernadero de ese tipo específico de equipo.

Artículo 7

Métodos de medición indirecta

1. Al objeto de detectar una fuga, el personal acreditado practicará un control visual y manual del equipo y analizará uno o varios de los siguientes parámetros:

   a) presión;

   b) temperatura;

   c) corriente del compresor;

   d) niveles de líquido;

   e) volumen de recarga.

2. Toda presunta fuga de gases fluorados de efecto invernadero dará lugar a un examen para detectarla mediante un método directo con arreglo al artículo 6.

3. Se considerará que existe una presunta fuga en una o varias de las siguientes situaciones:

   a) cuando un sistema fijo de detección de fugas lo indique;

   b) cuando el equipo emita ruidos o vibraciones anormales, presente formación de hielo o posea insuficiente capacidad de enfriamiento;

   c) cuando existan indicios de corrosión, fugas de aceite y daños en componentes o material en los posibles puntos de fuga;

   d) cuando muestren indicios de fuga los visores, los indicadores de nivel u otras ayudas visuales;

   e) cuando existan indicios de daños en los conmutadores de seguridad, los conmutadores de presión y las conexiones de los calibradores y del sensor;

   f) cuando se produzcan desviaciones con respecto a las condiciones normales de funcionamiento indicadas por los parámetros analizados, incluidas las lecturas de sistemas electrónicos en tiempo real;

   g) otros indicios de pérdida de carga de fluido refrigerante.

Artículo 8

Reparación de fugas

1. El operador se cerciorará de que la reparación solo sea efectuada por personal acreditado para llevar a cabo esa actividad específica.

Antes de proceder a la reparación, se efectuarán, en caso necesario, un bombeo de vacío o una recuperación.

2. El operador se cerciorará de que se efectúa, en caso necesario, un ensayo de estanqueidad con nitrógeno sin oxígeno u otro gas secante idóneo para los ensayos de presión, seguido de evacuación, recarga y ensayo de estanqueidad.

Antes de proceder al ensayo de presión con nitrógeno sin oxígeno u otro gas idóneo para los ensayos de presión, los gases fluorados de efecto invernadero se recuperarán, en su caso, de la aplicación en su conjunto.

3. En la medida de lo posible, se determinará la causa de la fuga para evitar que se repita.

Artículo 9

Control de supervisión

A la hora de proceder al control de supervisión a que se refiere el artículo 3, apartado 2, párrafo segundo, del Reglamento (CE) n.° 842/2006, el personal acreditado se centrará en aquellas zonas en las que se hayan detectado y reparado fugas, así como en las zonas adyacentes en los casos en que se haya aplicado tensión durante la reparación.

Artículo 10

Requisitos aplicables a los sistemas de reciente puesta en servicio

Los sistemas recién instalados serán objeto de controles de fugas inmediatamente después de haber sido puestos en servicio.

Artículo 11

Entrada en vigor

El presente Reglamento entrará en vigor el vigésimo día siguiente al de su publicación en el Diario Oficial de la Unión Europea.

El presente Reglamento será obligatorio en todos sus elementos y directamente aplicable en cada Estado miembro.

Hecho en Bruselas, el 19 de diciembre del 2007.

18. Consecuencias de la aplicación de los reglamentos

Una de las consecuencias inmediatas de la entrada en vigor del RCE 2024/573 es el cambio sustancial que se dibuja en el horizonte del futuro próximo de los gases fluorados con un PCG elevado, que se están utilizando de forma generalizada en la actualidad. Sin embargo, este asunto se trata con profundidad en el capítulo 21 de este manual, por lo que este capítulo se centra en exponer y resumir las implicaciones que se producen para los profesionales de la refrigeración durante el desarrollo de sus actividades laborales, así como para los titulares de las instalaciones, con motivo de la aplicación de la normativa expuesta hasta el momento. No olvidemos que los reglamentos europeos vistos hasta el momento son de aplicación directa y obligatoria en todos los países de la Unión Europea.

En referencia a los titulares de las instalaciones, hay que señalar que es su responsabilidad utilizar y mantener en correcto estado las instalaciones térmicas para confort humano. Según se indica en el artículo 25 del Reglamento de instalaciones térmicas en edificios, es responsabilidad del titular de la instalación:

- El mantenimiento de la instalación térmica por una empresa mantenedora habilitada

- Las inspecciones obligatorias

- La conservación de la documentación de todas las actuaciones, ya sean de mantenimiento, reparación, reforma o inspecciones realizadas en la instalación térmica o sus equipos

Asimismo, es su responsabilidad, según el artículo 4 del RCE 2024/573 (véase la definición de operador en ese mismo Reglamento), que se realicen los controles de fugas obligatorios en los aparatos de refrigeración, aire acondicionado y bomba de calor que contengan refrigerantes fluorados por valor de 5 toneladas de CO_2 o más. Evidentemente, para ello deberá contratar a una empresa cualificada para manipular dichos refrigerantes.

A su vez, las empresas que vayan a realizar cualquiera de las actividades restringidas con sistemas que contengan refrigerantes fluorados (instalación de equipos, mantenimiento o revisión de los mismos, carga o recuperación de refrigerantes, certificación del cálculo de la carga de gas, manipulación de contenedores de gases fluorados refrigerantes, control de fugas o desmontaje de sistemas) deberán:

- Tener en plantilla al menos a un trabajador que esté en posesión del certificado acreditativo de la competencia para manipulación de equipos con refrigerantes fluorados

- Estar dadas de alta como manipuladoras de refrigerantes fluorados

- Estar dadas de alta como productoras de residuos

- Tener un contrato en vigor con una empresa de gestión de residuos

- Mantener una contabilidad de los residuos generados en su actividad

Respecto a este último punto, es conveniente aclarar que el Real Decreto 552/2019 por el que se aprueban el Reglamento de seguridad para instalaciones frigoríficas y sus instrucciones técnicas complementarias, en su IF 17, apartado 1.2, establece lo siguiente:

«Las empresas frigoristas mantendrán debidamente actualizado un registro normalizado e informatizado, en el que se reflejará toda operación realizada con gases refrigerantes grabando, al menos, los datos siguientes:

a) Fecha de la operación

b) Tipo de operación realizada: adquisición, cesión, carga del sistema, recuperación, entrega a gestor.

c) Tipo y cantidad de refrigerante

d) Persona competente responsable de la operación

e) Distribuidor, empresa frigorista, instalación, o gestor de residuos autorizado, según proceda en función del tipo de operación

f) Número de factura o contrato

La operación deberá figurar inscrita en el registro antes de las 24 horas posteriores a haberse efectuado.

Dicho registro se mantendrá actualizado y disponible para su inspección por el órgano competente de la Comunidad Autónoma que corresponda. El mismo reflejará también las operaciones referentes a los residuos de dichos refrigerantes, dando cumplimiento al artículo 17.1 de la Ley 22/2011, de 28 de julio, de residuos y suelos contaminados.

Asimismo, cada operación en que intervenga el refrigerante, así como el origen de éste, deberá anotarse en el libro de registro de la instalación frigorífica (véase el apartado 2.5.2 de la IF-10).

A petición del usuario, el proveedor del refrigerante (empresa frigorista) deberá entregar un certificado, por ejemplo, como el descrito en la norma UNE- EN 10204, emitido por el gestor que ha procedido al reciclaje o regeneración.»

Por otra parte, son responsables de:

- La creación, en su caso, y el correcto mantenimiento de las anotaciones de los registros de los equipos con refrigerantes fluorados por valor de 5 toneladas equivalentes de CO_2 o más

- Si fuera necesario, la determinación de la carga del equipo y el correcto etiquetado del mismo

- Que el personal que realice cualquier actividad de las indicadas anteriormente o cualquier otra que suponga acceder a los circuitos de sistemas con refrigerantes fluorados está en posesión del correspondiente certificado de acreditación

- La realización de los controles de fugas correspondientes según la equivalencia de carga de refrigerante del sistema

Asimismo, deberá contar con la equipación adecuada en los vehículos destinados a transportar tanto refrigerantes nuevos, reciclados, regenerados, o equipos precargados, así como los recogidos de instalaciones desmanteladas y los equipos de estas instalaciones, disponiendo además de las correspondientes autorizaciones para transportar residuos según las disposiciones en materia de medio ambiente de la comunidad autónoma correspondiente.

Por otra parte, deberá mantener las condiciones adecuadas tanto en los almacenamientos de refrigerantes propios como en aquellos que se puedan encontrar en las instalaciones de los clientes con los que exista relación contractual para el mantenimiento de las mismas (no hay que olvidar que según el artículo 9, apartado 7, del Real Decreto 115/2017, la titularidad de estos refrigerantes queda restringida a la empresa habilitada correspondiente). Las condiciones de almacenamiento se recogen en el capítulo 12 de este manual

19. Procedimientos de control y pruebas

Para desarrollar este capítulo, la referencia será el Real Decreto 138/2011, por el que se aprueban el Reglamento de seguridad para instalaciones frigoríficas y sus instrucciones técnicas complementarias.

19.1 Procedimientos de control

Un sistema cuyo funcionamiento se base en la utilización de refrigerantes debe contar con un adecuado mantenimiento durante toda su vida útil, tanto para poder obtener el máximo rendimiento del equipo como para evitar emisiones de gases de efecto invernadero a la atmósfera.

Sin embargo, tras estas intervenciones de mantenimiento y reparación, o tras una parada prolongada del sistema, es necesario realizar ciertas intervenciones para comprobar que este está en condiciones de ser utilizado.

Por otra parte, un sistema que requiera instalación, antes de su puesta en marcha requiere también una serie de intervenciones para asegurar su correcto funcionamiento.

El primer procedimiento relacionado tiene que ver con los controles de fugas requeridos según los Reglamentos UE 2024/590 y 2024/573, y desarrollados por el Reglamento CE 1516/2007. En este sentido, el Reglamento de Seguridad en Instalaciones Frigoríficas indica, en su IF 17, que el procedimiento adecuado comenzaría por una comprobación documental del registro de la instalación frigorífica, prestando especial atención a las áreas problemáticas o que han presentado fugas en anteriores ocasiones. Se deben tener en cuenta también las instrucciones generales y específicas del manual de instrucciones de la instalación.

En caso de existir alguna deficiencia en los libros de registro o manuales de instrucciones de la instalación frigorífica, se especificaría en un informe (contemplado en el apartado 2.5.3.5 de la IF 17), en especial si careciera de libro de registro, o no figurara información relevante como los datos del titular, empresa man-tenedora, carga y tipo de refrigerante o resultado de revisiones anteriores.

A continuación se deberá realizar una comprobación general del sistema, para detectar posibles ruidos o vibraciones anormales, formación de hielo o insuficiente capacidad de enfriamiento o calentamiento. Tam-bién deben buscarse señales visuales de corrosión, fugas de aceite y daños en componentes o materiales, en particular en las zonas más propensas a fugas como juntas, uniones, válvulas, o si existen daños en ele-mentos de seguridad.

Esta comprobación deberá también centrarse en la revisión de los visores o indicadores de nivel, si la ins-talación dispone de los mismos, así como en la revisión de zonas en las que se han producido fugas con anterioridad, o que hayan sido reparadas, información que deberá figurar en el registro del sistema.

También se realizará la comprobación de los elementos reflejados por el fabricante o instalador en el ma-nual de instrucciones de la instalación mediante el procedimiento y medios que se indiquen.

A continuación, se debe proceder a la realización del control de fugas propiamente dicho, eligiendo, a la luz de la información obtenida del registro del equipo y de las primeras comprobaciones descritas en párrafos anteriores, el tipo de procedimiento (directo o indirecto) más apropiado en cada caso.

En el caso de optar por un método directo, se aplicará uno de los siguientes:

- Aplicación de productos jabonosos adecuados
- Detectores manuales de gas refrigerante y localizadores de fugas por ultrasonidos, etc.
- Detectores ultravioleta, de ser aplicables

Estos procedimientos se deberán centrar de manera sistemática en los siguientes elementos, prestando especial atención a los más propensos a fugas según el historial de la instalación o la experiencia:

- Juntas y conexiones
- Válvulas, incluyendo vástagos
- Partes del sistema sujetas a vibraciones
- Sellos, incluidos los de deshidratadores y filtros
- Conexiones a los elementos de seguridad y control

En el caso de tener constancia de la existencia de fugas se comprobarán todos los elementos del sistema, y, si fuera necesario, se extraerá el refrigerante y se realizará la prueba de estanqueidad de acuerdo a la correspondiente Instrucción IF-09.

Si se decide utilizar procedimientos indirectos, estos, a criterio del operador, deberán estimar, de forma fiable, la variación de la carga de refrigerante mediante el análisis de los siguientes parámetros:

- Presión

- Temperatura

- Consumo energético del compresor

- Niveles de refrigerante en estado líquido

- Volúmenes de recarga

  Es necesario indicar en este punto que algunas de estas comprobaciones pueden no ser fiables, sobre todo si no se aplican varias simultáneamente. Por ejemplo, el consumo del compresor por sí solo puede no ser fiable si se trata de un modelo inverter y no se encuentra funcionando al 100 % de su capacidad.

En el caso de no haberse detectado ninguna deficiencia ni fuga bastará con reflejarlo debidamente en el libro de registro de la instalación frigorífica, sin que sea necesaria la realización de un informe.

En el caso de detectarse fugas leves bastará con subsanarlas lo antes posible y cumplimentar debidamente el registro de la instalación frigorífica. Se informará al titular de la instalación y se comprobará su correcta reparación en el plazo máximo de un mes a partir de la fecha en la que detectó la fuga, mediante un control de fugas adicional.

Por último, en caso de haberse detectado alguna deficiencia o carencia significativa en la instalación, incluso de tipo documental, el Reglamento de Seguridad en Instalaciones Frigoríficas indica que esta se reflejará en un informe que el titular deberá remitir a la autoridad competente en el plazo máximo de una semana y, tras subsanar las deficiencias y/o fugas detectadas de inmediato y parando las instalaciones si la fuga es significativa, se realizará una nueva revisión antes de un mes de la fecha en la que se identificaron las fugas y se informará a la autoridad competente de los resultados de la misma.

A modo de resumen, se ofrece el siguiente esquema:

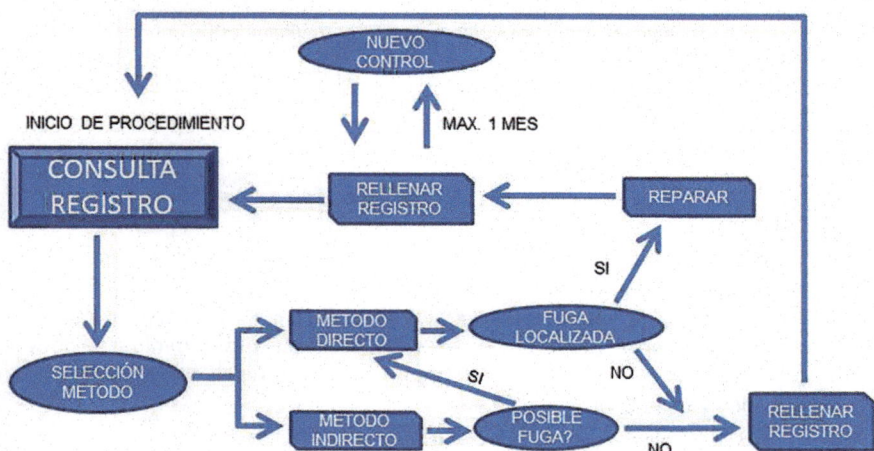

Figura 19.1 Procedimiento para control de fugas. Fuente: Nota informativa de normativa ambiental sobre gases fluorados del Ministerio de Medio Ambiente, Medio Rural y Marino.

19.2 Pruebas

Salvo los sistemas compactos y semicompactos de hasta 10,0 kg de refrigerante del grupo L1, 2,5 kg de refrigerante del grupo L2 y 1,0 kg de refrigerante del grupo L3, las instalaciones recién realizadas deberán ser sometidas a un procedimiento de pruebas y acondicionamiento para su uso, previo a su carga de refrigerante.

Las pruebas (o ensayos de resistencia a presión, según los denomina el Reglamento de Seguridad en Instalaciones Frigoríficas en su IF-09) se deben realizar con un gas que no sea peligroso y que sea compatible con los materiales del sistema (en el caso de sistemas con refrigerantes fluorados el ensayo hidráulico no es viable) y nunca con refrigerantes fluorados. Normalmente se suele utilizar nitrógeno (N_2), que es un gas inerte y, por tanto, cumple las condiciones indicadas.

Antes de la puesta en servicio de un sistema de refrigeración, este deberá someterse a los siguientes ensayos:

- Ensayo de resistencia a la presión
- Ensayo de estanqueidad
- Ensayo funcional de todos los dispositivos de seguridad
- Ensayo de conformidad del conjunto de la instalación

Las tuberías de interconexión deberán someterse a una prueba neumática a una presión, como mínimo, superior en un 10 % a la presión máxima admisible (PS). De forma previa, una empresa instaladora deberá realizar los siguientes ensayos no destructivos:

Tipo de soldadura	Extensión END
Todas las uniones	Examen visual (VT) al 100 %
Soldaduras circunferenciales[a] Enlaces y tubuladuras soldadas DN ≥ 100	10 %[b] RT o UT
Enlaces y tubuladuras soldadas DN < 100 y uniones de enchufe (SW)	10 % PT
Soldaduras longitudinales, si no han estado ya sujetas a END o pruebas de presión en la factoría del fabricante	100 % RT o UT

a Para soldaduras y dimensiones de las uniones donde los ultrasonidos (UT) o radiografías (RT) no permitan una clara evaluación, se efectuará una comprobación con líquidos penetrantes (PT).

b Hasta DN ≤600, se controlará al 100 % el 10 % de las soldaduras; para DN >600 se controlará el 10 % de la longitud total de las soldaduras.

END = Ensayos No Destructivos.

> **NOTA** **PS:** Presión máxima admisible del sistema, cuyo valor depende de varios factores, como el sistema de condensación del equipo, la temperatura ambiente, la situación de la instalación (exterior o interior), el método de desescarche, si la máquina es reversible o no, los márgenes entre la presión normal de trabajo y el tarado de los dispositivos de protección. No obstante, su valor mínimo se obtiene de acuerdo con la presión de saturación del refrigerante para las temperaturas mínimas de diseño indicadas en la tabla 1 del apéndice 1 de la IF-06.

El Reglamento de Seguridad en Instalaciones Frigoríficas indica que para preparar el sistema antes de efectuar las pruebas, las juntas sometidas a la prueba deberán estar perfectamente visibles y accesibles, así como libres de óxido, suciedad, aceite, pinturas u otros materiales extraños; se realizará en primer lugar una inspección visual.

Todos los componentes no sujetos a la prueba de presión deberán ser desconectados o aislados mediante válvulas, bridas ciegas, tapones o cualquier otro medio adecuado; se debe realizar una prueba previa a una presión de 1,5 bares para localizar y corregir fugas importantes.

Para la seguridad de los bienes y personas, los medios utilizados para suministrar la presión de prueba deberán disponer o bien de un dispositivo limitador de presión o de un dispositivo de reducción de presión y de un dispositivo de alivio de presión y un manómetro en la salida. El dispositivo de alivio de presión deberá ser ajustado a una presión superior a la presión de prueba, pero lo suficientemente baja para prevenir de-formaciones permanentes en los componentes del sistema.

Durante la prueba, la presión en el sistema deberá ser incrementada gradualmente hasta un 50 % de la presión de prueba, y posteriormente por escalones de aproximadamente un décimo de la presión de prueba hasta alcanzar el 100 % de esta. La presión de prueba deberá mantenerse en el valor requerido durante al menos 30 minutos. Después deberá reducirse hasta la presión de prueba de estanqueidad.

Las juntas mecánicas en las que se hayan insertado bridas ciegas o tapones para cerrar el sistema o para facilitar el desmontaje de componentes durante la prueba no precisarán ser probadas a presión después de desmontar la brida ciega o tapón, a condición de que posteriormente pasen una prueba de estanqueidad.

La prueba podrá realizarse por partes aislables del sistema a medida que su montaje se vaya terminando.

También deberá someterse a un ensayo de presión con nitrógeno cualquier instalación frigorífica que haya sufrido una reparación a consecuencia de una fuga, al objeto de verificar que esta ha sido reparada adecuadamente y que no hay ninguna otra fuga en el sistema.

19.3 Procedimiento de vacío

Una vez realizada la prueba de presión, bien sea un sistema recién instalado o bien tras realizar la reparación de una fuga, se debe realizar un procedimiento de vacío en el circuito frigorífico, con objeto de evacuar del mismo el aire, la humedad y posibles contaminantes.

Este procedimiento se realiza con una bomba específica, denominada bomba de vacío, cuyo uso detallo más adelante, en el correspondiente apartado práctico.

El procedimiento, según el Reglamento de Seguridad en Instalaciones Frigoríficas, para los sistemas con menos de 20 kg de halocarbonos, CO_2 o hidrocarburos debe permitir que la presión de vacío de antes de recargar el refrigerante sea inferior a 270 Pa absolutos, durante un tiempo que depende del tamaño y la complejidad del sistema, con un mínimo de 180 minutos y comprobando que en ese tiempo no ha subido más de 2 Pa.

En caso de que la carga de refrigerante del sistema sea superior a 20 kg, se deberá hacer un primer procedimiento de vacío a menos de 270 Pa absolutos durante 30 minutos como mínimo y después se romperá mediante nitrógeno seco. A continuación, el sistema se evacuará otra vez a menos de 270 Pa absolutos, se mantendrá esta vez un mínimo de 6 horas, comprobando que en ese tiempo no ha subido más de 2 Pa y después se romperá utilizando el refrigerante del sistema.

Cabe indicar que el Reglamento de Seguridad en Instalaciones Frigoríficas deja claro que las operaciones de extracción de la humedad mediante vacío no podrán utilizarse para comprobar la estanqueidad del circuito frigorífico, y que está prohibido el empleo de refrigerantes fluorados en fase gaseosa para extraer la humedad, debiendo utilizarse nitrógeno seco exento de oxígeno.

20. Gestión ambiental de sistemas frigoríficos

A lo largo de los capítulos precedentes tanto las distintas normativas expuestas como los capítulos dedicados a los efectos medioambientales de los refrigerantes fluorados han dejado claro una y otra vez que la preocupación por dichos efectos está más que justificada y comprobada de forma generalizada no solo por la comunidad científica, sino también por las consecuencias cada vez más palpables en el clima.

Es por ello que a la hora de intervenir en la instalación, reparación, mantenimiento, control o desmontaje de un sistema de refrigeración que utilice refrigerantes fluorados, el profesional debe ser consciente del potencial peligro que entrañan, agravado incluso por el hecho de que las consecuencias no son inmediatas ni tangibles, sino que se van acumulando en el tiempo y producen efectos que pueden ser irreversibles en el medio ambiente.

En este capítulo abordaré las precauciones a tener en cuenta durante la ejecución de los distintos trabajos con sistemas de refrigeración que funcionen con refrigerantes fluorados.

20.1 Instalación de sistemas de refrigeración

Es conveniente no olvidar las definiciones de «instalación» que ofrecen tanto el R. D. 115/2017 como el RCE 2024/573: «la conjunción de al menos dos piezas de equipos o circuitos que contengan o se hayan diseñado para contener o conducir gases fluorados, con el fin de montar un sistema en su lugar de funcionamiento, independientemente de que sea necesario o no cargarlo tras el montaje».

Por lo tanto, resulta evidente que incluso el montaje de un sistema partido simple es considerado «instalación», y su realización está restringida únicamente a las personas con certificado acreditativo de manipulación de refrigerantes fluorados. Esto puede parecer exagerado, pero no lo es en absoluto. Una unión realizada por una persona sin formación puede dar lugar a una fuga de refrigerante. Una instalación de este tipo, aun cuando no sea necesario cargar el sistema con refrigerante, debe realizarse de forma profesional, sabiendo que el hecho de no hacer vacío a las tuberías de unión recién instaladas dará lugar a una contaminación del refrigerante precargado, un funcionamiento anómalo del sistema y un rendimiento inferior al nominal de la máquina, con todas las consecuencias (tanto económicas como medioambientales) resultantes de una actuación poco profesional.

Por lo tanto, incluso en instalaciones pequeñas es necesario actuar con profesionalidad, realizando un ensayo de presión y un correcto vacío al circuito según lo indicado en los puntos 19.2 y 19.3 de este manual.

20.2 Controles periódicos

Según el RCE 2024/573 y también según la modificación del Reglamento de Seguridad en Instalaciones Frigoríficas, recogida en el R. D. 115/2017, cualquier equipo que tenga refrigerante por valor de 5 toneladas equivalentes de CO_2 o más, deberá pasar una serie de controles al objeto de comprobar que no presenta fugas de refrigerante.

Esta tarea es fundamental, puesto que los sistemas de refrigeración con el tiempo, su utilización, las vibraciones, posibles golpes accidentales, etc., pueden perder su estanqueidad inicial, dando lugar a fugas que, de no ser localizadas y reparadas, van a producir una merma significativa en las prestaciones del sistema, además de los efectos de calentamiento producidos por la fuga de refrigerante. Además, si el refrigerante es una mezcla zeotrópìca, suponen la generación de un residuo adicional.

20.3 Mantenimiento y reparación

La concienciación es fundamental a la hora de valorar en su justa medida un adecuado mantenimiento preventivo de las instalaciones en general; evita reparaciones en muchos casos muy costosas, alarga la vida útil de los equipos, facilita la obtención de un rendimiento óptimo en todo momento. Las tareas de mantenimiento y su periodicidad están recogidas en la IT 3 del Reglamento de instalaciones térmicas en edificios.

Por otra parte, aquellas tareas de reparación que supongan la intervención en los circuitos de refrigeración y precisen abrirlos, requerirán la recuperación previa del refrigerante, con alguno de los procedimientos que detallo en el correspondiente apartado de prácticas. En ningún caso está justificado liberar los refrigerantes fluorados a la atmósfera. Para ello, el operador deberá contar con herramientas suficientes para realizarlo con seguridad, esto es, un puente de manómetros adecuado, latiguillos de conexión, balanza para pesar el refrigerante recuperado, máquina recuperadora o recicladora y botellas adecuadas para esta labor.

En el caso de una reparación de fuga, una vez finalizada esta tarea deberá realizarse una prueba con nitrógeno al objeto de asegurar que la reparación es correcta y que no hay ningún otro punto de fuga, para finalmente realizar un vacío adecuado antes de volver a cargar refrigerante.

Los refrigerantes zeotrópicos recuperados de un sistema con fuga (R-4XX) no deben ser reciclados en el sistema, sino que una vez recuperados deberán entregarse a un gestor de residuos para que determine su destino. En ningún caso un sistema con falta de refrigerante debe ser rellenado con refrigerante nuevo o reciclado sin comprobar antes que no presenta fugas, incluso en caso de refrigerantes puros o azeotrópicos.

20.4 Carga de refrigerante

El reglamento de Seguridad en Instalaciones Frigoríficas especifica que para equipos de compresión de más de 3 kg de carga de refrigerante y refrigerantes azeotrópicos, el fluido deberá ser introducido en el circuito a través del sector de baja presión en fase vapor. En el caso de refrigerantes zeotrópicos, la carga se realizará en fase líquida y deberá efectuarse de modo que el fluido se expansione en el dispositivo que incorporan los evaporadores; de esta forma se evitará que pueda llegar líquido a los compresores. Para ello se dispondrá de una toma de carga con válvula y una válvula de cierre aguas arriba de la tubería de alimentación de líquido, que permita independizar el punto de carga del sector de alta.

Si bien esto último no siempre es posible, la carga de refrigerantes zeotrópicos (R-4XX) se debe hacer en fase líquida, según está indicado en el correspondiente apartado práctico.

Es importante introducir el refrigerante justo en el sistema, ya que un déficit de refrigerante supondrá un funcionamiento anormal del sistema, con bajo rendimiento y baja capacidad de climatización. Por el contrario, un exceso de refrigerante supondrá un consumo excesivo, mayores presiones, con todo lo que ello conlleva, e incluso una avería del compresor.

Para ello, es fundamental consultar los registros del equipo si los hubiere o su placa de características. En caso contrario, el operador deberá determinar la carga correcta controlando, por ejemplo, el recalentamiento del refrigerante, según se encuentra especificado en el correspondiente apartado práctico.

20.5 Recuperación de refrigerante

Cuando un sistema de refrigeración ha llegado al final de su vida útil o cuando haya que efectuar una reparación que conlleve el acceso al circuito de refrigerante, habrá que recuperar el refrigerante del sistema.

Sin embargo, cuando se realiza esta recuperación se abren varias posibilidades, según el tipo de refrigerante, su estado y las circunstancias del mercado.

Si el refrigerante recuperado no es viable legalmente, sea cual sea su estado de uso, deberá entregarse al gestor de residuos, que tendrá que proceder a su destrucción.

Por el contrario, si es viable legalmente pero no técnicamente, igualmente deberá ser entregado al gestor de residuos, pero en este caso será el propio gestor quien decida si se puede regenerar y poner de nuevo a la venta o si hay que proceder a su destrucción.

Por último, si es viable reciclar el refrigerante tanto desde el punto de vista legal como técnico, el operador puede optar por volver a utilizarlo en el mismo sistema del que se recuperó o en otro que trabaje con ese mismo refrigerante, una vez limpio (reciclado).

La **figura 20.1** representa un diagrama explicativo del proceso en cuestión.

Figura 20.1
Proceso para refrigerantes recuperados.

20.6 Desmantelamiento de sistemas

Cuando un sistema llega al final de su vida útil, se hace totalmente necesaria su retirada, siempre teniendo en cuenta las cuestiones medioambientales que afectan a este tipo de operaciones.

Es conveniente recordar lo reflejado en el capítulo 14 de este manual respecto al tratamiento de residuos. En el momento de adquirir el sistema se ha abonado ya el coste del tratamiento del mismo y de sus componentes una vez deja de prestar el servicio para el que fue concebido.

Si hablamos de pequeños refrigeradores domésticos, en la práctica lo normal es que el proveedor del nuevo equipo se haga cargo del anterior, derivándolo posteriormente al gestor de residuos correspondiente.

En cualquier caso, el sistema en sí mismo deberá ser entregado a un gestor de residuos para que proceda a su descontaminación, bien a través del propio operador o desde las instalaciones de recogida que las entidades locales deben poner a disposición de los ciudadanos para la recogida de los residuos. Una vez descontaminados, los componentes del sistema de refrigeración podrán ser reutilizados, o convertidos en otros materiales de inferior o similar calidad.

Respecto a los refrigerantes, por supuesto se deben recuperar del sistema antes de su desmontaje para su correcto transporte y, a partir de ahí, las posibilidades pasan por lo indicado en el punto anterior.

Figura 20.2 Residuos.

21. Alternativas a los refrigerantes fluorados. Tecnologías

Tanto por lo indicado en el apartado 9 de este manual como por las limitaciones y prohibiciones contenidas en el RCE 2024/573, es necesario pensar en refrigerantes alternativos a los HFC de alto PCG que se están utilizando actualmente (R-134a, R-410A, R-407C...).

A modo de ejemplo, baste decir que una cuota de fabricación de 3.000 kg de CO_2, equivale a una introducción en el mercado de 428 kg de R-1234ze, frente a 4,44 kg de R-32 o 2,09 kg de R-134a, y las reducciones se aplican precisamente al peso equivalente en CO_2, quedando en un 20 % en el 2030.

Por estos motivos, los precios de los HFC de alto PCG tendrán un carácter alcista, al contrario que los de los HFO, todo ello al margen de los impuestos que gravan el refrigerante según su PCG.

Por otra parte, está prevista una revisión de la política europea a este respecto en el año 2027 cuyo carácter, muy probablemente, sea más restrictivo aún.

Asimismo, las tecnologías utilizadas para los procesos de refrigeración y bomba de calor deberán adaptarse a los requerimientos técnicos de los refrigerantes alternativos.

21.1 Refrigerantes alternativos

Entre los candidatos a sustituir a los actuales refrigerantes están los HFC no saturados, denominados hidro-fluoro-olefinas (HFO), como el HFC-1234yf, el HFC-1234ze y el HFC-1336mzz, los cuales están exentos de la reducción de cuotas por estar contemplados en el Anexo II del Reglamento sobre gases fluorados en la UE.

Por otra parte, también hay que pensar en los refrigerantes «antiguos», esto es, el amoníaco, el dióxido de carbono o algunos hidrocarburos.

Podemos resumir en la siguiente tabla las características y posibilidades de estos refrigerantes, ordenados de mayor a menor PCG:

DENOMINACIÓN	TIPO	PCG	USOS
R-32	HFC	675	A/A y bomba de calor doméstico y comercial, VRV
R-1234ze	HFC insaturado (HFO)	7	A/A y bomba de calor doméstico y comercial, refrigeración
R-290 (propano)	HC	3	Refrigeración
R-1234yf	HFO	4	Automoción
R-1233zd	HCFO	<1	Centrífugos
R-600a (isobutano)	HC	3	Refrigeración doméstica y pequeño comercial
R-744 (dióxido de carbono)	CO_2	1	Refrigeración, bomba de calor
R-717 (amoníaco)	NH_3	0	Frío Industrial

21.1.1 El R-32

El R-32 es un HFC puro cuyas presiones de funcionamiento son similares a las de R-410A, por lo que en la actualidad está siendo sustituido por ciertos fabricantes en sus sistemas multisplit y VRV.

No obstante, este refrigerante es ligeramente inflamable (grupo de seguridad A2L), por lo que su límite práctico es algo más reducido, comparado con el mismo R-410A o cualquier otro del grupo A1. Sin embargo, la toxicidad no es un punto en contra, ya que pertenece al grupo de refrigerantes de baja toxicidad.

Concretamente, las instalaciones que no sobrepasen una carga de 1,5 x m_1 (equivalente a 1,842 kg) no están afectadas por el RD 552/2019, y para instalaciones de confort humano en locales categorías A y B, en el caso de sobrepasar este valor, y hasta 11,973 kg (resultado de aplicar 1,5 x m_2), se calculará en función de la superficie del local más pequeño en m^2 y la altura estandarizada de la unidad interior. Incluso si se sobrepasaran los 11,973 kg y hasta 59,865, aún se podría instalar sin que suponga un aumento en la clasificación de nivel de la instalación, en aquellos casos en los que la combinación de categorías de clasificación y acceso de ubicación indicados en el apéndice 1 de la IF 04 permitan el uso de disposiciones alternativas, siempre que el espacio ocupado cumpla con ciertas condiciones que se reflejan en el apéndice 4 de la misma IF 04.

Por otra parte, su PCG, según el RCE 2024/573, es de 675, lo cual indica que, si bien reduce ostensiblemente el potencial respecto a los refrigerantes como el R-410A (en dos terceras partes aproximadamente), sigue siendo un PCG elevado y, consecuentemente, hay que pensar en este refrigerante como sustituto a corto plazo, puesto que las reducciones de comercialización indicadas en el RCE 2024/573 le van a afectar sin duda.

21.1.2 Los hidrocarburos (HC)

En esta familia de refrigerantes se encuentra, entre otros, el R-290 (propano). En este caso, el grupo de seguridad asignado es A3, que correspondería a un gas no tóxico pero altamente inflamable, por lo que su límite práctico es muy reducido. Este hecho restringe su uso a sistemas integrales y refrigeradores o similares con una pequeña cantidad de carga.

Las presiones de funcionamiento son similares a las del R-404A y tienen un uso comercial a temperaturas altas, medias y bajas.

En general, el resto de HC presentan características similares, y están todos integrados dentro del mismo grupo de seguridad. Entre otros, figuran el R-50 (metano), R-170 (etano), R-600 (butano) R-600a (isobutano), R-1150 (etileno) y R-1260 (propileno).

En cuanto a su interacción con el medio ambiente, todos ellos presentan un PAO nulo y unos valores de PCG muy bajos (3), salvo el metano, que tiene un PCG de 21.

21.1.3 El dióxido de carbono (CO_2)

El refrigerante R-744 es del grupo A1, esto es, no tóxico en concentraciones superiores a 400 ppm, aunque hay que prestar atención ya que es capaz de desplazar el oxígeno. No es inflamable.

Sin embargo, requiere unas muy elevadas presiones de operación y en la descarga la temperatura del vapor es bastante alta. Ahora bien, su capacidad volumétrica es unas 6 o 7 veces mayor que la de los HFC. Esto quiere decir que el desplazamiento necesario en el compresor y, por tanto, su tamaño y el de las tuberías son menores que en sistemas con HFC.

La presencia de agua en el circuito da lugar a la formación de ácido carbónico, que ataca al acero y al cobre, si bien su acción agresiva es lenta en el caso del cobre.

El refrigerante R-744 se puede utilizar de varias formas:

- Como refrigerante:
  - Sistemas transcríticos (funcionamiento por encima del punto crítico). Por encima del punto crítico, las densidades del vapor y del líquido son tan similares que no se puede distinguir una fase de otra, por lo que no se puede hablar de cambio de estado. Por tanto, en este caso el refrigerante no se condensa, sino que se «desrecalienta». Las presiones de funcionamiento en el lado de alta pueden llegar a 110 bares y a 25 en el de baja.
  - Sistemas subcríticos (funcionamiento por debajo del punto crítico del refrigerante). Para ello, el CO_2 necesita trabajar en un sistema en cascada en el cual existe un circuito primario que puede funcionar con un HFC, HFO o amoníaco, cuyo evaporador es el condensador del circuito secundario de CO_2. En este caso, la presión de alta puede estar en torno a los 40 bares.
- Como fluido secundario. En este caso, un circuito frigorífico cerrado, que puede funcionar con HFC, HFO o amoníaco, condensa en los evaporadores el CO_2 evaporado, que es almacenado en un depósito. Sus características de volatilidad, densidad y capacidad hacen que el caudal a bombear en el circuito secundario sea mucho menor en comparación con otros fluidos, lo que redunda en un menor tamaño de los equipos de bombeo y de las tuberías, con el consiguiente ahorro energético y en los costes de instalación, así como en los de explotación.

Actualmente el CO_2 se está usando como refrigerante en sistemas de confort, bombas de calor y sistemas integrales en ciertos países. De forma más generalizada, existe una aplicación interesante en máquinas de R-744 compactas para la preparación de ACS hasta 90 °C. En este caso, se trata de un sistema transcrítico con dos etapas de compresión, la primera realizada mediante un compresor rotativo y la segunda mediante uno de tipo *scroll* movido por el mismo eje, configurando un ciclo de compresión como el que se muestra en la figura 21.1.

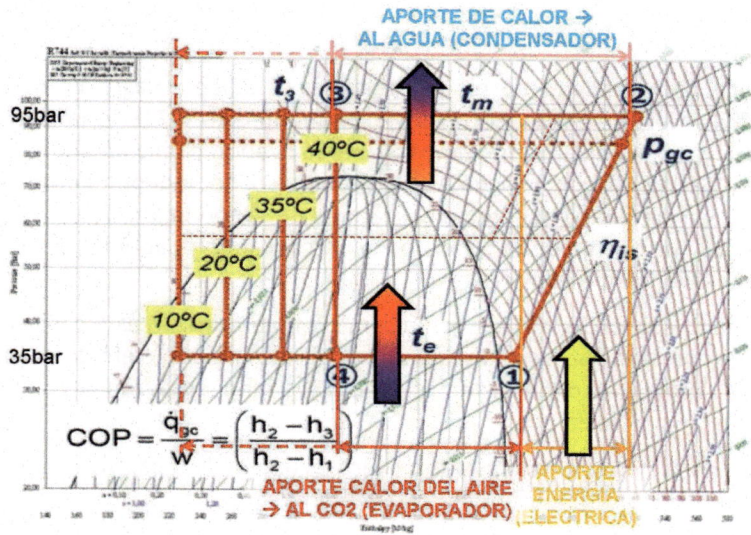

Figura 21.1 Diagrama sistema transcrítico (cortesía de Mitsubishi Heavy Industries).

El punto crítico del CO_2 está en los 31 °C a 72,8 bares de presión, y su punto triple en 4,2 bares relativos, lo cual significa que hay que tener mucho cuidado a la hora de manipularlo para procesos en los que se requiera el trasvase o la circulación de refrigerante a espacios con presiones por debajo de la señalada, ya que pasará a estado sólido con facilidad taponando, por ejemplo, los orificios de seguridad. Por el contrario, una fuga podría autotaponarse.

Resulta interesante en este punto aclarar que este tipo de máquinas llegan a tener COP en torno a 4,3, por lo que en ciertas zonas climáticas es posible justificarlo como alternativa renovable total o parcial de captadores solares.

Medioambientalmente hablando, el R-744 posee un PAO nulo y un PCG de 1, por lo que en este aspecto su utilización no presenta ningún problema.

21.1.4 El amoníaco (NH_3)

Como refrigerante, el R-717 es totalmente respetuoso con la capa de ozono y con el medio ambiente (PAO = 0 y PCG = 0). Se trata de un compuesto inorgánico altamente tóxico (irritante y asfixiante). Además, en presencia de humedad, es muy agresivo con las mucosas y la piel. Por otra parte, su ligera inflamabilidad lo encuadra en el grupo de seguridad B2L. Dada su alta temperatura de saturación a presión atmosférica, es idóneo para su uso a muy bajas temperaturas de evaporación (congelación, frío industrial).

Es posible diseñar sistemas de compresión simple con temperaturas de evaporación superiores a −10 °C, ya que las temperaturas en la línea de descarga son muy altas. En aquellas aplicaciones en las que se necesite evaporar a menor temperatura, se debe recurrir a sistemas de doble etapa.

El límite práctico del R-717 es el menor con diferencia de entre todos los refrigerantes alternativos aquí propuestos, debido sobre todo a su alta toxicidad. Por lo tanto, sus aplicaciones se restringen a sistemas con muy poca carga o emplazados en zonas seguras, bien ventiladas y con acceso limitado a profesionales correctamente formados en su manejo.

Todo el aparellaje que se utilice para realizar operaciones en los circuitos con amoníaco debe ser específico para su uso con esta sustancia, y no son aptos los utilizados para refrigerantes fluorados.

El amoníaco en presencia de humedad corroe el cobre, por lo que en estos sistemas deben utilizarse tuberías de acero y compresores abiertos (devanado de motor). Además, no es miscible con los aceites minerales convencionales, por lo que se deben utilizar aceites PAG (polialquilenglicol), si bien en otros sistemas se utilizan aceites no miscibles con separador a la salida del compresor y sistemas de drenaje para eliminar el residual del evaporador o depósito de líquido.

El amoníaco también se puede utilizar como refrigerante en sistemas que no impliquen un ciclo de compresión sino de absorción. Este es el caso de las máquinas de absorción de simple efecto, en las que el amoníaco actúa como refrigerante y el agua como absorbente.

En cuanto a los rendimientos de este tipo de máquinas (entre 0,8 y 1), son bastante más bajos que los obtenidos por ciclos de compresión, si bien habría que compararlos en términos de energía primaria, en cuyo caso las diferencias no son tan elevadas.

21.1.5 El agua (H₂O)

Abundante y económica, comparada con otros refrigerantes estudiados hasta ahora, no inflamable ni tóxica, inocua para el medio ambiente (PAO y PCG nulos). El denominado R-718 sería ideal para su uso en sistemas de compresión de no ser por su altísima temperatura de evaporación a presión atmosférica y su punto triple que hace que por debajo de 0 °C el agua esté en estado sólido, independientemente de la presión a la que esté sometida. Todo esto hace que las temperaturas de evaporación deban ser relativamente altas y con presiones bastante por debajo de la atmosférica, lo cual supone además unos caudales necesarios desproporcionados, con todo lo que ello conlleva.

Sin embargo, en sistemas de absorción donde actúa como refrigerante (en este caso el bromuro de litio actuaría como absorbente), se consigue tener máquinas reversibles de doble efecto con una eficiencia mejor que en el caso de los de simple efecto (del orden de 1,2 o 1,3) si bien requieren de temperaturas de condensación más bajas que las de simple efecto.

No obstante, hay que indicar que la energía solar térmica es una opción para la producción del calor necesario en estos ciclos de absorción.

21.1.6 Las hidrofluoro-olefinas (HFO)

El R1234ze es también un HFC ligeramente inflamable (grupo de seguridad A2L), por lo que su límite práctico es similar al del R-32, esto es, bastante reducido comparado con cualquier refrigerante del grupo A1.

Este refrigerante forma parte de lo que se conoce como la cuarta generación de refrigerantes y se encuadra en el grupo denominado hidrofluoruro-olefinas (HFO). Tiene en su composición hidrógeno, flúor y carbono insaturado, con enlaces dobles. Esta peculiaridad hace que, a pesar de contar con flúor en su composición, las HFO cuenten con unos PCG muy bajos debido a su gran volatilidad y, por supuesto, al carecer de cloro y bromo, un PAO nulo.

Su temperatura de saturación a presión atmosférica es alta (aunque bastante más baja que en el caso del agua) comparada con otros refrigerantes, por lo que para temperaturas de evaporación bajas necesitará trabajar ligeramente por debajo de la presión atmosférica; por ello es más aplicable en usos con temperaturas de evaporación medias y altas.

Como su capacidad de refrigeración también es baja en comparación con otros HFC, el compresor necesitará un desplazamiento mayor (mayor tamaño).

En el momento de la publicación de este manual existe otro HFO, el R-1234yf, fabricado por la misma empresa que el R1234ze, con unas características similares, un PCG ligeramente inferior y, hasta hoy, con un precio apreciablemente mayor, que empieza a implementarse para sistemas de aire acondicionado móviles.

Por todo lo dicho anteriormente, y a falta de otras opciones, esta cuarta generación de refrigerantes se postula como alternativa a largo plazo para la sustitución de los HFC que se están utilizando en la actualidad.

21.1.7 El R-1233zd

Se trata de un refrigerante tipo HCFO, es decir, hidroclorofluoro-olefina. Llama la atención la existencia de cloro en su composición, si bien debido a su gran inestabilidad su PAO es nulo, y su PCG menor que 1. No es tóxico ni inflamable y tiene una eficiencia significativamente superior al resto de alternativos, también al R-134a.

Sin embargo, su aplicabilidad es limitada, ya que tiene que trabajar con presiones por debajo de la atmosférica, por lo que su uso se limita a sistemas de gran potencia con compresores centrífugos.

21.1.8 Las mezclas

Las mezclas de refrigerantes normalmente tienen el objetivo de obtener un compuesto con buenas propiedades frigoríficas y una toxicidad e inflamabilidad muy bajas o nulas, seleccionando refrigerantes de forma que se consiga conjugar sus virtudes y atenuar sus inconvenientes. También es interesante seleccionar refrigerantes con puntos de saturación iguales, al objeto de evitar los inconvenientes de los zeótropos. Existen ya en la actualidad más de ciento quince mezclas con hidrofluoro-olefinas para sustitución o incorporación en nuevos equipos, y este número crecerá a buen seguro. No obstante, en la siguiente tabla indico las principales en el momento de publicación de este manual:

REFRIGERANTE	R454A	R454B	R454C	R452B	R513A	R450A	R449A	R514A
L1					✓	✓	✓	✓
L2 (A2L)	✓	✓	✓	✓				
ZEOTRÓPICO	✓	✓	✓	✓		✓	✓	
AZEOTRÓPICO					✓			✓

Entre estos aparece el R-513A, que es una mezcla no inflamable compuesta por un 44 % de R-134a y un 56 % de R-1234yf, que se perfila como opción para máquinas con compresor de tornillo condensadas por aire, que tiene un rendimiento ligeramente inferior al R-134a pero una capacidad frigorífica muy similar. Tiene un PAO nulo y un PCG de 574.

El R-450A es una mezcla zeotrópica formada por un 42 % de R-134a y un 58 % de R-1234ze que puede ser utilizada como alternativa para máquinas con compresores tipo *scroll* y para sustitución del R-134a en máquinas de refrigeración comercial. Tiene un PAO nulo y un PCG de 547. No es tóxico ni inflamable (A1), y su deslizamiento está en torno a los 0,4 °C.

Otros sustitutos, como el R-448A y el R-452A presentan el inconveniente de tener un elevado PCG (en torno a 1.300) y en el caso del 448, el de ser una mezcla de 5 componentes (deslizamiento de casi 4 °C), por lo que son candidatos menos viables a medio plazo.

21.2 Seguridad con los refrigerantes alternativos

La seguridad en el trabajo es un aspecto fundamental y, por lo tanto, se debe prestar atención a las características de los refrigerantes alternativos indicados en el apartado anterior para poder determinar los riesgos inherentes a su manipulación y tomar así las medidas de seguridad oportunas para minimizar la exposición a estos riesgos.

Según la reglamentación en materia de seguridad y salud en el trabajo, a la hora de manipular cualquier tipo de refrigerante siempre será necesario disponer de guantes adecuados, gafas de protección y vestimenta de manga larga, para evitar daños oculares y quemaduras en la piel. Asimismo, es necesario el uso de calzado de seguridad para manipular los contenedores.

El refrigerante que se está recuperando puede provenir de un sistema muy contaminado. El ácido es uno de los productos de descomposición; puede haber tanto ácido clorhídrico como fluorhídrico. Debe tenerse especial cuidado de que el aceite que se vierta de los vapores del refrigerante no entre en contacto con la piel ni la ropa.

En cuanto a los envases, no se debe exceder nunca el 80 % de su capacidad, y tampoco deben calentarse con llama abierta.

Los vapores del refrigerante son nocivos por inhalación en mayor o menor medida, por lo que las zonas de trabajo deben estar correctamente ventiladas.

Por otra parte, los refrigerantes alternativos mencionados anteriormente cuentan con ciertas características que hacen que su utilización sea menos segura que la de los refrigerantes HFC. A modo de resumen, se puede contar con los siguientes riesgos:

- Presiones elevadas (R-744)
- Inflamabilidad:
  - baja (R-32, R-717 y HFO)
  - alta (HC)
- Toxicidad:
  - baja (R-744)
  - alta (R-717)

21.2.1 Presiones elevadas

El R-744 tiene una presión máxima de servicio en la zona de alta presión para sistemas transcríticos entre 90 y 115 bares. Por lo tanto, en su construcción, los sistemas de refrigeración por CO_2 transcríticos deben contar con piezas adecuadas, tuberías de grosor adecuado y equipos de recuperación de refrigerantes y herramientas preparadas para soportar dichas presiones. Por ejemplo, el puente de manómetros ha de estar preparado para soportar más de 14 MPa.

Las pruebas de presión, que deben efectuarse a 14 MPa en el lado de alta, deben realizarse con mucha precaución, incrementando lentamente la presión hasta la de prueba.

En cuanto a la carga, se puede efectuar en fase gaseosa hasta alcanzar presiones por encima de los 4,2 bares manométricos (para presiones inferiores el CO_2 no está en estado líquido), y después en fase líquida hasta completar la carga. La **figura 21.2** ofrece un esquema de carga para una máquina de producción de ACS Qton de Mitsubishi Heavy Industries.

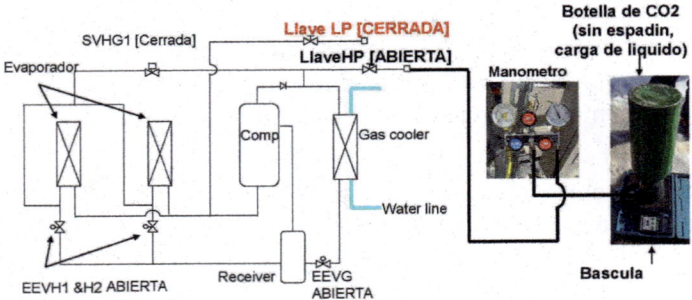

Figura 21.2 Carga de CO_2 (cortesía de Mitsubishi Heavy Industries.

21.2.2 Inflamabilidad

La inflamabilidad repercute directamente sobre el límite práctico, es decir, sobre la cantidad de refrigerante que se puede usar en un sistema en función del volumen tratado.

A estos efectos, en la actualidad el R-32 y las HFO tienen un límite práctico superior que anteriormente, ya que su grupo de seguridad es el A2L.

El motivo por el que estos refrigerantes pueden tener esta subclasificación más permisiva es porque su velocidad de propagación de llama es mucho menor que la de otros. En la clasificación del anterior Reglamento de Seguridad en instalaciones frigoríficas no se tuvo en cuenta este factor y se agruparon todos los refrigerantes en el mismo grupo de inflamabilidad 2 independientemente de la velocidad de propagación de la llama.

A la hora de manipular estos refrigerantes, hay que tener especial precaución en lo referente a la producción de chispas o usar cualquier tipo de llama en las operaciones de recuperación y carga, así como en los controles de fugas y cualquier operación de mantenimiento realizada en los equipos, ya implique acceder al circuito de refrigerante o no.

En cuanto al almacenamiento, se debe revisar la ITC-MIE APQ 5 en lo relacionado con los requerimientos para almacenar gases disueltos a presión inflamables. A continuación, se reproduce de nuevo la tabla resumida con las condiciones de clasificación de esta normativa, incluyendo en este caso el R-717.

CATEGORÍA	TIPO DE SUSTANCIA	CANTIDAD
1	INERTE	HASTA 200 m³
	EXPLOSIVA	HASTA 50 m³
	AMONÍACO	HASTA 150 kg
2	INERTE	MÁS DE 200 HASTA 1.000 m³
	EXPLOSIVA	MÁS DE 50 HASTA 175 m³
	AMONÍACO	MÁS DE 150 HASTA 400 kg

CATEGORÍA	TIPO DE SUSTANCIA	CANTIDAD
3	INERTE	MÁS DE 1.000 HASTA 2.400 m³
	EXPLOSIVA	MÁS DE 175 HASTA 600 m³
	AMONÍACO	MÁS DE 400 HASTA 1.000 kg
4	INERTE	MÁS DE 2.400 HASTA 8.000 m³
	EXPLOSIVA	MÁS DE 600 HASTA 2.000 m³
	AMONÍACO	MÁS DE 1.000 HASTA 2.500 kg
5	INERTE	MÁS DE 8.000 m³
	EXPLOSIVA	MÁS DE 2.000 m³
	AMONÍACO	MÁS DE 2.500 kg

Respecto al resto de características de almacenamiento, puede consultarse el punto 12.1 de este manual.

21.2.3 Exposición

La exposición a un refrigerante (inhalación) puede tener varias formas de actuar sobre el ser humano; a saber:

- Concentración: La inhalación de vapores de refrigerantes del grupo A con una exposición en una atmósfera con una concentración superior a 400 ppm durante 40 horas semanales no provoca efectos adversos, si bien en cantidades por encima del 15 % de concentración puede provocar problemas cardíacos, asfixia y efectos sobre el sistema nervioso central. Los síntomas de estos problemas son mareos, letargo o ritmo cardíaco anormal. En el caso de refrigerantes del grupo B, estos mismos síntomas se pueden producir en las mismas condiciones pero a concentraciones inferiores a 400 ppm.

- Desplazamiento: Todos los refrigerantes son sustancias potencialmente asfixiantes porque pueden desplazar el oxígeno del aire. Por lo tanto, en espacios confinados y en almacenes, debe cuidarse la ventilación, según se indica en el APQ. En el caso del R-744, al ser más pesado que el aire y no detectable por el olfato, existe tal vez mayor peligro (en concentraciones de un 16 % y tras una exposición corta, aparecen ataques epilépticos, pérdida de conciencia y estado de *shock*), por los efectos de mareo y desorientación provocados por la ausencia de oxígeno, por lo que en aquellos locales donde pueda superarse el límite práctico debe considerarse el hecho de contar con aparatos de respiración individual.

- Toxicidad: Los refrigerantes clasificados en el grupo B son tóxicos en general, si bien hay casos más críticos que otros, como el del R-717, que exige el uso de dispositivos de protección respiratoria con filtros (máscara completa que proteja los ojos o completada con gafas de ajuste hermético) a cada persona que tenga presencia en las zonas de trabajo. Además, es necesario dotar de detectores la sala de máquinas de la instalación, con dos alarmas y activación de ventilación forzada, con un caudal en l/s equivalente a $14 \times m^{2/3}$, siendo m la masa de amoníaco del sistema con más carga, en kg.

Por último, ya comenté en el capítulo 10 que los refrigerantes tipo HFC en presencia de llama generan productos tóxicos de descomposición. En el caso de los HFC se genera monóxido de carbono y fluoruro de hidrógeno, que forma ácido fluorhídrico en contacto con la humedad. El primero es un gas asfixiante e inodoro, lo cual le confiere una peligrosidad evidente. El ácido fluorhídrico, que también se formaría en el caso de las HFO, puede producir ceguera temporal y daños oculares y en las mucosas en las personas expuestas.

21.2.4 Restricciones de uso

Se reproducen a continuación las tablas correspondientes a la IF 04 respecto a las restricciones de uso de los refrigerantes en función de sus características de seguridad, el sistema utilizado y el tipo de local acondicionado.

Artículo 7. Clasificación de los locales.

Atendiendo a criterios de seguridad, los locales (recintos, edificios o partes de edificios) en los que se ubican las instalaciones frigoríficas se clasifican en las categorías siguientes:

- a) Categoría A. Acceso general: Habitaciones, recintos o construcciones en los que:
  - las personas tienen limitada su capacidad de movimiento.

- no se controla el número de personas presentes.
- puede acceder cualquier persona sin que, necesariamente, tenga que conocer las precauciones de seguridad requeridas.

b) Categoría B. Acceso supervisado: Habitaciones, recintos o construcciones con un aforo limitado de personas, algunas de las cuáles deben necesariamente conocer con las precauciones generales de seguridad requeridas del establecimiento, principalmente ubicación de salidas de emergencia y zonas de paso.

b) Categoría C. Acceso autorizado: Habitaciones, recintos o construcciones a los que solo tienen acceso personas autorizadas, que conozcan las precauciones de seguridad generales y específicas del establecimiento. Principalmente, ubicación de salidas de emergencia y zonas de paso, y en los que se desarrollan actividades de fabricación, procesamiento o almacenamiento de materiales o productos.

En las figuras siguientes se reproducen las tablas-resumen de limitación de uso de los refrigerantes:

CATEGORÍA DE TOXICIDAD	CATEGORIA DEL LOCAL POR ACCESIBILIDAD		TIPO DE UBICACIÓN DE LOS SISTEMAS			
			1	2	3	4
A	A		Límite toxicidad × volumen del local o apéndice 4		Sin límites de carga (a)	Los requisitos de carga por toxicidad tendrán que evaluarse según las categorías de los locales por ubicación de los sistemas 1,2 o 3 dependiendo de la ubicación de la envolvente ventilada
	B	Plantas superiores sin salidas de emergencia o sótanos	Límite toxicidad × volumen del local o apéndice 4	Sin límites de carga (a)		
		Otros	Sin límites de carga (a)			
	C	Plantas superiores sin salidas de emergencia o sótanos	Límite toxicidad × volumen del local o apéndice 4			
		Otros	Sin límites de carga (a)			
B	A		Para sistemas de absorción o adsorción sellados: límite de toxicidad x volumen del local y no más de 2,5 kg. Resto de sistemas: límite de toxicidad x volumen del local		Sin límites de carga (a)	
	B	Plantas superiores sin salidas de emergencia o sótanos	Límite de toxicidad × volumen del local	Carga máx. 25 kg (a)		
		Densidad de personal inferior a 1 persona por 10m²	Carga máx. 10 kg	Sin límites de carga (a)		
		Otros		Carga máx. 25 kg (a)		
	C	Densidad de personal inferior a 1 persona por 10m²	Carga no mayor de 50 kg (a) y salidas de emergencia existentes.	Sin límites de carga (a)		
		Otros	Carga máx. 10 kg (a)	Carga máx. 25 kg (a)		

a) Para aire exterior aplicar límite de toxicidad por volumen del local punto 3.3.2 de IF-04 y para salas de máquinas IF-07

Figura 21.3 Limitación de uso por toxicidad.

Categoría de inflamabilidad	Categoría del local por accesibilidad		Tipo de ubicación de los sistemas			
			1	2	3	4
2L	A	Confort humano	Según apéndice 3 pero no superior a $m_2^a \times 1,5$ o según apéndice 4 pero no superior a $m_3^b \times 1,5$		Sin límite de carga[c]	Carga de refrigerante no superior a $m_3^b \times 1,5$
		Otras aplicaciones	20% x LII x volumen del local pero no más de m_2^a x 1,5 o según apéndice 4 y no superior a $m_3^b \times 1,5$			
	B	Confort humano	Según apéndice 3 pero no superior a $m_2^a \times 1,5$ o según apéndice 4 pero no superior a m_3^b 1,5			
		Otras aplicaciones	20% x LII x volumen del local pero no más de $m_2^a \times 1,5$ o según apéndice 4 y no superior a $m_3^b \times 1,5$	20% x LII x volumen del local y no más de 25 kg[c] o según apéndice 4 pero no más de $m_3^b \times 1,5$		
	C	Confort humano	Según apéndice 3 pero no superior a $m_2^a \times 1,5$ o según apéndice 4 pero no superior a $m_3^b \times 1,5$			
		Otras aplicaciones	20% x LII x volumen del local pero no más de $m_2^a \times 1,5$ o según apéndice 4 y no superior a $m_3^b \times 1,5$	20% xLII x volumen del local y no más de 25 kg o según apéndice 4 pero no más de $m_3^b \times 1,5$		
		Inferior a 1 persona por cada 10 m²	20% del LII x volumen del local y no más de 50 kg o según apéndice 4 y no más de $m_3^b \times 1,5$	Sin límites de carga[c]		
2	A	Confort humano	Según apéndice 3 pero no más de m_2^a		Sin restricciones[c]	Carga de refrigerante no superior a m_3^b
		Otras aplicaciones	20% x LII x volumen del local pero máximo m_2^a			
	B	Confort humano	Según apéndice 3 pero no más de m_2^a			
		Otras aplicaciones	20% x LII x volumen del local pero máximo m_2^a			
	C	Confort humano	Según apéndice 3 pero no más de m_2^a			
		Otras aplicaciones · Sótanos	20% x LII x volumen del local pero máximo m_2^a			
		Plantas superiores	20% del LII x volumen del local pero máx 10 kg[c]	20% del LII x volumen del local pero máx 25 kg[c]		

a) $m_2 = 26$ m³ × LII

b) $m_3 = 130$ m³ × LII

c) Para aire exterior aplicar límite de toxicidad por volumen del local punto 3.3.2 de IF-04 y para salas de máquinas IF-07

Figura 21.4 Limitación de uso por inflamabilidad.

21.3 Reducción de la carga de gases fluorados

Dada la problemática medioambiental planteada por el uso de gases fluorados de efecto invernadero, resulta evidente la necesidad de reducir, en la medida de lo posible, la cantidad de estos gases en los sistemas de refrigeración, aire acondicionado y bombas de calor.

Ello contribuirá a contar con un menor trasiego de estos productos y una reducción en las fugas potenciales tanto por la cantidad de refrigerante como por los posibles puntos de fuga.

En este sentido, es evidente que los principales actores involucrados en la consecución de este objetivo son los propios fabricantes de los sistemas de refrigeración, aire acondicionado y bombas de calor, puesto que es en la fase de diseño de sus equipos en la que se puede intentar reducir la carga necesaria. Es evidente que el refrigerante está contenido en un volumen determinado por los elementos que forman el circuito frigorífico (intercambiadores, compresor, depósitos y líneas de unión) por lo que una reducción del tamaño de estos componentes compatible con la correcta funcionalidad y eficacia en rendimiento de los equipos redundará en una cantidad de carga de refrigerantes menor. Por ejemplo, la utilización de baterías de tipo microcanal reduce significativamente la cantidad de refrigerante, pero no siempre son compatibles con el uso de la máquina.

Pero no son los fabricantes los únicos involucrados en este objetivo. También a la hora de decidir el sistema de acondicionamiento de aire en un edificio, la elección de sistemas indirectos, si bien reduce ligeramente los rendimientos globales de la instalación, reduce también significativamente la cantidad de refrigerante necesaria para lograr las condiciones de confort, limitando además drásticamente las longitudes de tubería con refrigerante, lo cual redunda en una menor probabilidad de fugas. En este sentido, una enfriadora de agua central con circuitos cerrados de distribución a unidades terminales de tipo *fan-coil* necesitará, a igualdad de potencia, menos refrigerante que, por ejemplo, un sistema de volumen de refrigerante variable de expansión directa.

Sin embargo, una solución para reducir la cantidad de refrigerante en este tipo de sistemas se encuentra disponible en el mercado a través de los denominados sistemas de volumen de refrigerante variable híbridos, que consisten básicamente en transformar los circuitos de refrigerante que unen las cajas de distribución con las unidades terminales en circuitos hidráulicos, reduciendo significativamente tanto la cantidad de refrigerante utilizado, al disminuir el volumen del circuito que lo contiene, como el riesgo de fugas.

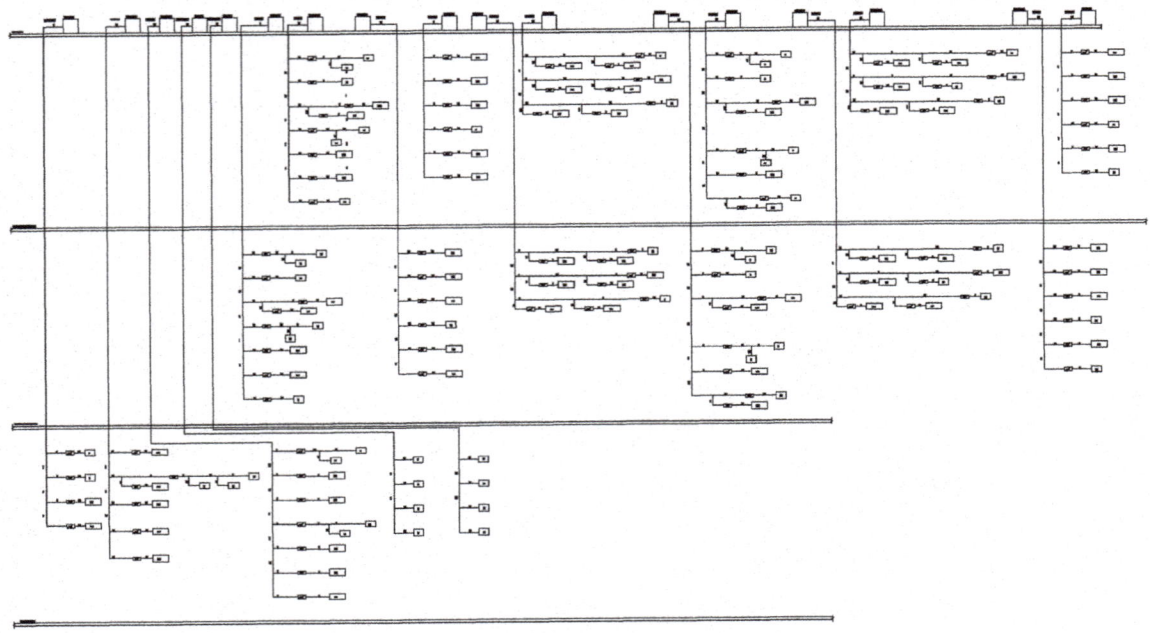

22. Eficiencia energética

22.1 Generación de frío

22.1.1 IT 1.2.4.1.3.1 Requisitos mínimos de eficiencia energética en generadores

En este apartado, similar al correspondiente a generadores de calor, se obliga a indicar en la documentación de la instalación «los coeficientes EER y COP individual de cada equipo al variar la potencia desde el máximo hasta el límite inferior de parcialización, en las condiciones previstas de diseño, así como el de la central con la estrategia de funcionamiento elegida».

Para definir los coeficientes COP y EER, determinaremos en primer lugar las potencias puestas en juego en el funcionamiento de un sistema de compresión mecánica.

La capacidad térmica del evaporador de una máquina de aire acondicionado se puede expresar en función de los procesos sufridos en los fluidos que lo atraviesan, tanto el refrigerante como el fluido que se refrigera.

Además, si no tenemos en cuenta las pérdidas durante el proceso, ambos resultados deberán ser idénticos, esto es, el calor cedido por uno de los fluidos debe ser igual al absorbido por el otro.

Por lo tanto, desde el punto de vista del fluido que se enfría:

$$P_{EV} = Q_F \times Ce \times Pe \times (T_E - T_S)$$

siendo:

- Pe: peso específico del fluido, siendo para el aire variable según sus condiciones de temperatura y humedad, si bien puede ser aceptable tomar un valor aproximado de 1,24 kg/m³ y, en el caso del agua, 1.000 kg/m³.

- Ce: calor específico del fluido, que en el caso de ser aire seco y expresado en W/kg °C tiene un valor aproximado de 0,28, mientras que para el agua es de 1,16.

- Q_F: caudal de fluido que atraviesa el evaporador, en m³/h

- T_E: temperatura de entrada del fluido en el evaporador, en °C

- T_S: temperatura de salida del fluido del evaporador, en °C

Y ahora, teniendo en cuenta el proceso del refrigerante en el interior del evaporador:

$$P_{EV} = Q_R \times (h_2 - h_1)$$

siendo:

- Q_R: caudal másico de refrigerante que atraviesa el evaporador, en kg/h.

- h_1: entalpía del fluido refrigerante a la entrada del evaporador, en wh/kg.

- h_2: entalpía del fluido refrigerante a la salida del evaporador, en wh/kg.

Por otra parte, en el condensador tiene lugar un proceso similar, también con dos fluidos en juego, por lo que podemos decir que la capacidad del condensador se puede expresar:

$$P_{CD} = Q_F \times Ce \times Pe \times (T_S - T_E)$$

siendo:

- Pe: peso específico del fluido, en kg/m³

- Ce: calor específico del fluido, en W/kg °C

- Q_F: caudal de fluido que atraviesa el condensador, en m³/h

- T_S: temperatura de salida del fluido del condensador, en °C

- T_E: temperatura de entrada del fluido en el condensador, en °C

O bien, desde el punto de vista del proceso del refrigerante en el interior del condensador:

$$P_{CD} = Q_R \times (h_3 - h_4)$$

siendo:

- Q_R: caudal másico de refrigerante que atraviesa el condensador, en kg/h.
- h_3: entalpía del fluido refrigerante a la entrada en el condensador, en wh/kg
- h_4: entalpía del fluido refrigerante a la salida del condensador, en wh/kg

Además, hay en juego otra energía, en este caso mecánica, suministrada por el compresor, que puede expresarse como:

$$P_{CP} = Q_R \times (h_3 - h_2)$$

siendo:

- Q_R: caudal másico de refrigerante que se comprime en el compresor, en kg/h.
- h_3: entalpía del fluido refrigerante a la salida del compresor, en wh/kg
- h_2: entalpía del fluido refrigerante a la entrada en el compresor, en wh/kg

Siendo los coeficientes COP y EER expresiones de rendimiento de la máquina, su cálculo debe ser necesariamente la relación entre la potencia absorbida durante el proceso y la potencia térmica entregada al fluido que se quiere calentar o enfriar, respectivamente.

Por lo tanto,

$$EER = \frac{Potencia\ frigorífica}{Potencia\ consumida}$$

Si despreciamos la potencia consumida por los ventiladores, la potencia consumida será la del compresor, y la potencia frigorífica la obtenida en el evaporador, por lo que podremos escribir que:

$$EER = \frac{P_{EV}}{P_{CP}} = \frac{Q_R \times (h_2 - h_1)}{Q_R \times (h_3 - h_2)} = \frac{h_2 - h_1}{h_3 - h_2}$$

Si atendemos ahora a una máquina que trabaja como bomba de calor, basándonos en el mismo razonamiento, podremos escribir que:

$$COP = \frac{P_{CD}}{P_{CP}}$$

Sin embargo, atendiendo al ciclo de compresión mecánica, sabemos que se puede decir con suficiente aproximación que la potencia calorífica disipada o cedida en el condensador debe ser la suma de la potencia calorífica absorbida por el refrigerante en el evaporador más la suministrada por el compresor. Por lo tanto:

$$COP = \frac{P_{CP} + P_{EV}}{P_{CP}} = \frac{P_{EV}}{P_{CP}} = 1$$

No obstante, dada la expresión utilizada anteriormente para el EER, podemos expresar el COP a partir del resultado obtenido arriba como:

$$COP = \frac{P_{EV}}{P_{CP}} + 1 = EER + 1$$

Por ello se puede deducir que la eficiencia energética de un equipo tipo bomba de calor será mayor, a igualdad de condiciones, funcionando en ciclo de calor que en temporada estival (en absoluto con una unidad de diferencia, ya que la conclusión se ha obtenido partiendo de una aproximación que, evidentemente, no es real).

Del principio de Carnot se puede deducir también que:

$$COP = \frac{T_C}{T_C - T_E}$$

Es decir, la eficiencia del ciclo será mayor cuanto más próximas sean las temperaturas de condensación y de evaporación.

En el caso de la maquinaria frigorífica, el RITE exige que en los equipos que dispongan de etiquetado energético se deberá indicar en la documentación su clase de eficiencia energética.

A este respecto, cabe señalar que el Reglamento Delegado 626/2011 de la Unión Europea especifica que las máquinas de acondicionamiento condensadas por aire y con una potencia máxima de 12 kW en refrigeración o calefacción deberán satisfacer unos requisitos de etiquetado, de forma que los proveedores deben adjuntar una etiqueta impresa al menos en el embalaje, e incluir en la publicidad la clase de eficiencia si esta da información de energía, precio o parámetros técnicos específicos. Además, indica la forma y contenido de la etiqueta en cada caso.

Entre los valores indicados, deben figurar los coeficientes SEER y SCOP. No se deben confundir con los conceptos EER y COP indicados anteriormente ya que, si bien también dan información acerca de la eficiencia energética o rendimiento del equipo, son un concepto de rendimiento estacional *(season)*, que es un parámetro que integra los rendimientos instantáneos del equipo a lo largo de toda la temporada, dando por tanto un rendimiento real del aparato. Como se puede deducir de la definición de rendimiento estacional, los coeficientes indicados en las etiquetas son totalmente teóricos, pero sirven para armonizar las condiciones de etiquetado para todos los fabricantes que quieran comercializar sus productos en la Unión Europea.

22.1.2 IT 1.2.4.1.3.2 Escalonamiento de potencia en producción de frío

Las centrales de generación de frío deben diseñarse con un número de generadores tal que se cubra la variación de la carga del sistema con una eficiencia próxima a la máxima que ofrecen los generadores elegidos.

Para obtener esta parcialización se podrá optar por hacerlo escalonadamente o con continuidad (sistemas inverter).

En caso de instalaciones con un perfil de carga tal que la menor carga simultánea fuera menor que el límite inferior de parcialización de una máquina, se debe instalar un sistema específico diseñado para cubrir esa carga como mínimo durante su tiempo de duración a lo largo de un día.

Por otra parte, si la punta de carga diaria posee un perfil corto, se debería utilizar el mismo sistema para limitar la punta de carga diaria.

Estos requisitos son aplicables tanto a maquinaria de producción de frío únicamente como a maquinaria de producción de frío y calor (bomba de calor).

22.1.3 IT 1.2.4.1.3.3 Maquinaria frigorífica enfriada por aire

Al objeto de limitar la selección de la maquinaria de producción de frío, la norma establece que «los condensadores de la maquinaria frigorífica enfriada por aire se dimensionarán para una temperatura exterior igual a la del nivel percentil más exigente más 3 °C». Asimismo, para el caso de maquinaria tipo bomba de calor, «la temperatura mínima de diseño será la húmeda del nivel percentil más exigente menos 2 °C».

Dado que los rendimientos de la maquinaria que trabaja enfriada por aire disminuyen con la temperatura exterior en invierno, también se requiere que posea un sistema de control de la presión de condensación, salvo si se tiene la seguridad de que nunca funcionará con temperaturas exteriores menores que el límite mínimo que indique el fabricante.

Por lo tanto, de cara a optimizar el rendimiento y limitar la potencia de la maquinaria instalada, cabe plantearse el tipo de sistema a seleccionar en cada caso. Si se trata de una zona climática con alta severidad en invierno y/o verano y una humedad relativa del aire normal o baja, será preferible utilizar maquinaria condensada por agua, ya que su funcionamiento con una eficiencia máxima no depende de la temperatura seca del aire. Por el contrario, en un clima menos severo pero con una alta humedad del aire, la maquinaria condensada por aire debería funcionar con unos rendimientos mayores.

22.1.4 IT 1.2.4.1.3.4 Maquinaria frigorífica enfriada por agua o condensador evaporativo

En este caso, las máquinas deben disponer de una torre de refrigeración, que se dimensionará de forma que asegure un rendimiento mínimo aceptable de la máquina, en cuestión de condiciones exteriores para el valor de la temperatura húmeda que corresponde al nivel percentil más exigente más 1 °C, y en cuanto al diferencial de acercamiento y al salto de temperatura del agua de forma que se optimice el dimensionamiento de los equipos, considerando la incidencia de tales parámetros en el consumo energético del sistema.

Precisamente en el punto anterior se indicaba la humedad relativa del aire como parámetro importante para la condensación por agua. Recordemos que la temperatura húmeda va ligada a este parámetro de forma que, cuanto mayor sea la temperatura húmeda de un aire (es decir, cuanto más se acerque a su temperatura seca), mayor cantidad de vapor de agua contiene y, por tanto, mayor es su humedad relativa. Dado que las torres de refrigeración, al igual que los condensadores evaporativos, realizan el enfriamiento del agua casi totalmente por calor latente (evaporación), es importante que el aire sea capaz de incorporar ese vapor de agua en su seno fácilmente.

Para hacer que la maquinaria trabaje siempre en las mejores condiciones (el consumo de energía es cuantitativamente mayor en el «lado de producción» que en el «lado de la condensación»), se obliga a que en caso de disminuir la temperatura de bulbo húmedo y/o la carga térmica se baje también el nivel térmico del agua de condensación «hasta el valor mínimo recomendado por el fabricante del equipo frigorífico, variando la velocidad de rotación de los ventiladores, por escalones o con continuidad, o el número de los mismos en funcionamiento».

No obstante lo anterior, y al objeto de conseguir el máximo ahorro energético, los ventiladores de las torres de refrigeración y condensadores evaporativos serán de bajo consumo y preferentemente de tiro inducido.

Naturalmente, en climas en los que la temperatura exterior sea lo suficientemente baja como para provocar la congelación del agua, el circuito de condensación se debe proteger contra las heladas, por ejemplo utilizando mezclas con anticongelante, si bien este aspecto ha de ser tenido en cuenta en el dimensionado del sistema de refrigeración.

Sin embargo, en estas zonas con severidad climática extrema resulta muy interesante para estos sistemas, desde el punto de vista del rendimiento de la instalación, explorar la posibilidad de trabajar con geotermia, ya que las temperaturas de condensación y evaporación son muy estables e independientes de las condiciones exteriores.

22.2 Aislamiento térmico

Se establece como obligatorio el aislamiento térmico de todas las conducciones cuando transporten fluidos a cualquier temperatura menor que la temperatura del ambiente por el que discurran o a temperatura mayor de 40 °C cuando están instaladas en locales no calefactados exceptuando, naturalmente, los procesos en los que la pérdida de calor redunde en un rendimiento mayor del sistema o un ahorro de energía, como las tuberías de torres de refrigeración y las tuberías de descarga de equipos frigoríficos.

Se limitan al 4 % de la potencia transportada las pérdidas máximas en instalaciones con fluidos no sujetos a cambio de estado y, en general, las que utilicen agua o aire como fluido caloportador.

Al objeto de cumplir esta exigencia, el RITE facilita dos procedimientos para el cálculo del espesor mínimo de aislamiento, el simplificado y el alternativo. El primero es muy accesible mediante el manejo de tablas mientras que el segundo es más complejo pero permite reducir el espesor resultante respecto al simplificado.

En cuanto a conductos de aire, también hay dos criterios, aplicables en función de la potencia térmica nominal de generación de calor o frío. Si esta es menor o igual que 70 kW, el espesor se obtendrá directamente de una tabla. Por otra parte, si la potencia térmica nominal instalada fuera mayor de 70 kW, habrá que justificar documentalmente que las pérdidas están por debajo del 4 % de la potencia que transportan.

22.3 Contabilización de consumos

Resulta básico de cara a lograr una explotación racional de cualquier instalación que esta tenga la posibilidad de contabilizar la energía consumida por cada usuario de forma individual. De este modo es posible hacer un reparto de consumos y, por lo tanto, de gastos, haciendo «responsable» a cada usuario de la explotación de su instalación, lo cual, al igual que el aislamiento térmico, contribuye a la reducción tanto del gasto energético como de las emisiones de CO_2.

Este sistema deberá estar instalado en el exterior de la instalación individual y deberá ser capaz de cortar el suministro al usuario. Se deberá medir la energía consumida en servicios de calefacción, refrigeración y ACS.

En función del tipo de instalación y de su potencia, el reglamento establece una serie de dispositivos mínimos que ha de contener cada instalación o elemento, entre los que destacan los siguientes.

- Instalaciones con potencia térmica nominal mayor que 70 kW; dispositivos que permitan efectuar la medición y registrar el consumo de combustible y energía eléctrica de forma independiente del resto de consumos.

- Instalaciones con potencia térmica nominal mayor que 70 kW; dispositivos para la medición de la energía térmica generada. Estos dispositivos se podrán emplear también para modular la producción de energía térmica en función de la demanda.

- Instalaciones térmicas de potencia térmica nominal en refrigeración mayor que 70 kW; dispositivos que permitan medir y registrar el consumo de energía eléctrica de la central frigorífica (maquinaria frigorífica, torres y bombas de agua refrigerada, esencialmente) independientemente del consumo de energía del resto de equipos del sistema de acondicionamiento.

- Generadores de calor y de frío de potencia térmica nominal mayor que 70 kW, así como bombas y ventiladores de potencia eléctrica del motor mayor que 20 kW; dispositivos que permitan registrar el número de horas de funcionamiento del generador.

- Compresores frigoríficos de potencia térmica nominal mayor de 70 kW; dispositivos que permitan registrar el número de arrancadas.

22.4 Aprovechamiento de energía

Hay ocasiones en las que la temperatura (o la energía) del aire exterior es suficiente para combatir las cargas del ambiente interior. Llegados a este punto, la forma más económica de combatir dicha carga es introducir aire exterior y parar los sistemas de producción.

El reglamento establece que «los subsistemas de climatización del tipo todo aire, de potencia térmica nominal mayor que 70 kW en régimen de refrigeración, dispondrán de un subsistema de enfriamiento gratuito por aire exterior».

Si se trata de un sistema de tipo agua-aire, el enfriamiento gratuito se deberá obtener a través del agua procedente de torres de refrigeración, preferentemente de circuito cerrado. Si el sistema es de tipo aire-agua, se utilizarán baterías puestas hidráulicamente en serie con el evaporador.

Por otra parte, también para aprovechar al máximo la energía ya utilizada para acondicionar los recintos, el reglamento establece la obligatoriedad de recuperar la energía del aire de extracción en todos los sistemas que expulsen al exterior más de 0,5 m³/s de aire por medios mecánicos. Esto se consigue mediante intercambiadores que deben contar con una eficacia mínima y una pérdida de carga máxima, en función de lo indicado en las correspondientes tablas.

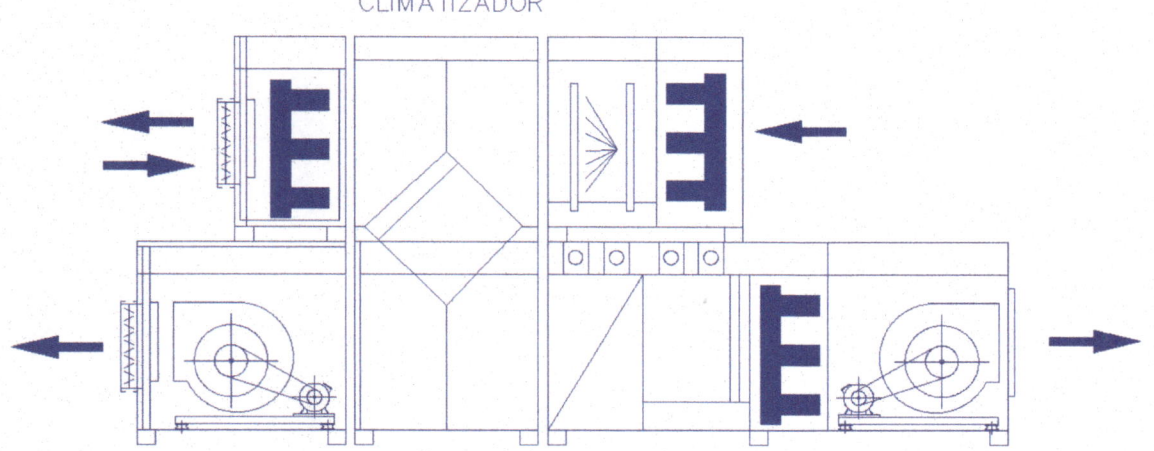

CLIMATIZADOR

Parte 2
Práctica

23. Instrumentos de trabajo

23.1 Instrumentos de medida

Los instrumentos básicos de medida utilizados en los procedimientos que interesan en este manual son los manómetros, pinzas amperimétricas y termómetros.

Los primeros tienen un papel muy importante, al ser la presión un parámetro clave en la determinación tanto del estado de funcionamiento de una instalación como de la existencia de posibles fugas.

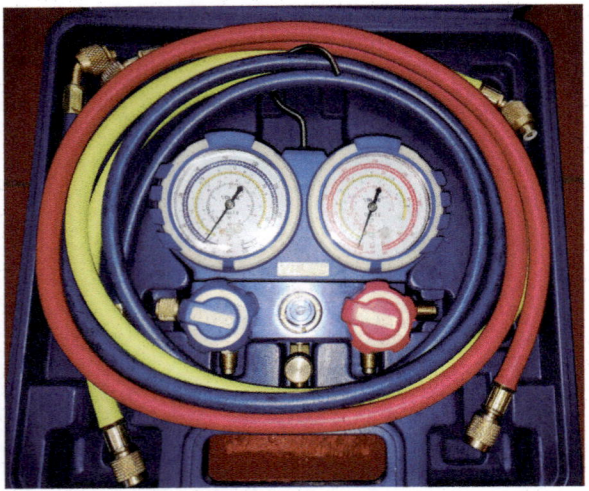

Figura 23.1 Puente de manómetros para R-22, R-134a, R-407C y R-410A.

Es importante resaltar que un manómetro (con una escala de presiones adecuada a las de funcionamiento del sistema para el refrigerante correspondiente) siempre va a marcar la presión relativa existente en el circuito, independientemente del tipo de refrigerante utilizado. Sin embargo, si en la medición que se realiza es necesario consultar la temperatura de saturación del fluido a la presión a la que se encuentra, el manómetro debe contar con la escala de temperaturas del refrigerante concreto que se esté utilizando, puesto que de otra manera la temperatura de saturación obtenida sería incorrecta.

Además de los manómetros analógicos existen también manómetros digitales, preparados para realizar medición con una gran gama de refrigerantes y dotados con otros accesorios como sondas de temperatura, como el de la **figura 23.2**.

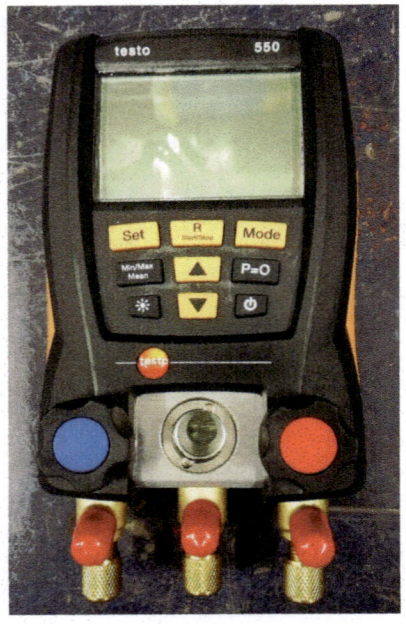

Figura 23.2 Puente de manómetro digital.

En el uso de cualquier tipo de manómetro es muy importante asegurarse de que la calibración y la puesta a cero del mismo son correctas ya que, de otra manera, daría lugar a lecturas de presión y temperatura incorrectas.

En cuanto a los termómetros a utilizar, es preferible que sean de contacto ya que en la mayoría de los casos son más fiables que los que realizan la medición de la temperatura por láser.

Por último, aparatos como los multímetros o las pinzas amperimétricas van a jugar también un papel importante en las comprobaciones indirectas, a la hora de conocer el consumo eléctrico del aparato. Como se puede ver en la **figura 23.3**, son aparatos muy sencillos de usar; basta con colocar el selector en la unidad correspondiente al parámetro a medir dentro de la escala probable de lectura. A continuación, con la ayuda de los cables, en el caso de medir tensión, o rodeando con la pinza la fase, en el caso de medir intensidad, el valor del parámetro correspondiente aparecerá en la pantalla digital.

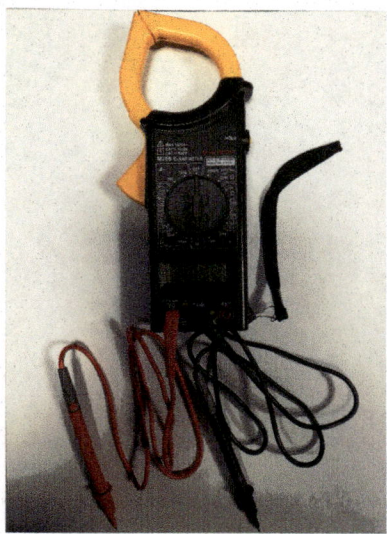

Figura 23.3 Pinza amperimétrica.

Si se mide el voltaje y el amperaje con el aparato en funcionamiento, es posible incluso conocer el rendimiento (COP o EER) instantáneo del mismo, ya que con una simple operación matemática, teniendo en cuenta el tipo de alimentación eléctrica y el valor del coseno de φ, podemos obtener la potencia eléctrica consumida por el aparato. Calculando también la potencia térmica entregada, bastará con realizar la división.

23.2 Otros instrumentos

Para poder medir la presión en el interior de un circuito es necesario conectar el elemento sensible (manómetro) con el circuito. Esto se hace conectando a las válvulas de acceso (**figura 23.4**) los latiguillos flexibles que llevarán el refrigerante hasta el puente de manómetros y se podrá leer así el valor de la presión.

Figura 23.4 Toma o válvula de acceso.

Hay que tener en cuenta que las válvulas de acceso a los circuitos frigoríficos son del tipo obús, por lo que, al objeto de conectar y desconectar estos latiguillos con un mínimo de emisiones, puede resultar interesante el uso de acoplamientos como el de la **figura 23.5**. También existen formas de «aprovechar» al máximo el refrigerante de los latiguillos en los procesos de carga, ayudados por los sistemas de compresión de los sistemas; se reduce de esta manera la emisión de refrigerantes a la atmósfera.

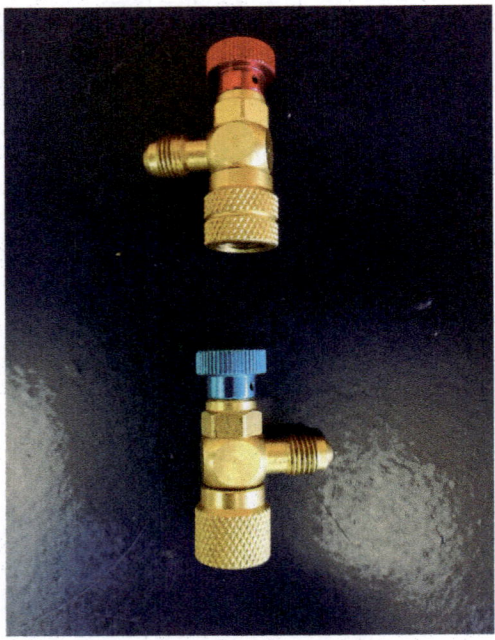

Figura 23.5 Acoplamiento para toma de acceso.

Entre el resto de instrumentos o herramientas de trabajo necesarias para la realización de las tareas básicas en circuitos frigoríficos destacan las máquinas recicladoras, las máquinas recuperadoras, las balanzas, las bombas de vacío, los extractores de obús y los contenedores de refrigerantes.

La diferencia fundamental entre una máquina recuperadora y una recicladora radica en el sistema de filtrado, ya que por lo demás se trata básicamente de un sistema de compresión (seco en la mayoría de los casos), un juego de valvulería y un condensador, con manómetros indicadores y las correspondientes protecciones eléctricas y neumáticas. En la **figura 23.6** se puede reconocer una máquina recuperadora de refrigerantes típica.

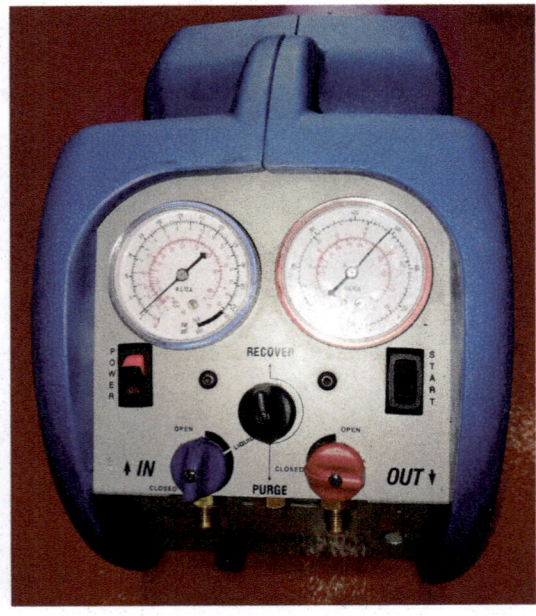

Figura 23.6 Máquina recuperadora.

En cuanto a las balanzas, su papel es fundamental en las labores de carga y recuperación de refrigerantes, ya que siempre hay que pesar el refrigerante en estas operaciones, tanto para tener una indicación de la cantidad de refrigerante que se introduce en el sistema al cargarlo como para apuntar las cantidades recuperadas o cargadas en los correspondientes registros (el registro del aparato en caso de que lo tenga y en el libro de gestión de refrigerantes). En la **figura 23.7** se puede apreciar el aspecto de una de estas balanzas.

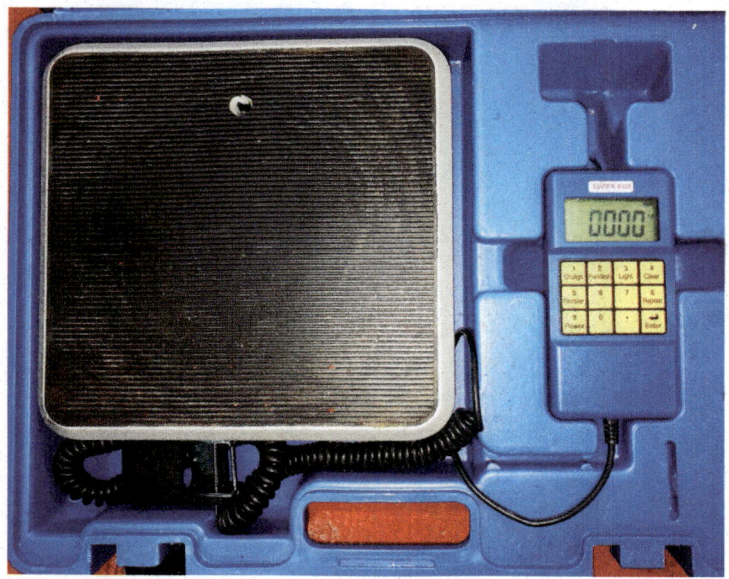

Figura 23.7 Balanza.

La presencia de humedad u otros contaminantes en el interior de los circuitos frigoríficos de compresión es muy nociva, por lo que no es correcto cargar el refrigerante en un circuito que esté o haya estado en contacto con el aire atmosférico, ya que el aire, además de no ser un buen refrigerante, contiene humedad en forma de vapor, por lo que el circuito debe estar exento de aire antes de realizar la carga del refrigerante. Para conseguirlo se utiliza una bomba de vacío como la de la **figura 23.8**.

Figura 23.8 Bomba de vacío.

En este tipo de aparato es fundamental cerciorarse, antes de su utilización, de que está correctamente lubricado, puesto que es frecuente la pérdida de aceite de su depósito por manipulación indebida. La mayor parte de las bombas de vacío que se comercializan en la actualidad cuentan con una sistema de conservación del vacío una vez desconectada de la alimentación eléctrica, pero hay modelos que no poseen este accesorio, por lo que hay que tener en cuenta que si la alimentación eléctrica se interrumpe durante el proceso de vacío es necesario empezar de cero el proceso, ya que en ese caso el circuito queda de nuevo lleno de aire.

Como he comentado anteriormente, las válvulas de acceso de los sistemas de refrigeración por compresión son de tipo obús, pero en ocasiones puede ocurrir que falle el funcionamiento de este mecanismo, por lo que si necesitamos acceder al circuito será necesario cambiar el obús. Para ello hay que utilizar un extractor de obús como el de la **figura 23.9**.

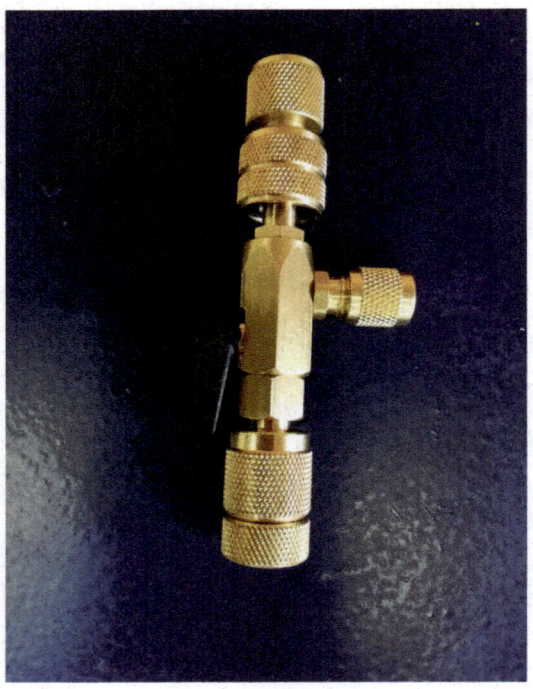

Figura 23.9 Extractor de obús.

Por último, tenemos los contendores o botellas de refrigerante, que son recipientes preparados para contener gases licuados a presión y están dotados de una valvulería para acceso, así como de seguridad. Es importante resaltar la importancia de que estos contendores estén perfectamente identificados mediante la o las etiquetas necesarias, tal y como se muestra en la **figura 23.10**.

Figura 23.10 Etiquetado de un contenedor de refrigerante.

Por otra parte, existen distintos tamaños de contenedores de refrigerantes, y también hay diferencias en cuanto a la valvulería que pueden incorporar. En algunos casos las botellas incluyen una sola toma de acceso que, normalmente, carece de espadín, por lo que se conoce como «toma de gas» o «toma de vapor». En otros, cuentan con dos tomas, identificadas normalmente por colores rojo y azul, tal y como se ve en la **figura 23.11**. En estos casos, la válvula de color rojo está conectada a un espadín que llega a la parte inferior del envase y se conoce como «toma de líquido». Es importante saber de dónde estamos tomando el refrigerante en el proceso de carga, ya que las mezclas zeotrópicas requieren que la carga se realice en fase líquida para asegurar que las proporciones de la mezcla que se está introduciendo en el sistema son las correctas.

Figura 23.11 Contenedor con tomas de gas y líquido.

Por último y por motivos de seguridad, cabe recordar de nuevo que no se debe trasvasar refrigerante de una botella a otra y que estos contenedores no deben llenarse en exceso para evitar el riesgo de explosión en caso de sufrir un aumento de temperatura; un valor prudente es el de llegar como máximo al 80 % de su capacidad.

24. Operaciones básicas

A continuación resumo las operaciones básicas a realizar en circuitos de compresión mecánica con refrigerantes fluorados, en su mantenimiento o reparación.

24.1 Recuperación de lubricantes

Una operación muy importante desde el punto de vista medioambiental es la recuperación del aceite de los circuitos en los sistemas de compresión una vez han llegado al final de su vida útil o en caso de que esté inutilizado por su nivel de acidez u otras causas.

En los sistemas de compresión con refrigerantes fluorados se usan fundamentalmente aceites que sean miscibles con el refrigerante, por lo que al recuperar el refrigerante, parte del aceite saldrá del circuito junto con este.

El lubricante restante se podrá recuperar del circuito de varias formas, según sea la construcción del sistema de refrigeración en cuestión, es decir, según si se dispone o no de un acceso al cárter del compresor. No obstante, como está indicado en el apartado 21.2, es fundamental tener en cuenta que para cualquier operación con el lubricante es totalmente necesario disponer y utilizar guantes y gafas de protección, ya que los aceites, además de estar contaminados con refrigerante, pueden contener ácidos nocivos como fluorhídrico o clorhídrico.

También es importante saber que al retirar un aceite con acidez y reemplazarlo por uno nuevo, es necesario realizar una correcta limpieza del circuito, ya que de otra forma el nuevo aceite se contaminará y se corromperá inmediatamente.

Asimismo, para realizar cualquiera de los procedimientos que se describen a continuación, será muy útil poder calentar el aceite, con el objeto de disminuir su densidad y aumentar así su fluidez. Si se quiere sustituir es importante medir la cantidad extraída.

En el caso de compresores herméticos, en los que no se dispone de este acceso, las posibilidades de recuperar el aceite del sistema pasan por el desmontaje del compresor (previa recuperación del refrigerante del circuito, por supuesto) y la decantación por gravedad a través de la tubería de aspiración. También existen brocas de taladro específicas con las que se puede taladrar el cárter y extraer así el aceite. Con este tipo de brocas es posible posteriormente colocar un tapón en el orificio.

En el caso de compresores de mayor tamaño que cuenten con un acceso para purga en el cárter del compresor, puede realizarse la extracción también por gravedad, con solo disponer de un recipiente que se pueda situar a un nivel más bajo que el orificio de purga.

Si no hay orificio de purga pero sí de acceso al cárter, es posible retirar el aceite creando una diferencia de presiones entre el cárter y el depósito donde se vaya a recoger el aceite, de forma que al comunicar estos, el aceite fluya desde la zona de mayor presión a la de menor presión.

Esto se puede lograr mediante el uso de una bomba de vacío, al objeto de crear una depresión en el interior del recipiente de recogida que haga que el aceite fluya por diferencia de presiones. Los conductos que unan por un lado el fondo del cárter, a través del orificio de acceso, hasta el recipiente donde se recogerá el aceite y, por otro, el propio recipiente con la bomba de vacío, deben estar sellados de forma que no penetre aire a través de ellos. En el caso de que el compresor aún funcione, también se puede aumentar la presión en su interior, cerrando la llave de aspiración y conectando el compresor hasta aumentar la presión en la línea de aspiración, para posteriormente cerrar la llave de descarga y parar el compresor. De esta manera, la aspiración contará con una presión superior a la atmosférica. Si se ha conectado el cárter con el recipiente a través de un tubo, al abrir la llave de aspiración aumentará la presión en el interior del compresor, que solo tendrá posibilidad de aliviarse a través del tubo introducido en el cárter, haciendo salir el aceite.

Por último, en sistemas de compresión con amoníaco, lo más habitual es utilizar lubricantes no miscibles con el refrigerante, de forma que los separadores de aceite a la salida del compresor cobran una importancia fundamental. No obstante, el aceite puede salir del separador y circular por el sistema, y al ser más denso que el amoníaco líquido, se acumula en las zonas bajas, fundamentalmente en el fondo del separador de líquido. Esto hace que no pueda retornar al compresor a través de la línea de aspiración, a no ser que llegue a llenarlo. Sin embargo, en este tipo de sistemas con amoníaco este aceite ya no es válido para su uso de nuevo en el compresor, por lo que debe purgarse del sistema y desecharse. Por tanto, el aceite en los sistemas con amoníaco debe drenarse por gravedad desde el fondo del separador de líquido.

24.2 Recuperación de refrigerantes

Como ya se ha visto con anterioridad en este manual, está terminantemente prohibido evacuar los refrigerantes fluorados al ambiente, por lo que cualquier tarea de reparación que suponga acceder a estos circuitos, o el propio desmantelamiento del sistema, requiere una recuperación previa de estos refrigerantes.

Como de costumbre, será necesario utilizar los medios de protección adecuados (gafas y guantes) a la hora de realizar este tipo de operaciones.

En el capítulo 23 detallé la instrumentación necesaria para estas operaciones. La recuperación del refrigerante se puede hacer en fase líquida o en fase gaseosa, siempre y cuando se disponga de acceso al sistema por el lado de alta y por el lado de baja presión. Para la recuperación en fase líquida se puede utilizar una recuperadora con bomba de líquido, si bien también se puede recuperar el refrigerante en fase líquida mediante una unidad recuperadora sin bomba de líquido. El motivo de intentar recuperar el refrigerante en fase líquida no es otro que la rapidez, ya que hacerlo en fase gaseosa es mucho más lento; recuperarlo en fase líquida resulta, pues, muy interesante en sistemas de gran potencia, con mucho refrigerante a recuperar.

24.2.1 Recuperación en fase gaseosa

Utilizaremos el puente de manómetros con sus correspondientes latiguillos, una balanza y una recuperadora o recicladora, y los conectaremos según la **figura 24.1**.

Figura 24.1 Conexiones para recuperación en fase gaseosa (cortesía de la Escuela Técnica de Agremia).

En el caso de la recuperadora o recicladora, dependiendo de las características del modelo que se utilice, la forma de proceder puede diferir del listado indicado a continuación, que únicamente pretende ser una guía orientativa y no un procedimiento en sí mismo.

- Conocer el funcionamiento del equipo de recuperación, leyendo si fuera necesario el manual del fabricante.
- Verificar que los manómetros son adecuados (presión máxima).
- Verificar que la botella que se va a utilizar es apta para la recogida del refrigerante correspondiente.
- Verificar con la balanza y la tara (**figura 24.2**) que la botella tiene capacidad suficiente para albergar el refrigerante a recuperar.
- Verificar que la válvula de acceso del sistema está abierta.
- Verificar que la válvula del puente de manómetros que no se va a utilizar está cerrada.

- Conectar la válvula de acceso de la máquina mediante el latiguillo flexible con el manómetro correspondiente.

- Conectar la toma central del puente de manómetros mediante el latiguillo flexible a la entrada de la recuperadora, intercalando el filtro en el sentido adecuado de circulación.

- Conectar la salida de la recuperadora a la toma de líquido de la botella, o a la única toma que posea.

- Abrir la llave correspondiente del puente de manómetros.

- Purgar, en su caso, el latiguillo a la entrada de la recuperadora.

- Abrir el circuito de la recuperadora.

- Purgar, en su caso, el latiguillo a la entrada de la botella.

- Situar la máquina en posición de recuperación, adecuadamente para que no pueda llegar refrigerante en estado líquido al compresor de la unidad recuperadora.

- Poner en marcha la máquina y abrir la llave de la botella.

- Cuando no se vea pasar líquido por el visor, manipular la unidad recuperadora de forma que se pueda acelerar la recuperación del refrigerante.

- Cuando el valor indicado en los manómetros esté en «0» o cercano, cerrar la llave correspondiente del puente de manómetros y manipular la unidad recuperadora para que elimine el refrigerante acumulado en su interior (purga). Para ello, en ciertos modelos, puede ser necesario detener el funcionamiento de la unidad recuperadora.

- Cuando el valor del manómetro de la unidad recuperadora indique «0», el proceso de recuperación ha finalizado, por lo que se cierra la llave de la botella, se detiene el funcionamiento de la unidad recuperadora y se dejan sus llaves en posición de reposo (cerrado).

- Es posible que transcurridos unos instantes, el manómetro del puente conectado al acceso del sistema suba. Ha podido quedar algo de refrigerante en el sistema, por lo que habría que iniciar de nuevo el proceso.

- Anotar la cantidad y el tipo de refrigerante recuperado donde corresponda.

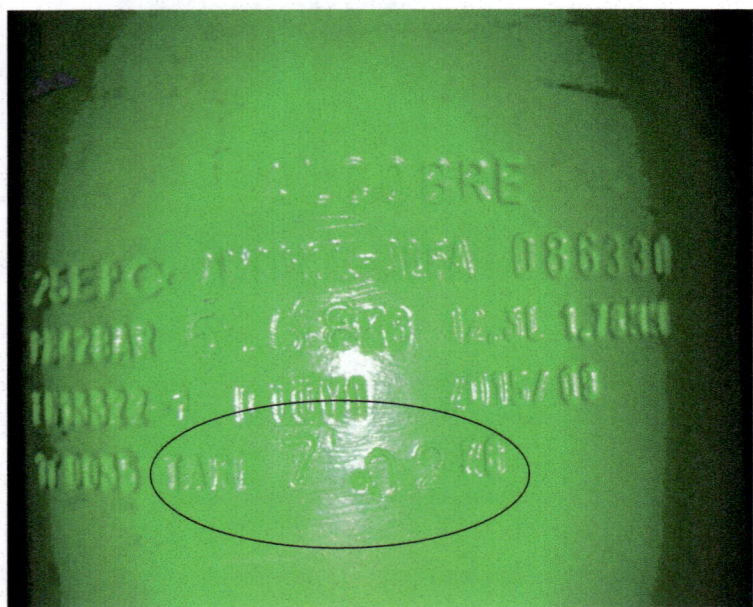

Figura 24.2 Tara de la botella (cortesía de la Escuela Técnica de Agremia).

24.2.2 Recuperación en fase líquida

Es posible recuperar el refrigerante en fase líquida con una recuperadora sin bomba de líquido, mediante la utilización de una segunda botella de refrigerante. Para ello, el montaje debe ser el reflejado en la **figura 24.3**.

Figura 24.3 Conexiones para recuperación en fase líquida (cortesía de la Escuela Técnica de Agremia).

De esta forma, al poner en marcha la unidad recuperadora, aspirará el refrigerante en estado gaseoso (toma de gas) de la primera botella, reduciendo la presión en la misma, de forma que el refrigerante líquido pasará del sistema del que se quiere recuperar hasta la toma de líquido de la primera botella. Una vez recuperado el refrigerante en estado líquido, se deberá proceder a recuperar la fase gaseosa que quedará en el sistema, según lo descrito en el punto 25.1.

Otra posibilidad, operando con una sola botella, sería utilizar el sistema llamado *push/pull*. Las conexiones se muestran en la **figura 24.4**.

Figura 24.4 Conexiones para recuperación *push/pull* (cortesía de la Escuela Técnica de Agremia).

En este caso, el refrigerante en fase gaseosa extraído del recipiente va de nuevo al interior del sistema; se debe recuperar posteriormente esta fase según el procedimiento descrito en el punto 25.1. Aunque parece que con este método se extrae el refrigerante y se introduce de nuevo en el sistema, la cantidad en fase gaseosa que se devuelve al sistema es mucho menor que la cantidad en fase líquida que se extrae. No obstante, es más recomendable realizar la operación con dos recipientes, tal y como se indicó al principio de este punto.

24.3 Procedimiento de vacío

Es bien sabido por todos que la humedad es uno de los problemas principales en un circuito de compresión mecánica, entre otras cuestiones por la reacción que provoca en los lubricantes. El aire ambiente contiene siempre cierto grado de humedad en forma de vapor de agua y, desde luego, no es un buen refrigerante. Por estos motivos, antes de realizar la carga de refrigerantes fluorados en un sistema de acondicionamiento de aire, es preceptivo extraer todo el aire del sistema mediante la realización de un vacío en el circuito, tal y como ya comenté en el apartado 20.3.

Para ello hay que utilizar el puente de manómetros y una bomba de vacío, conectándolos según la **figura 24.5**.

Figura 24.5 Conexiones para realizar el vacío (cortesía de la Escuela Técnica de Agremia).

Una vez realizadas las conexiones, se puede proceder de la siguiente manera:

- Verificar mediante manómetro adecuado que el sistema de refrigeración no tiene presión.
- Verificar que la bomba de vacío tiene el nivel correcto de aceite lubricante.
- Verificar que la válvula de acceso del sistema está abierta.
- Verificar que la válvula del puente de manómetros que no se va a utilizar está cerrada.
- Conectar la válvula de acceso de la máquina mediante latiguillo flexible con el manómetro correspondiente.
- Conectar la toma central del puente de manómetros con la bomba de vacío mediante latiguillo flexible.
- Poner en marcha la bomba de vacío y abrir la correspondiente llave del puente de manómetros.

- Esperar hasta alcanzar una presión de 270 Pa absolutos y, a partir de ese momento, controlar el tiempo necesario para realizar un vacío correcto, según las instrucciones del fabricante o, en caso de no contar con esta información, según el R. D. 552/2019 (ver apartado 19.3):

  - Sistemas con menos de 20 kg de refrigerante: 180 minutos.

  - Sistemas con más de 20 kg de refrigerante: 30 minutos, barrido con nitrógeno y 6 horas.

  - Cuando se haya cumplido el tiempo, cerrar la llave del puente de manómetros y apagar la bomba de vacío.

  - En caso de falta de suministro eléctrico, muchas bombas de vacío cuentan con sistemas de retención del vacío, por lo que se puede proseguir sin problemas cuando se recupere el suministro; en caso contrario, habría que empezar de nuevo.

  - Esperar un tiempo, observando el manómetro para asegurarnos de que no hay entradas de aire en el sistema.

24.4 Carga de refrigerante

Una vez el sistema se haya reparado, probado y realizado un vacío adecuado, está preparado para poder albergar refrigerante en su interior con garantías.

Para ello, las conexiones adecuadas están en la **figura 24.6**.

Figura 24.6 Conexiones para realizar la carga de refrigerante (cortesía de la Escuela Técnica de Agremia).

Para realizar el procedimiento de carga, hay que seguir una serie de pasos:

- Verificar que los manómetros a utilizar son adecuados (presión máxima).

- Verificar que la botella que se va a utilizar, según su etiqueta, contiene el refrigerante correcto en función del que utilice el sistema a cargar.

- Verificar con la balanza que la botella tiene refrigerante suficiente para realizar la carga completa del sistema, según lo que indique la placa de características del mismo.

- Verificar que las válvulas del puente de manómetros estén cerradas.

- En caso de haber realizado el vacío en el circuito inmediatamente antes, el latiguillo azul de la **figura 24.6** estará también en vacío; en caso contrario, es recomendable realizar otro vacío previo a la carga de refrigerante.

- Conectar la toma central del puente de manómetros con la botella de refrigerante mediante latiguillo flexible; en caso de refrigerantes zeotrópicos (R-4XX) siempre a la toma de líquido (espadín o volcado de botella).

- Purgar el aire de dicho latiguillo flexible.

- Verificar que la válvula de acceso del sistema está abierta.

- Anotar el peso indicado por la balanza o poner la misma a valor «0».

- Abrir la llave de la botella y vigilar el valor de la balanza, hasta alcanzar la cantidad reflejada en la placa del sistema o un valor ligeramente inferior.

- Una vez finalizada la carga, cerrar la llave de la botella y del puente de manómetros.

- Comprobar la idoneidad de la carga realizada, poniendo en marcha el sistema y verificando los parámetros de funcionamiento.

- En caso de que dichos parámetros sean correctos, se puede intentar «rebañar» parte del refrigerante del latiguillo abriendo unos segundos la llave del puente de manómetros.

- Por último, cerrar la válvula de acceso y desconectar los latiguillos.

Hay que recordar que la carga es muy importante en un sistema de compresión mecánica, según lo indicado en el punto 20.4 de este manual. Además, ya he comentado la necesidad de reducir la carga del refrigerante, por lo que el conocido «más vale que sobre» en este caso no tiene cabida. Un buen método para saber que la cantidad de refrigerante introducida es correcta para el buen funcionamiento del sistema consiste en reconocer el estado del refrigerante a la salida del condensador y del evaporador, ya que un gas ligeramente recalentado a la salida del evaporador y un líquido ligeramente subenfriado a la salida del condensador son indicativos de un funcionamiento adecuado del sistema.

Para poder reconocer estos estados basta con que el sistema posea válvulas de acceso en el sector de alta y de baja y contar con un puente de manómetros compatible con el refrigerante (o en su defecto, tablas de conversión) y un termómetro. La diferencia entre las temperaturas de saturación a cada presión y las temperaturas tomadas con el termómetro a la salida de ambos intercambiadores revelará el recalentamiento y el subenfriamiento del refrigerante, pudiendo de esta forma evaluar si el sistema está funcionando correctamente con la cantidad de refrigerante introducida, ya que valores elevados de recalentamiento indicarán falta de refrigerante y viceversa.

Por último, conviene comentar que ciertos refrigerantes como el R-744 precisan pautas diferentes a las aquí expuestas para su carga en el sistema (ver apartado 21.2.1).

25. Preguntas tipo test

A continuación se proponen una serie de preguntas tipo test, relacionadas con el contenido del manual, al objeto de que puedan servir de referencia para establecer el nivel de asimilación de este.

Las preguntas se han orientado específicamente a los aspectos más relacionados con las personas que se dedican a la instalación, mantenimiento y revisión de los sistemas de refrigeración y acondicionamiento de aire.

1. **¿Qué se entiende por potencial de agotamiento del ozono (PAO)?**

   a) Es una cifra que se especifica en el Anexo VI del RCE 842/2006, y representa el efecto potencial de cada sustancia regulada o sustancia nueva sobre la capa de ozono.

   b) Es una cifra que se especifica en el Anexo III de la directiva 2009/142/CE, y representa el efecto potencial de cada sustancia regulada o sustancia nueva sobre la capa de ozono.

   c) Es una cifra que se especifica en los anexos I y II del RCE 2024/590, y representa el efecto potencial de cada sustancia regulada o sustancia nueva sobre la capa de ozono.

2. **Una empresa habilitada puede almacenar gases refrigerantes:**

   a) En cualquier caso, siempre que sea para su uso en el mantenimiento o revisión de aparatos de refrigeración, aire acondicionado o bomba de calor.

   b) Previa inscripción del almacenamiento mediante la correspondiente documentación.

   c) Previa comunicación a los responsables del inmueble donde se ubique el almacenamiento.

3. **Como norma general, ¿hasta cuándo se podían seguir produciendo las sustancias reguladas por el RCE 2024/590?**

   a) Queda prohibida la producción de estas sustancias desde la entrada en vigor de este reglamento.

   b) Se podían seguir produciendo hasta el 01-01-2015.

   c) Se podían seguir produciendo hasta el 21-12-2012.

4. **¿Qué podemos saber de antemano si nos dicen que un refrigerante se denomina R-5XX?**

   a) Que es una mezcla azeotrópica.

   b) Que es un CFC puro.

   c) Que es un HCFC puro.

5. **¿Hasta qué fecha se podían utilizar HCFC regenerados para mantenimiento y revisión de aparatos de aire acondicionado?**

   a) Hasta el 31 de diciembre del 2015.

   b) Hasta el 1 de enero del 2010.

   c) Hasta el 31 de diciembre del 2014.

6. **¿Qué significa que un refrigerante sea azeotrópico?**

   a) Que sus fases vapor y líquido en equilibrio poseen la misma composición.

   b) Que ha de recargarse obligatoriamente en fase gaseosa.

   c) Que sus fases vapor y líquido en equilibrio no poseen la misma composición.

7. **¿Qué ODP tiene el refrigerante R-410A?**

   a) 37,2

   b) 12,3

   c) 0

8. ¿Un distribuidor puede vender legalmente aparatos de aire acondicionado precargados con gases fluorados no herméticamente sellados directamente al usuario final?

a) Sí, siempre y cuando se aporten pruebas de que lo instalará una empresa habilitada.

b) En ningún caso.

c) Sí, en caso de que este usuario instale el equipo en su domicilio y no lo venda a un tercero.

9. ¿Qué obligación legal tiene una empresa habilitada en manipulación de refrigerantes fluorados?

a) Tener un contrato en vigor con una empresa de gestión de residuos.

b) Tener un contrato de mantenimiento de sus instalaciones.

c) Estar inscrito en el registro nacional de empresas frigoristas.

10. Los HFC se encuentran enumerados en:

a) RCE 2024/590, Anexo 1.

b) RCE 2024/573, Anexo 1 sección 1.

c) RCE 2024/573, Anexo 1 sección 2.

11. Para que una mezcla de dos o más sustancias esté regulada por el RCE 2024/573:

a) El potencial de calentamiento atmosférico total de la mezcla será inferior a 150.

b) Todas las sustancias deben figurar en el Anexo 1 del RCE 2024/573.

c) Al menos una sustancia debe figurar en el Anexo 1 o 2 del RCE 2024/573.

12. Un operador que disponga de un aparato fijo de aire acondicionado que contenga una masa de 45 kg de gas R-134a deberá realizar un control de fugas con una periodicidad mínima de:

a) 12 meses.

b) 6 meses.

c) 3 meses.

13. ¿Qué protocolo de actuación deberán seguir las empresas mantenedoras que deban reparar una máquina de aire acondicionado con más de 3 kg HCFC?

a) Recuperar el refrigerante en un contenedor adecuado, anotar la cantidad del mismo en el registro de la máquina y entregarlo a un gestor de residuos.

b) Recuperar el refrigerante en un contenedor adecuado y entregarlo a un gestor de residuos.

c) Recuperar el refrigerante en el propio equipo y dejarlo montado sin funcionar.

14. El R-410A está compuesto por un porcentaje del 50 % de R-32 y un 50 % de R-125. Determine el potencial de calentamiento atmosférico de este refrigerante.

a) 3.950

b) 1.975

c) 2.087,5

15. Una instalación que contiene gas tipo HFC por valor de 11 toneladas equivalentes de CO_2, en la que se ha detectado y reparado una fuga, se debe someter a un control de fugas en un plazo de:

a) Catorce días.

b) Un mes.

c) Quince días.

16. El R-1234yf:

a) Es un HFO, y es de alta seguridad.

b) Es un HFO y necesita más desplazamiento del compresor que un HFC normal.

c) Es un HCFC.

17. En la etiqueta de un aparato de refrigeración, aire acondicionado o bomba de calor con refrigerantes tipo HFC deberá figurar:

a) La frase «contiene gases fluorados con peligro para la capa de ozono».

b) Las instrucciones para su tratamiento cuando llegue al final de su vida útil y pase a ser un residuo.

c) La frase «contiene gases fluorados de efecto invernadero».

18. Actualmente está prohibida la comercialización de:

a) Sistemas de aire acondicionado de más de 300 kg de gases fluorados de efecto invernadero.

b) Contenedores no recargables de gases fluorados de efecto invernadero para mantenimiento de sistemas de aire acondicionado.

c) Sistemas de aire acondicionado con carga inferior a 3 kg y PCG mayor de 750.

19. Las empresas habilitadas para la utilización de refrigerantes fluorados deberán mantener actualizado:

a) Un libro de registros de gestión de refrigerantes que deberán remitir anualmente al organismo competente en materia de medio ambiente.

b) Un libro de registros de gestión de refrigerantes que podrá ser solicitado anualmente por el organismo competente en materia de medio ambiente.

c) Un libro de contabilidad.

20. Un sistema de refrigeración que contiene 56 kg de gas R-407C (23 % de R-32 + 25 % de R-125 + 52 % R-134a) tiene instalado y funcionando correctamente un sistema de detección de fugas. La periodicidad mínima de los controles de fugas en este sistema será de:

a) Doce meses.

b) Seis meses.

c) Tres meses.

21. ¿Hasta qué fecha se pueden introducir en el mercado HCFC regenerados para mantenimiento y revisión de aparatos de aire acondicionado?

a) Hasta el 31 de diciembre del 2015.

b) Hasta el 1 de enero del 2030.

c) Hasta el 31 de diciembre del 2014.

22. Según el Reglamento (UE) 2024/590 regeneración es:

a) El nuevo tratamiento de una sustancia recuperada con el fin de alcanzar un rendimiento equivalente al de una sustancia virgen.

b) La recogida y almacenamiento de sustancias reguladas procedentes de productos y aparatos o recipientes durante el mantenimiento o la revisión o antes de la eliminación.

c) La reutilización de una sustancia regulada recuperada tras un procedimiento básico de limpieza.

23. Las empresas que exploten aparatos de refrigeración velarán por que los aparatos o sistemas fijos de carga por valor de más de 50 toneladas de CO_2 pero menos de 500 se controlen para comprobar que no presentan fugas:

a) Al menos una vez cada 2 años.

b) Al menos una vez cada 6 meses.

c) Al menos una vez al mes.

24. Según el reglamento sobre aparatos eléctricos y electrónicos y la gestión de sus residuos (RAEE) se establece que los últimos poseedores de dichos aparatos podrán:

a) Devolver los aparatos abonando el coste correspondiente a los distribuidores.

b) Devolver los aparatos sin coste a los distribuidores.

c) Devolver los aparatos sin coste al encargado de limpieza vial más cercano.

25. Los operadores de aparatos fijos de refrigeración que contengan gases fluorados de efecto invernadero por valor de más de 500 toneladas equivalentes de CO_2 :

a) Serán objeto de un control de fugas con una periodicidad mínima de 4 meses.

b) Deberán instalar sistema de detección de fugas en un plazo máximo de 12 meses.

c) Deberán instalar sistemas de detección de fugas, que serán objeto de un control para garantizar el adecuado funcionamiento con una periodicidad mínima anual.

26. En la etiqueta que deben llevar los productos o aparatos que contienen gases fluorados de efecto invernadero, se debe reflejar:

a) La cantidad en kg.

b) La cantidad en kg y toneladas equivalentes de CO_2.

c) El lubricante que utilizan.

27. Indique qué tipo de refrigerante es el R-134a:

a) Es un HFC puro.

b) Es una mezcla de HFC zeotrópica.

c) Es un HCFC virgen.

28. Un sistema de refrigeración que contiene 6 kg de gas R-32 debe pasar controles de fugas cada:

a) Doce meses.

b) Seis meses.

c) No está obligado.

29. Indique a qué familia de gases pertenece el R-22:

a) Es un HFC.

b) Es un CFC.

c) Es un HCFC.

30. Indique la afirmación correcta:

a) Una mezcla azeotrópica de gases se caracteriza por tener deslizamiento.

b) Una mezcla zeotrópica de gases se caracteriza por tener deslizamiento.

c) Una mezcla de gases no puede ser nunca virgen.

31. Se podrá valorar la existencia de fugas:

a) Solo por métodos indirectos que estimen, de forma aproximada, la variación de carga de refrigerante, mediante el análisis de un único parámetro para evitar la pérdida de refrigerante.

b) Por métodos indirectos que estimen, de forma fiable, la variación de carga de refrigerante, mediante el análisis de uno o varios parámetros.

c) Solo por métodos directos.

32. ¿Cuál es el límite de plazo para la utilización de CFC vírgenes para mantenimiento o revisión de aparatos de aire acondicionado y bombas de calor?

a) 1 de enero del 2010.

b) No se pueden usar.

c) 31 de diciembre del 2009.

33. El reglamento (UE) 2024/590:

a) Permite el uso de refrigerantes HCFC vírgenes en el mantenimiento o revisión de aparatos de aire acondicionado.

b) Permite el uso de refrigerantes reciclados y regenerados hasta el 31-12-2014.

c) Prohíbe el uso de refrigerantes HCFC vírgenes en el mantenimiento o revisión de aparatos de aire acondicionado a partir del 01-07-2011.

34. Según el R. D. 115/2017 el mantenimiento o revisión lo forman:

a) Las actividades que supongan acceder a sistemas de compresión que no contengan gases fluorados.

b) Las actividades que supongan acceder a los circuitos que contengan o se hayan diseñado para contener gases fluorados.

c) Las actividades que supongan acceder solo a los circuitos del sistema existentes que contengan gases fluorados.

35. Un área de almacenamiento tiene una superficie de 7 m². ¿Qué ventilación necesitaría?:

a) Tres rejillas de en la parte inferior de 40 x 40 cm.

b) Dos rejillas en la parte inferior de 15 x 30 cm y otras dos en la parte superior de igual medida.

c) Dos rejillas de 35 x 35 cm en la parte inferior y otras dos en la superior de igual medida

36. Un almacenamiento tiene un total de 1.100 m³ de R-410A. ¿Puede estar en un local comercial que constituye la planta baja de un edificio de viviendas?

a) Sí.

b) No.

c) Depende de la superficie del edificio.

37. Un almacenamiento tiene un total de 200 m³ de R-407C. Indique la afirmación correcta:

a) Bastará con detección y extintores para la protección contra incendios.

b) En el área de almacenamiento debe existir un responsable para informar respecto al manejo de las botellas.

c) No puede estar en el exterior.

38. Una empresa que manipula refrigerantes fluorados debe mantener:

a) Un contrato con una empresa de transportes de mercancías peligrosas.

b) Un contenedor vacío de reserva.

c) Una contabilidad actualizada de las cantidades de residuos generadas.

39. Una falta grave en el incumplimiento del RCE 2024/573 se puede castigar con:

a) Un apercibimiento simple.

b) Una multa económica de 25.000 € y la suspensión temporal de la actividad.

c) Solo una multa económica, inferior a 20.000 €.

40. Un refrigerante está compuesto por un 20 % de R-32, un 55 % de R-134 A y un 25 % de R-125. Calcule su PCG:

a) 1.326,5.

b) 1.796,5.

c) 1.200,9.

41. Un refrigerante alcanza su límite inferior de inflamabilidad cuando está en una proporción con el aire del 2 %. ¿Cuál será su clasificación según el RSF?

a) L1.

b) L3.

c) L2.

42. Si un refrigerante tiene una clasificación B2, su límite práctico con respecto a otro refrigerante clasificado como A1 será:

a) Mayor.

b) Menor.

c) Puede ser igual, ya que la clasificación no influye en el límite práctico.

43. Si una empresa compra una botella de refrigerante y sus datos figuran en rotulador indeleble sobre la misma:

a) No hay ningún problema, se puede utilizar normalmente.

b) Deberá exigir que esté debidamente etiquetada al distribuidor.

c) Deberá etiquetarla en cuanto llegue a su lugar de almacenamiento.

44. Una máquina de aire acondicionado fija contiene 7,9 kg de R-143a, por lo que deberá pasar un control de fugas cada:

a) Seis meses.

b) Doce meses.

c) Tres meses.

45. En un almacenamiento de botellas de refrigerante R-134a con capacidad para 200 m³ debe existir:

a) Un sistema automático de alarma con aviso a bomberos.

b) Un punto de suministro de agua.

c) Un traje ignífugo.

46. El R-717:

a) Es un refrigerante del grupo L1.

b) Es un refrigerante mezcla, compuesto por dos refrigerantes puros.

c) Es un refrigerante que ataca al cobre en presencia de humedad.

47. De entre los siguientes refrigerantes, señale el más idóneo medioambientalmente hablando para sustituir a un HFC con alto PCG (por ejemplo, el R-134a):

a) El R-1234yf.

b) El R-32.

c) El R-410A.

48. ¿Desde qué fecha está prohibida en los países de la Unión Europea la comercialización de aparatos fijos de refrigeración con PCG mayor o igual a 2.500 que utilicen HFC para su funcionamiento?

a) Desde el 1-1-2020.

b) Desde el 1-1-2019.

c) Desde el 1-1-2018.

49. Indique la afirmación correcta respecto al R-718:

a) Es un refrigerante sintético, y es del grupo B2.

b) No es viable técnicamente como refrigerante en ningún caso.

c) No es viable técnicamente en sistemas de compresión.

Soluciones

1	C
2	B
3	A
4	A
5	C
6	A
7	C
8	A
9	A
10	B
11	C
12	B
13	A
14	C
15	B
16	B
17	C
18	B
19	B
20	A
21	C
22	A
23	B
24	B
25	C

26	B
27	A
28	C
29	C
30	B
31	B
32	B
33	B
34	B
35	C
36	B
37	A
38	C
39	B
40	B
41	B
42	B
43	B
44	B
45	B
46	C
47	A
48	A
49	C

Anexo

Se ofrece a continuación un ejemplo propuesto para el formato visto en este manual referente al «registro del aparato». Dicho formato figura en la página web del Ministerio de Medio Ambiente, Medio Rural y Marino, en su nota informativa de normativa ambiental sobre gases fluorados.

Asimismo, se incluye un ejemplo de formato para el «libro de gestión de refrigerantes», ya que hasta el momento de publicar este manual no existe un «modelo normalizado e informatizado» tal y como indica el Reglamento de Seguridad en Instalaciones Frigoríficas.

LIBRO DE GESTIÓN DE REFRIGERANTES

EMPRESA:

PERIODO:

FECHA	TIPO DE OPERACIÓN	RESPONSABLE	REFRIGERANTE	CANTIDAD	ESTADO (1)	EMPRESA REGENERADORA	N.° DE LOTE	PROVEEDOR RELACIONADO/ ORIGEN	DOCUMENTO N.°

(1) Virgen, regenerado o reciclado.

REGISTRO DEL EQUIPO

EMPRESA

INSTALACIÓN

REFRIGERANTE

CARGA NORMAL (KG)

FECHA	OPERADOR	MÉTODO DE CONTROL	FUGAS DETECTADAS					CAUSA PROBABLE DE LA FUGA	FIRMA Y SELLO
			SÍ			NO			
			ZONA	REPARADO MEDIANTE					

Bibliografía

RODRÍGUEZ RODRÍGUEZ, ERNESTO (2004). *Los refrigerantes en las instalaciones frigoríficas.* Madrid: Ed. Thomson Paraninfo (ISBN 84-2832890-0).

Agradecimientos

A la Escuela Técnica de Agremia, por su apoyo y cesión de sus instalaciones.

A Mitsubishi Heavy Industries, por su asesoramiento y la cesión de material formativo.